# 外星人傳奇

——首部——

**不明飛行物與逆向工程**

廖日昇——著

國家圖書館出版品預行編目資料

外星人傳奇（首部）：不明飛行物與逆向工程／
廖日昇著. --初版.--臺中市：白象文化事業有限
公司，2021.8
　　面；　公分
ISBN 978-986-5488-50-5（平裝）
1.外星人 2.不明飛行體 3.逆向工程
326.9　　　　　　　　110007091

# 外星人傳奇（首部）
# 不明飛行物與逆向工程

作　　者　廖日昇
校　　對　廖日昇
專案主編　林榮威
出版編印　林榮威、陳逸儒、黃麗穎
設計創意　張禮南、何佳諠
經銷推廣　李莉吟、莊博亞、劉育姍、李如玉
經紀企劃　張輝潭、徐錦淳、洪怡欣、黃姿虹
營運管理　林金郎、曾千熏
發 行 人　張輝潭
出版發行　白象文化事業有限公司
　　　　　412台中市大里區科技路1號8樓之2（台中軟體園區）
　　　　　出版專線：（04）2496-5995　　傳真：（04）2496-9901
　　　　　401台中市東區和平街228巷44號（經銷部）
　　　　　購書專線：（04）2220-8589　　傳真：（04）2220-8505
印　　刷　基盛印刷工場
初版一刷　2021 年 8 月
定　　價　480 元

白象文化　印書小舖 PressStore　出版‧經銷‧宣傳‧設計
www·ElephantWhite·com·tw　自費出版的領導者　購書 白象文化生活館

# 懷念

我的祖父廖明，去世於我唸大二之際。

印象中祖父與我同住一屋簷的時間並不算長，約自我懂事之年到初二上學期結束之際。小時候我住於一大家庭，當時我與弟弟及伯父一家及尚是單身的四叔、三姑、四姑及祖父母都住在同一間大房子，房子座落於媽祖宮前福興路上，距西螺西市場僅數十步之遙。屋前有一棵不算高大的樹，炎夏時分我常跨坐於樹的雙叉處，享受習習涼風；也常騎上媽祖宮前兩石獅，手擰其耳，自得其樂。

時光悠悠，轉眼半個多世紀已杳，祖父雖早已作古多年，但共同生活中的二、三事，如今思起仍然瀝瀝在目。祖父是個安分與老實巴交的人，加上所受教育不多（僅日據時代的公學校學歷），見識自然有限，也缺理財概念。太安分（其實就是膽小）與無法理財帶給全家長遠的困頓，此話怎說？且說曾祖（「仁和堂」店號的一位老中醫）去世與分產時，祖父自然也得一份，他寧可全家向他人租著房子，卻不思將這一份分得的遺產拿來購置田產或投資股票（不知當時有無股票？）。依他自己（從祖母轉述）的說法是，膝下有八個子女（四男與四女）要養教，沒有足夠的現金，如何能殼應付？這種想法不知對或不對？只知此後害得一大家子人就只能租房子過日子，直至後來逐一成家的兒子們能擁有自己的巢為止，這已經是很多年後的事了。

祖父雖想手握現金，奈何人算不如天算，台灣光復後，這些現金價值從 1946 年到 1949 年的短短數年間發生了劇變，它們從

舊台幣，經物價波動，再到新台幣的過程中逐漸失去其價值。傷哉！

生活中較深刻的一件事是，有一天大約是早上時光，我跟著腳上穿著高頭木屐的祖父步行去看西螺大橋施工。當時我與祖父站於橋頭，俯望河床，不見溪水，水泥橋墩早已安置在河床上，近橋頭的河床上，工人正忙著懸吊各式鋼樑，施工現場似乎雜有數個金頭髮的美國人。祖父一面看著施工，一面敘說著濁水溪的故事。約莫一盞茶功夫，祖孫倆打道回府，當時天光尚早，橋頭前方順坡而下的道路拐角處，專做早餐生意的零食攤尚未收攤哩！

印象中，祖父曾在「西螺組合」（西螺農會的前身）工作，當時我可能是五歲或更小。每天早上天未亮，他就在客廳（兼其臥房）的小方桌旁打算盤，處理他的日常工作。我有時早起，喜歡坐在祖父旁邊，看他一粒一粒地撥動算盤，聽著「喀」！「喀」！作響的盤子碰撞聲，合著壁上老掛鐘的鐘擺擺動聲，再看一眼祖父一副聚精會神的表情，今日思來都覺幸福。然而天有不測，一段時間後不知何故，祖父沒有去工作了。此後他開始喝白酒（即桶酒）打發日子，每日一瓶，都是由我到距家數十步遙的雜貨鋪（店名「益利」）去為他打酒及買花生。

祖父酒品很好，他喝酒時使用平時吃飯的碗裝酒，配著花生，一口一口地乾，直至酒瓶成空，每日絕不喝多過一瓶。喝酒時不多說話，喝完後或是躺下睡覺，或是為我說一則鬼故事，如今思起，這真是一段童年最快樂的時光。然而我雖然快樂，殊不知祖父的每日一酒正在親手掘自己的墓坑，就只差大限之日了。果然，六十四歲那年的農曆年初二早晨，全家（此時其他伯、叔與姑均已成家或分家）正圍坐於一圓桌旁用早膳之際，祖父忽然

表情呆滯，且手無法舉起桌上筷子，一旁的祖母憂心地說，「壞了，可能斷腦筋」。果不其然，經醫生診治，果然腦中風。從此，他無法下床，一切吃喝拉撒皆由祖母料理，直至五年後奉主之招。祖父的「忠厚」與「喪志」盡入眼簾，祖母的「苦」與「堅強」也銘刻心扉，悠悠蒼天，夫復何言。

2007 年，我因事短暫返台，期間承四叔引導我至西螺靈骨塔瞻仰祖父與祖母遺像及參拜兩老骨灰罈。如今又是 13 年過去了，往事如煙，思來瀝瀝，二尊長已然仙去多年。唯望藉此書一角，略談祖父二三事，重溫兒時舊時光，更冀望他老人家英靈入夢，庶幾祖父雖死猶生焉。

# 序言

　　且說筆者自多年前，因緣濟會，涉入了黑洞與 UFO 的領域，從那時我開始留意這方面的資訊與問題，也從此漸知，我們並不孤獨，更非所謂「萬物之靈」。這樣認識之後，人活得更灑脫，也更能善待其他非我族類。

　　常常有人問我：「你寫外星人，但外星人究竟在哪？」的確，這是一個好問題，更是一個很實際的問題，如果根本沒有外星人，則本書就是一本純粹的科幻作品。為了避免落入這個結局，在內容架構上，儘量引述關鍵證人（或舉報人）的證詞，或轉述採訪人的陳述，或將各獨立證人的陳述交互比對，企圖從中尋找可能的矛盾。當然，您也許懷疑舉報人的證詞是否可信，這就涉及到舉報人的誠信問題。關於這，在證人出場時對其背景與經歷做詳細介紹是重要的。了解了其人之後，讀者應有足夠的智慧去判斷他是否可能說謊話。

　　此外，這些同時也是事件參與人或偶然目擊者的舉報人，他們與政府或公司僱主都簽有相當嚴厲的保密協議，也理解洩密者的下場會是什麼。若非一個強烈動機促使他們挺身而出，有誰會冒自己或家人身家生命或喪失退休俸的危險，去做違背協議的事情？難道這個強烈動機只是為了一圓說謊話的欲望？

　　有人也許會問，證人有任何物證（如碎屑、相片及外星人遺骸或文件）足以支持他們的說詞嗎？這倒是一道難以回答的問題，須知，在極嚴密的安全措施和保密協議之下，舉報人在工作期間及後來離開工作崗位時幾乎不可能攜帶或保留任何證物。針

對 1947 年的羅斯威爾外星飛船墮毀事件，迄今留存的僅是兩份勉強可列為物證之一的文件。該事件雖然沒有充分的物證，但間接證據（circumstantial evidences）則不缺乏。有充分的間接證據，就算沒有直接物證，也足以構成法庭定罪的依據。2004 年 11 月 12 日加州史科特・彼得森（Scott Peterson）的謀殺案庭審在加州紅木城高等法院（Redwood City Superior Court）舉行，雖然物證僅是被害人拉西（Laci）的一根頭髮，但第一陪審團法官格雷格・貝拉特利斯（Greg Beratlis）和另外兩名陪審員卻是依據數百個小的「令人困惑的」間接證據來裁定彼得森犯有一項特殊情況的一級謀殺罪及另一項二級謀殺罪的罪名。罪名成立之際，當時擠滿法庭前方道路及四周空地的民眾及各方媒體聞訊，歡聲雷動，場面就如嘉年華會。筆者當時交完房屋稅，正步下與法院隔街相望的聖馬刁縣府（San Mateo County）樓前階梯，此情此景，久久不能忘。

因此，比照法庭的嚴格庭審標準，1947 年的羅斯威爾外星飛船墮毀事件的真實性是不容置疑的。從邏輯上推論，如果承認羅斯威爾外星飛船的墮毀是一個事實，則往後情節的發展就有了一個堅實與可靠的著力點。然而須事先聲明的是，與羅斯威爾墮機事件不同的是，本書涉及 Serpo 計劃的陳述大部分只根據 Serpo 網站提供的 36 份據稱來自軍事情報局（DIA）的電子郵件發佈與一些軍方退休人員的交叉證詞，及少部分由與計劃相關的現任 DIA 幹員聯合提供，因此缺乏有力的人證與物證，甚至連一張可資驗證的照片都沒有。因此讀者在閱讀到這一部分時不妨採取開放心態，不遽爾下結論。同樣地，舉報人科里・古德的「20 及回歸」說詞目前僅憑其他兩位具有相同經歷的舉報人之交叉認證，因此其說詞尚乏有力證據支持，讀者宜自行判斷。

　　本書較震憾人心及容易陷入爭論的部分應屬有關耶穌基督的片斷陳述，一些信息（來自局內人邁克爾‧沃爾夫博士與據稱來自 DIA 的 36 份電子郵檔的信息）顯示，耶穌是人類與外星埃本人（Eben）的共同資產，兩千年前祂的出現是出於對世人的救贖與博愛，許多教徒可能無法接受此種說法，但不妨將胸襟放寬放大，不將耶穌視為僅為「人類的彌賽亞」，而將祂看成「星際的彌賽亞」，這不是一種更超然的想法嗎？

　　其次，談及本書的建構，書中情節的舖排與發展皆以 1947 年羅斯威爾外星墮機事件為起點。究實而論，不明飛行物（UFO）的有記錄可查的墮機事件早在 1941 年或更早即已有之，但羅斯威爾飛碟的墮毀及後來的逆向工程卻是推動現代一些高科技及特別是航空/航天科技往前發展的重要動力，另一個動力則是二戰後接收來自納粹德國的圓形飛機發展技術及其他軍用科技，然而納粹德國的此種獨門科技也仍然摻有外星的痕跡。二戰之後美國太空科技與整體國力的大大超越西方國家及最終能執掌全球霸權的原因或與以上兩個動力有關，而這一切相關的敘述就構成了《外星人傳奇（首部）》的主要內容。

　　最後建議讀者在閱讀本書時能循序漸進，不要跳章躍節，原因是各章節間或有連貫關係。閱讀之際，有些觀點不需遽爾接受，持著審慎與客觀態度反而更好。經過慎思，若您相信書中所述固然是好，若不相信或局部不信，也無妨，且讓時間來証明一切。

# 目錄

# 第一章 MJ-12 與外星人

人類不是銀河系的唯一智能物種，也不是唯一的人形（humanoid）文明，即使銀河系內緊鄰我們的鄰居也有幾個人形種族，他們大部分具有實質形體，有些則不是，這些種族的大多數都曾訪問過地球。他們中的一些人至今仍然這樣做，且在地球上有基地。一些外星人形種族在地球和人類歷史中發揮了重要作用。[1] 事實上人類可能並未源自地球，有一種說法是，數百萬年前先進的外星類人種族使用其自身 DNA 改善地球原始居民（如猿人）的 DNA 結構，如此創造出人類的始祖亞當與夏娃，因此外星類人種族可能是人類的共同始祖已逐漸形成一種另類的說法。

在宗教方面，外星埃本人（Ebens）可能也曾涉入地球事務。2008 年 4 月教宗本篤 16 世訪問美國，曾與尚唯一存活的 Serpo 交換計劃人員 OSG 私下會面 2 小時。教宗感覺，埃本人的神與我們的上帝相似，幾件埃本人畫作和雕刻偶像也與上帝相似。此外，埃本人吟誦的念經文經翻譯後，與我們的禱告文相似。[2]

此外，關於外星人殖民化地球的證據，蒂莫西・古德（Timothy Good）在 1999 年出版的「Alien Base: The Evidence For Extraterrestrial Colonization of Earth」一書中表達其個人意見。他認為，為了試圖向地球人灌輸精神概念，外星訪客在我們遙遠的過去曾兩次對人類進行遺傳升級之外，據稱我們的一些偉

大的精神領袖（包括耶穌）曾被透過人工受精進行基因改造，邁克爾・沃爾夫博士在接受理查德・博伊蘭博士採訪時宣稱，他是基因工程人，應是同一意思。據新約馬太福音第一章，馬利亞是處女從聖靈懷了孕而生下耶穌，是否耶穌也是同一類人？（見後文進一步說明）就算是，則他做為人類心靈進化的偉大宗師，絲毫不損後世人對他的尊崇與懷念。

這群特殊的外星人不願意與人類進行直接交流，主要是因為我們在心理上和精神上都沒有準備好接觸更高的文明。他們認為，我們必須獨立進化；且也認為，從本質上講我們的靈魂是永生的。

邁克爾・沃爾夫（Michael Wolf）博士曾向 4 位不同的美國總統簡要地介紹外星人存在的事實，其中虔誠教徒吉米・卡特一向熱衷於結束不明飛行物（UFO）掩飾，當他被告知宗教是人造的，且可能是這個星球上獨一無二的人造東西時，他淚流滿面。[3] 卡特傷心的原因更詳細地說可能與救世主的身分有關，幾年前，出現了一份洩露文件，據稱它是吉米・卡特總統關於外星事務的簡報資料。沃爾夫博士確認其中包含的信息「……基本上是真實的，但洩漏的內容中卻缺少一頁。該頁描述了兩千年前出現了一位試圖終結人類暴力的具有外星人（ET）-人類共同遺產的個人」。當接受理查德・博伊蘭（Richard Boylan）博士採訪時，博伊蘭提議該失蹤頁面是指耶穌時，沃爾夫博士證實了這一身分。[4]

由於外星人的存在及到訪不僅與軍事科技及國家安全攸關，且涉及人類的來處與宗教的內涵，故長久以來美國政府視它為比核武機密還要機密的至高絕密事務，很多與它相關的事情甚至連總統都不知道，也無權過問。為了維持此等運作，杜魯門總統於

1947 年 9 月 24 日利用行政命令創建了 Operation Majestic-12（簡稱 MJ-12），它是一個研究與發展及情報運作組織，直接向美國總統負責。組織成員有 12 人，包含科學家、軍方領導與政府官員，其中 MJ-10 是杜魯門的國防部長詹姆斯‧福雷斯特（James V. Forrestal，1892-1949），此人曾任海軍部長，與甘迺迪是舊識，兩人也有較多的共同理念，卻於 1949 年 5 月 22 日自殺（？）。他的死因不單純，可能涉及 UFO 情資的運用與 MJ-12 的糾葛，內文將會詳述。

且說 MJ-12 自成立後，一直悄悄地祕密運作，直到 1984 年 12 月 UFO 圈子尚無人知道此一組織的存在。該年 12 月分的某一天，家住加州伯班克（Burbank）的海梅‧珊德拉（Jaime H. Shandera）突然接到一卷未寫上回信地址的未沖洗 35 毫米黑白膠卷。珊德拉是一位對 UFO 有興趣的電影製片人與導演，當時他正要製作一部虛構的 UFO 電影，為此他聯繫了 UFO 圈內人斯坦頓‧弗里德曼，請他做為該部電影的顧問。弗里德曼則將他介紹給另一個 UFO 圈內人威廉‧摩爾（William I. Moore 又稱 Bill Moore, 1943–），後者與查爾斯‧貝里茲（Charles Berlitz）是《The Roswell Incident》（1997）的共同作者。

當膠卷沖洗後，發現它包含 8 頁文件，而標題頁則寫上「Operation Majestic 12 為總統當選人德懷特‧艾森豪威爾準備的簡報文件」等字樣，日期是 1952 年 11 月 18 日。每頁文件頂部及底部印有以下明顯的機密文件字樣，「TOP SECRET/MAJIC EYES ONLY.」從此 MJ-12 這個組織的存在及功能曝光於天下。

最初艾森豪威爾擔心涉及 MJ-12 機密的維護，為此，他於 1953 年 1 月 24 日成立了政府組織諮詢委員會，納爾遜‧洛克菲

勒被聘為委員會主席。洛克菲勒向艾森豪威爾提出，重組後的
MJ-12 應由 CIA 領導的建議，這將使 MJ-12 不受未來總統的多
變性影響，總統同意了這項建議。不久之後，艾森豪對這一決定
感到後悔，因為他意識到，經 CIA 批准從事祕密逆向工程外星
飛船的公司，正變得比美國政府本身更強大，並且變得更不受政
府控制。以上這些因素就是艾森豪在告別演說中對軍工複合體
（Military Industrial Complex,簡稱 MIC）提出警告的原因。

　　且說艾森豪並不滿於只接到簡報文件，他希望知道有關
UFO 及外星人計劃的更多內情，特別是有關 51 區與 S4 設施究
竟在幹些什麼，他更是有興趣去了解，但這一切都是在 MJ-12
的控制之下。據稱，艾森豪授權一名 CIA 特工（即第 6 章提到
的斯坦因/ 庫珀）及其上級直接赴 51 區及 S4 設施，找負責人進
行了解，如果不得要領，總統將授權軍事入侵 51 區和 S4 設施。
以上這些內情的獲悉是根據該名前 CIA 特工在關於 UFO 披露的
公民聽證會（Citizen Hearing on UFO Disclosure）上，當著 6 名
前國會議員之面的視頻證詞所得到。MJ-12 獨掌外星資訊，不容
外人分一杯羹，此種情形到了主張更加開放 UFO 資訊的甘迺迪
總統時，它與總統的關係更是到了水火不容地步，此時又摻雜上
古巴豬玀灣事件與 CIA 的因素，最後終於導致後者的遭謀殺。

　　本章包括數個獨立的小主題，它們彼此之間似互不相干，但
卻有共同的針對對象，那就是外星人。問題是：在您想進一步追
蹤外星人之前，首先您將面對神龍見首不見尾的 MJ-12 小組，
這個始終躲在幕後的神祕小組織操盤一切外星敏感事務。您若不
識時務，繼續追索，不測之事將隨時降臨。然而在正式進入 MJ-
12 主題之前，先插播一段小故事，期藉著教宗本篤十六世於

2008 年 4 月訪問美國期間會見的一位特別客人來逐漸將文章導入正題。

## 1.1 OSG 與教宗

2014 年 12 月 1 日（星期四），一位沉默的美國英雄（後文稱「英雄先生」[5]）終於長長吁了一口氣，永遠閉下了眼睛。他被安葬於阿靈頓國家公墓，享年 84 歲，獲有全部軍事榮耀。這位英雄先生去世時其頭銜是一位退休的美國空軍上校，其姓名至死都被保密。英雄先生的一生有著一段極不平凡的經歷，1965 年 7 月 16 日他（團隊飛行員#1 及隊員編號 225）搭乘埃本人的宇航船，前往距地球 38.42 光年，一顆位於網狀星座（Reticulum Constellation）的 Serpo 星進行交換訪問，同行的尚有其他 11 位宇航員，而他則是千禧年之後最後的一位倖存者。[6]

1978 年 8 月 18 日返回地球後，所有返航隊員 [7]的身分均經改變，英雄先生自不例外。除了國防情報局（Defense Intelligence Agency, 簡稱 DIA）[8]內部的特殊安全細節／操作組外，外圍很少人知道他的存在，原因是如果私人調查人員或不明飛行物（UFO）研究人員的任何人知道 Serpo 計劃有倖存者，那將會是一場炸開了鍋的災難，倖存者再也無法過其正常日子。

英雄先生在教宗本篤十六世於 2008 年 4 月 15 日至 20 日訪問美國期間，曾應教宗要求以「我們的特別來賓」（Our Special Guest，簡稱 「OSG」）身分與其私下會面，面談時間本預定為 30 分鐘，但卻延至 2 小時才完畢。見面時間的加長 4 倍說明教宗對於會談主題極有興趣。為何如此？原來教宗早知 OSG 過去

的星際旅程經歷，他非常有興趣於了解一些細節，事實上他將與
OSG 的會面視為是一項非常特別的生日禮物。[9]

OSG 與其隊友過去雖從未與任何一位教宗交談過，但他們
與教廷代表確實有過多次接觸，本篤十六世早就耳聞 OSG 等人
相關的星際航行故事，且也了解埃本人最近對地球的六次訪問。
因此可以這麼推測，從 4 月 20 日（星期日）當本篤十六世從紐
約皇后區甘迺迪國際機場起飛返回梵蒂岡之前的六天逗留期間，
與 OSG 的會面應是主要目的之一。

當 OSG 與教宗會面時，他們自然討論了 Serpo 之旅相關的
事情。美國的 11 名團隊成員（1 人死於途中）的 13 年停留，他
們與埃本人的互動，及埃本人過去與未來對地球的訪問。[10] 教宗
對埃本人的宗教活動特感興趣，後者崇拜一位神，教宗認為他們
的神和我們（基督教）的神（上帝）相似。事實上 OSG 帶回的
埃本神文物，直接與我們神的文物相配。其中幾件埃本人畫作、
雕像和偶像也與我們的神相似。更重要的是，幾千年前出現在
Serpo 星球上的埃本神故事，以及在他們星球上建立宗教派別的
經過，與我們關於耶穌的故事非常相似。下文就來談談與 Serpo
之旅密切相關的 Serpo 計劃的梗概。

## 1.2 Serpo 計劃

Serpo 計劃的確非常不可思議，及超出常人理解範圍。有些
網站[11] 認為 Serpo 計劃只是一個虛構的故事，且認為資料的主要
提供者──「要求匿名」（Request Anonymous）是理查德・多蒂
（Richard C. Doty, 1950-）的化名，但多蒂本人否認此種指控。

儘管有不少質疑，但大多數熟悉類似 Serpo 計劃的消息來源者都確認，那樣的計劃確實存在，並確認雙方人員的交換確實存在。[12] 雖然如此，由於支持 Serpo 計劃確實存在的一方尚未能提供實體證據（例如相片 [13]）。且鑑於理查德‧多蒂在自空軍特別調查辦公室（the Air Force Office of Special Investigations, 此後簡稱 AFOSI）退休後的很長時間內繼續傳播虛假消息，例如他曾給比爾瑞安 [14] 偽造的 Serpo 相片，因此在引用相關資料時須得謹慎，後文在涉及 Serpo 計劃的情節時將陸續提出關鍵人物佐證。

此外，值得一提的是，成立於 1948 年的 AFOSI，其屬性與任務不同於成立於 1961 年的 DIA，兩者雖同樣是軍方的情報機構，但前者是在羅斯威爾外星飛船墮毀一年後成立，其任務顯然是在防止外星機密不致外泄，因此反情報或散播假情報是其主要任務。而 DIA 則是由主張將不明飛行物情資開放給公眾的甘迺迪總統下令成立，其心態基本上是較傾向於甘迺迪總統的想法。

華盛頓特區的博林空軍基地（Bolling AFB）是 Serpo 計劃的所有文件所在的位置，其中包括幾本大型相冊（存有為數達數千張有關埃本文明的相片、動物、植物和土壤樣本，埃本音樂的錄音，以及在 Serpo 星訪問過埃本人或被埃本人克隆的其他外來物種的照片）。該基地於 2010 年與海軍支援設施阿納卡斯蒂亞（Anacostia），合組成了阿納卡斯蒂亞-博林聯合基地。

至於參與交換計劃的人員，他們的故事、日記條目、照片及帶回來的樣本都在一份 3000 多頁的報告中被記錄下來，該報告標題是「Serpo 計劃」，於 1980 年完成最後撰寫，除主報告外尚有兩份補充報告，已故的康奈爾大學天文學教授卡爾薩根（Carl Edward Sagan, 1934-1996）為主要執筆人，他並在報告上簽名。

[15] 然而薩根始終否認外星人（ET）存在的現實，因為他的上司威脅，如果不這樣說，就要切斷其康奈爾大學學系的資助。

以下就來談談與 Serpo 計劃相關的資料來源及一些偽書分辨：

## 1.3 資料依據及可疑資料與偽資料辨證

羅斯威爾外星飛船墮毀及後來的 Serpo 計劃這兩者的可靠驗證是本書立論的主要依據之一，縱觀全書上下，這兩部分的相關情節隨處可見，因此相關資料背景及其引用應清楚說明。外星飛船墮毀的資料將在第 3 章依情節發展而隨機交待，而 Serpo 計劃的資料主要依據 DIA 圈內人所提供的電子郵件發佈（Email Release）及一些軍方退休人員的交叉證詞，至於電子郵件發佈資料的出處另外會加以說明。除此，迄今唯一可能的物證就是顯示 Serpo 星上雙太陽的照片 [16]，然而它尚未經過認證。

目前在涉及 Serpo 計劃的出版物方面有兩本書值得一提，首先是 UFO 研究者及作家萊恩・卡斯滕（Len Kasten）所寫的《Secret Journey To Planet SERPO – A True Story of Interplanetary Travel》（2013），此書內容主要依據 Serpo.org 的 36 份電子郵件發佈。這些電子郵件主要（此為第一來源，約佔 85%）是由 DIA 的一位退休幹員（假名「要求匿名」）及少部分（此為第二來源，約佔 13%）由當時直接與計劃有關的現任幹員（「匿名」I,II,III）聯合提供。此外，尚有第三來源貢獻了 2%。第三來源發送來自軍事地址的信息，該地址在發送後自行取消，無法回覆，這是一種標準的軍事做法。[17]

　　「要求匿名」的資訊則是來自更早期的一位 DIA 退休人員（假名 Mr. J），而 Mr. J 的資訊是來自當時尚存活的一位交換訪問人員——「英雄先生」。因此可以說英雄先生是洩露出的 Serpo 計劃資訊的總源頭，本書有關 Serpo 計劃的相關情節，其所據資料主要是來自 Serpo.org 網站的 36 份電子郵件發佈。

　　除了萊恩・卡斯滕的書之外，勞倫斯・斯賓塞（Lawrence R. Spencer）所編輯的《外星人訪談》（Alien Interview，2009，Deluxe Study Edition）一書也應一提，此書的主角——EBE1 同樣出現在卡斯滕的書中，但斯賓塞的書其可信度極低或沒有可信度，原因是：

・外星人（EBE1）的能力被描述得超乎想像，竟具有分身及來去自如的能力，這已是事涉玄怪，此外

・斯賓塞自稱燒燬了其書所依據的最重要的原始文件，這還包括來自事件見證人「麥克羅伊太太」（Mrs. MacElroy）寄給他的信封。麥克羅伊太太在外星人（ET）訪談事件中的地位等同英雄先生在 Serpo 計劃中的地位，都是原始資料提供者。斯賓塞自稱燒燬證物的原因是「我不想讓我的餘生都被 UFO 研究人員、政府代理人、雜貨店小報記者、UFO 倡導者和陰謀揭穿者（de-bunkers）等人或其他任何人追捕。」[18] 作家用這個理由銷燬證物就好比，嫌犯因懼檢查官的銳眼而事先毀證一樣。

・比爾・瑞安認為斯賓塞的書只是一部寫得不錯的科幻小說，其原因之一是「carbon　dating」、「alien」、「computer」與「database」等名詞在 1947 年尚未出現，但它們卻出現在麥克羅伊太太所提供的面談資料或 personal note 中。[19]

・斯賓塞的《外星人訪談》一書弄錯了 EBE1 的性別：

　　1981 年 3 月 6-8 日中央情報局（CIA）在馬利蘭州大衛營（Camp David）對雷根總統的簡報資料顯示，1947 年 7 月的暴風雨期間兩艘外星人航天器墮毀，其中一艘在新墨西哥州位於羅斯威爾西北方的科羅納（Corona）西南部附近墮毀，另一艘在新墨西哥州達蒂爾（Datil）附近墮毀，美國陸軍最終找到這個地點並收回了所有碎片和逮了一個活的男性外星人（即 EBE1）。[20]EBE 的 意 思 是 外 星 生 物 實 體（Extraterrestrial Biological Entity），這是當時美國陸軍指定給這個非人類生物的代碼名稱，而 EBE 的族類有男女性別，[21]《外星人訪談》一書將那位在 1947 年墮毀事件中唯一存活的外星人歸類為女性一事足以說明資料的作偽或作者（即編輯者）的無知作偽。

- 出版於 2009 年，斯賓塞的《外星人訪談》一書中的「麥克羅伊太太」角色像極菲利普・克拉斯（Philip J. Klass）於 1997 年出版的《真正的羅斯威爾墮毀飛碟掩蓋》一書中，前殯儀館業者格倫・丹尼斯（Glenn Dennis）話中的年輕女護士一角。[22] 這位年輕女 護士的故事對斯賓塞的「麥克羅伊太太」的角色創作是否有所啟發？

- 還有一事值得一提，斯賓塞宣稱，「麥克羅伊太太」 提供的資料顯示，來自 1947 年 7 月羅斯威爾的外星生物實體其身高 40 英吋，兩手各有三根手指（Spencer, p.51）；科索 描述他於 1947 年 7 月所見到的外星人屍體有六手指的手（Corso，1997，p.34），而丹尼斯口中的「羅斯威爾年輕女護士」則於 1947 年某日圖繪四手指的外星人（Klass，1997，p.70）。我從各相關圖片看到的 1947 年 7 月羅斯威爾的 EBE 屍體也有四手指的手，可見 1947 年羅斯威爾的外星人屍體基本上並不涉及三指外星人，斯賓塞的想像力是否豐富了些？

基於以上數點理由，《外星人訪談》一書應判定為科幻小說，而一些認為 Serpo 交換計劃只是一個人為創造的故事之網站則被多數 UFO 圈內人判定為造謠（disinformation）。以上這些事例說明，在涉及外星人、UFO 或接觸者 [23] 等事件之舉證或探討時，資料引用須得謹慎，否則就可能會將造謠當事實，鬧出不可置信的笑話，且看以下案例。

## 1.4 偽接觸者的驗證

比利·梅爾－昴宿星案例（Billy Meier-Pleiadian Case）為「偽接觸者的驗證」提供另一個註腳。本名愛德華·阿爾伯特·梅爾（Eduard Albert Meier, 1937-）的瑞士人比利·梅爾是一個 UFO 宗教創始人和所謂的「接觸者」。他聲稱其 UFO 照片顯示外星飛船，他並聲稱與被他稱為 Plejaren 的外星人自從 1975 年以來經常與他接觸。他還在 1970 年代提出其他證據，如金屬樣品、錄音和錄像。梅爾的宣稱引起了許多討論，並當然招來了一批信從者。DIA 特工於 1985 年起曾親自數次面談梅爾。

當 DIA 成像專家仔細檢查梅爾提供的每張相片後，確認每張都涉嫌造假。至於梅爾宣稱的，1980 年 7 月 7 日（星期一）他與昴宿星人的接觸錄音，DIA 發現它也涉嫌造假，實際上它是源於地球的聲音。DIA 並面談了 80 名所謂的見證人中的 21 名，每人都被認定是騙子。至此，梅爾的所謂接觸者身分澈底破滅。[24] 現在且將筆頭掉轉回到前文提到的專放出真真假假消息的前職業特工查德·多蒂身上，相信他是每一位 UFO 圈外人都感興

趣的人物，有了他，UFO 與外星人傳奇更多增幾分曲折與懸疑。

## 1.5 是非人物理查德・多蒂

　　理查德・多蒂是本書的一位關鍵人物，過去他曾多次散播虛假信息，在 UFO 圈中進行反情報誤導作業，是許多 UFO 圈內人恨得牙癢癢的人物。但另一方面，他也曾提供真實資料，協助一些事情的澄清，對於這樣一位正反型人物，有必要在此略費點筆墨加以介紹。理查德・多蒂是一名退休的軍士長，曾擔任空軍特別調查辦公室特工，他擁有加州查普曼學院（Chapman College）的警察科學學士，及新墨西哥大學的公共管理碩士學位。

　　據多蒂自述，[25] 作為 AFOSI 的一位年輕特工，他在 1979 年初到達柯特蘭空軍基地（Kirtland AFB）後被分發到 AFOSI 17 分區的反情報部門，在那兒他被告知一個特殊的隔離計劃（compartmented program）。[26] 該計劃處理美國政府參與外星生物實體的複雜事務。在最初簡報中多蒂獲知了政府參與埃本人的完整背景。1984 年在一次簡報中他讀到一份提及 12 名美國軍方人員與一個外星種族的交換計劃，該簡報雖沒有提到交換的具體細節，但確實提到該計劃是從 1965 年開始，而終於 1978 年。

　　1988 年多蒂從 AFOSI 退休後，他從 1991 年 1 月至 1992 年 3 月擔任 DIA 顧問，之後他開始為新墨西哥州蓋洛普市（Gallup）的新墨西哥州警察局擔任部門巡邏警長（division patrol sergeant）。在 UFO 專家們眼中，多蒂是一個爭議型的人

物，原因是他在 AFOSI 的工作是作為反情報／虛假信息（disinformation）傳遞代理人。他最受人詬病之處可能是給保羅・本尼維茲（Paul Bennewitz, 1927-2003）和 琳達・莫爾頓・豪（Linda Moulton Howe）[27] 提供虛假信息，以及策劃一場詆毀保羅・本尼維茲的運動。多蒂聲稱自己早已成為一名「吹哨者」[28]，意思是他早已遠離過去散播虛假信息的反情報工作，而成為相關資訊提供者。在自稱的「吹哨者」光環下，2006 年多蒂曾協助羅伯特・柯林斯（Robert M. Collins）出版了 《免於披露》（Exempt from Disclosure）一書。然而，由於多蒂的過去經歷，大部分 UFO 圈內人迄今仍然不信任他所提供的信息。

1991 年在一次 AFOSI 朋友的退休晚會上，多蒂與退休的空軍情報部門傑克凱西上校（Col. Jack Casey）閒聊，從那兒多蒂聽到了一些涉及 Serpo 計劃人員交換的簡短介紹，此際多蒂在其文章中對 Serpo 團隊成員的生死做了一個註腳，他說所有團隊成員（共 12 人）在當時（即文章發表時的 2006 年 2 月）均已死亡，而最後一位則死於 2002 年。以上這些信息與 DIA 的匿名最初所描述的情節相同。實則多蒂的資訊未必正確，最後一位隊員（即「英雄先生」）據稱是死於 2014 年 12 月 11 日（星期四），而這是由 DIA-6 中的一名成員在電子郵件交換中所透露。[29] 然而若據多蒂的說法，Serpo 計劃倒是多了一位耳聞證人──凱西上校。

此外，如果真如某些網站（見注解 11）所推測，匿名是由多蒂所扮演的話，則匿名當會如多蒂所想望的般，將電子郵件交由更開放及更有名氣的媒體（如 CNN 或 FOX）發佈，而不會交給一個當時尚籍籍無名的小網站。除此，匿名說 12 名交換人員中，有 10 人是男性，2 人是女性，但多蒂根據情報圈與其他獨

立資訊，認為 12 名隊員應全是男性。因此就這一點論，匿名與多蒂應不會是同一人。多蒂在其文章中並提到，Serpo 交換計劃確實發生的證據得到幾位前政府高級官員的支持，他們是退休的美國空軍（USAF）凱西上校與艾德‧多蒂上校（Col. Ed Doty），當然 AFOSI 前特工理查德‧多蒂也是支持者之一。此外，前 DIA 安全負責人保羅‧麥戈文（Paul McGovern）與前內華達州測試場（NTS）安全主任本名吉恩‧萊克斯（Gene Lakes）的吉恩‧勒斯柯斯基（Gene Loscowski）等也都是耳聞或目擊文件的人證，尤其麥戈文與吉恩‧萊克斯等都公開證實 Serpo 計劃的存在。

不僅以上那些前政府官員的背書，尚有兩位知名作家也是支持者，他們是琳達豪（Linda Howe，1954-）與惠特利‧施蒂伯（Whitley Strieber，1945-），其中施蒂伯聲稱在佛羅里達遇到了一位倖存的 Serpo 計劃團隊成員。匿名後來向 Serpo 網站的主持人維克托‧馬丁內斯證實了施蒂伯的故事。事實上施蒂伯在三個不同的場合遇到了這個團隊成員。[30]

除了以上這些人確認外星交換計劃的真實性之外，以下的一段敘述也值得留意。維克托在 2006 年 2 月的一篇文章中提到：[31]

「一位退休的美國空軍上校實際上監督了這個計劃，他私下對比爾瑞安的熟人說，他很驚訝於現在正被釋出的細節，……我從匿名知道他的名字，比爾確認此事，但我會有所保留，原因是他此時選擇不曝光。其次，有一位前政府高階官員，他實際上協調過去曾負責並監督計劃的前 DIA 官員，與三位允許他們（指前 DIA 官員）進入安全閱覽室轉錄材料以便通過我（指維克托）向公眾發佈的現任 DIA 官員。他的名子將被 99.99% 的本雜

誌（指 UFO Magazine）和我的 UFO 電子郵件收件人名錄所知。因為這兩個論壇的讀者和訂閱者比一般觀眾更密切地關注這些情報和黑色世界事務。」

上文先用了一些篇幅略為探討涉及外星人與 UFO 題材的資料與關係人之驗證問題，其次從本書主題來看，急切要問的幾道問題應是：外星人究竟存在不存在？或者說除地球擁有由智慧生物（即人類）建立的文明外，宇宙中（或銀河系）其他星球是否存在由他種智慧生物建立的文明？此外此種外星智慧生物是否曾造訪過地球？或現在正在造訪地球？他們與人類是否曾有過或現在正進行互動？此種互動對人類文明施加正面或負面影響？凡此種種都是本書擬探討的課題，每一課題期以流水式的說故事方式加以說明，而這也自然構成了傳奇的一部分。首先就來談談多數人共同關心及也感興趣的問題，且看下文敘說。

# 1.6 外星人就在你身邊

外星人的是否存在及長相如何？我敢打賭，幾乎周遭的絕大多數人終其一生從未見過所謂外星人，這包括筆者本人。然而沒有見過外星人並不表示它們不存在，這只是機遇問題。1947 年 7 月內華達州的外星墮毀飛船附近美國軍方人員即發現一個存活的外星人，因此外星人是存在的。然而有些時候就算外星人在你身旁走動，但若有眼不識泰山，則也可能擦肩而過，這話怎麼說？原來銀河系的外星族類中最大的一支是人形生物（Humanoid）[32]，他們的高矮、膚色與地球人類或有不同，除此，其容貌及外形與人類幾乎沒有軒輊，他們走在街頭你無法認出其外星人身

分。《天堂的守望者》（THE CATCHERS OF HEAVEN）作者及前 MJ-12 成員邁克爾・沃爾夫（Michael Wolf）博士說，「北歐」外星人（Nordic）在地球上幾個主要城市的街道上行走，而其他人不知道他們是誰。[33]

1980 年代初美國情報圈發起代號為 Operation TANGO-SIERRA 的誘捕行動，其目的就是要捕捉一個滲入美國政府機構的似人男性外星人，此外星間諜居住在馬利蘭州蘭多弗（Landover）地區，為何說他是似人外星人？其外表與外形（經模仿後）與人類沒有兩樣，實則其本相是非人類實體。非人類實體走上路堤後，在購物中心（位於馬里蘭州安德魯斯空軍基地東南部）附近迅速被識別，仔細觀察，拍照並最終被捕獲。很快就確定了這個外星人沒有特殊的能力，他被囚禁並羈押在弗吉尼亞州 Ft. Belvoir 陸軍哨所。

外星人的行蹤曝光的原因出在，1977 年一位 23 歲的美國政府女性僱員被一名「男性非人類」綁架，外星人顯示該女人關於他及其族類在另一行星上的生活投影。女僱員描述這個影像是以三維「全息」（holographic）視圖顯示的影像。在持續的三年綁架期間，男性非人外星人從未傷害這名婦女，但卻透過「光幕」將她帶到另一個被她形容為「小氣泡」的地方並將她介紹給另一位「生物」。這位生物對她做了身體檢查後，將她送回原居住處。後來女僱員在工作場所說出了其綁架故事，因而引起同事注意。同事聯繫了辦公室的安全官員，該官員又聯繫了美國情報官員。情報部門審查了女僱員的故事，並進行徹底的背景調查、監視及數次測謊。最終女僱員的故事被認為是真實和正確的，因而導致美國情報局的抓捕行動。整個逮捕作業歷時 5 個月，涉及約 60 名情報人員。

　　AFOSI 特工團隊在數週內對該「男性非人類」進行了訊問，並且其他機構也對他進行了數月的嚴厲訊問。正是在這段時間裡，男性非人類披露了他的種族、常駐行星以及進入地球的原因。他來自距地球約 19.92 光年的 Delta Pavonis 恆星系統的第 4 顆行星，其環境與地球大致相同，情報單位稱捕獲的外星人為 Septeloids。男性外星人基本上持合作態度，並對他的「外星人世界」提供了生活細節。後來卡特總統下令釋放他後，隨後他離開地球並返回其本國星球。[34]

　　以上的情節發生在 80 年代初，距今較為久遠，它描述的是有關一個外星人所做的負面事，以下案例則是一件發生在千禧年之後一個外星人所做的正面事（與 NASA 合作），事情經過如下：[35]

　　克拉克・麥克萊蘭（Clark C. McClelland）是美國宇航局（NASA）一名退休的航天器操作員，他在 34 年（1958-1992）的職業生涯中，負責確保 NASA 許多任務的安全，其中包括水星太空飛行、阿波羅飛行任務、國際空間站和太空梭等。2008 年 7 月 29 日他在其個人網站上發佈的一份聲明中透露，他在甘迺迪太空中心的發射控制中心（LCC）監視一次太空梭任務之際，在他的 27 英寸視頻監視器上，目睹了一個 8 呎到 9 呎高的外星人。他觀察這個外星人約一分七秒鐘，故有足夠的時間記住所看到的一切。麥克萊蘭並寫道，他並不是唯一目睹此事件的美國宇航局官員，他的一個朋友後來聯繫了他，提到另一個人也觀察到一個 8 呎到 9 呎高的外星人在太空梭機艙內。

　　據麥克萊蘭描述，該外星人是一個高大的人形生物，有兩手、兩腳、一個纖細的軀幹和一個正常大小的頭部，膚色無法確定，似乎有兩眼。外星人是如何溝通的？不清楚。外星人確實常

移動手臂，似乎像是發出指示。麥克萊蘭聽不到語音通訊，外星人所戴頭盔不像 NASA 宇航員所戴的那麼大。他也沒有看到氧氣罐，但見到外星人似乎用一條寬帶環繞著己身，此外，沒有發現任何看似武器的東西。

上文提到的數個案例，其中如 Serpo 人員交換計劃、80 年代初的外星人間諜案及 NASA 工程師的親自目睹等，無不說明外星人不但存在於你我周遭，且與人類有諸多互動。而「外星人訪談」一書與比利・梅爾的聲稱「接觸者」身分則反證「造謠」的泛濫與可憎，這少許例子不過是冰山一角，本書在後續章節將會更全面及深入地揪出全貌。但在這樣做之前，讓我們先總結一下 50 年代及之前發生的 UFO 墮毀與回收的外星人屍體概況，這樣做的目的可以凸顯事情的嚴重性，及了解美國政府為了應付國家安全面臨的新威脅所做的迫切內部改革。

## 1.7 情報機構的建立與詹姆斯・福雷斯特之死

在以上這些外星人事件浮出水面之前全球各處早已陸續出現各種不明飛行物目擊事件，最初是發生在 1941 年聖地牙哥之西的太平洋海域，然後是 1947 年與 1949 年的新墨西哥州地區。總計從 1947 年 1 月至 1952 年 12 月之間，至少發現 16 艘墜毀或墜落的外星飛船，65 具屍體和 1 具活著的外星人，而另一架外星飛船則爆炸了，從那起事件中沒有發現任何東西。在這些事件中，有 13 起發生在美國境內，不包括在空中分解的飛船。在這 13 起事件中，有 1 起位於亞利桑那州，有 11 起位於新墨西哥州，有 1 起位於內華達州。不明飛行物的目擊事件如此之多，以

至於無法利用現有的情報資產對每份報告進行認真的調查和揭穿。其中最聳人聽聞的是 1948 年 2 月 13 日，在新墨西哥州阿茲台克（Aztec）附近的台地上發現了一艘外星飛船。另一艘飛船是 1948 年 3 月 25 日在白沙試驗場（White Sands Proving Ground）被發現的。直徑為 100 英尺。共有 17 個外星人屍體被從這兩種飛行器中回收，更重要的是在這兩艘飛行器中同時發現了大量人體部件。

特別是在德懷特・戴維・艾森豪威爾（Dwight David Eisenhower）陸軍五星上將上任的第一年（1953 年），美國軍方又至少回收了 10 艘墜毀的飛船，以及 26 名死亡和 4 名活著的外星人。[36] 在 10 艘飛船中，其中 4 艘是在亞利桑那州發現的，在德克薩斯州 2 艘，在新墨西哥州 1 艘，在路易斯安那州 1 艘，在蒙大拿州 1 艘，在南非 1 艘。在未來幾年中，以上這些事件將成為世界歷史上最受保護的祕密，其保密的層級甚至比曼哈頓計劃受到的束縛還要更緊。

1947 年 12 月政府組織了一個由美國頂級科學家組成的特殊小組，名為 Sign 計劃，以研究以上的飛碟墮毀現象。1948 年 12 月，Sign 計劃演變為 Grudge 計劃。接著，一個名為藍書（Blue Book）的低層級收集和散播虛假信息的計劃在 Grudge 計劃下成立，Grudge 計劃發行了 16 冊書。

為了日趨嚴重的飛碟墜毀及其帶來的國安問題，1947 年的《國家安全法》（National Security Act）對二戰後美國政府的軍事和情報機構進行了重大重組。該法案的大多數規定於 1947 年 9 月 18 日生效，也就是參議院確認詹姆斯・福雷斯特為第一任國防部長的第二天。該法案將陸軍部和海軍部合併為美國國防部（Department of Defense，簡稱 DoD）。它還創建了空軍部和美

國空軍（USAF），其中美國空軍是將陸軍航空兵（Army Air Forces）自陸軍分離出來的獨立軍種。它還在海軍部的監護下，將海軍陸戰隊提升為一個獨立的部門。除了軍事重組之外，該法案還建立了國家安全委員會（National Security Council,簡稱NSC）和中央情報局（Central Intelligence Agency,簡稱 CIA），這是美國第一個和平時期的非軍事情報局。

1947 年 7 月成立的國家安全委員會（National Security Council, 簡稱 NSC），其目的是在監督情報界，尤其是有關外星人的信息，有此說法的原因是 NSC 成立的時機恰逢羅斯威爾的飛碟墮毀。國家安全委員會的一系列備忘錄和行政命令使中央情報局逐漸脫離了收集外國情報的唯一任務，並以國內外祕密活動的形式緩慢但徹底地「合法化」了直接行動。

在早期的幾年中，美國空軍和中央情報局對「外星人祕密」實施了完全控制。實際上，中央情報局是由總統行政命令成立的，最初是 1946 年 1 月成立的中央情報小組（Central Intelligence Group），目的是協調現有的部門情報，以補充而不是取代他們的服務。後來剛通過的《國家安全法》於 1947 年 9 月將中央情報小組確立為中央情報局。

在以上的背景之下，杜魯門政府根據 NSC-10 / 1，成立了一個執行協調小組（Executive Coordination Group, 簡稱 ECG）來審查但不批准祕密計劃建議，ECG 暗中負責協調外星計劃，NSC-10 / 1 和 10/ 2 被解釋為高層政府人士沒有任何人想知道任何事情，除非直到一切結束並取得成功。這些行動在總統和情報之間建立了緩衝。這種做法本來是設想若漏出的消息洩露了事情的真實狀況，則該緩衝可作為總統否認知情的手段。此緩衝在後

來的幾年中將繼任的總統有效地自祕密政府和情報界所不希望被洩露的外星人存在的任何信息中隔離出來。

NSC-10／2（6/18/1948）建立了一個大部分由科學家組成的研究小組，該小組經常祕密開會。當時研究小組並不稱為 MJ-12。NSC 的另一份備忘錄 NSC-10／5（10/23/1951）進一步概述了研究小組的職責。這些 NSC 備忘錄和祕密行政命令為四年後 MJ-12 的創建奠定了舞台。

國防部長詹姆斯‧福雷斯特（James V. Forrestal）反對該項保密策施。他是一個非常理想主義和有宗教信仰的人，他認為應該告訴公眾。詹姆斯‧福雷斯特也是最早的被綁架者（abductees）之一。當他開始與反對黨領導人和國會領袖談外星人問題時，杜魯門要求他辭職。他向許多人表達了他的恐懼，理所當然地，他自認為自己受到了監視，但這種自我理解被那些不了解實情的人將他視為偏執狂。據說福雷斯特後來精神崩潰，他被命令送去貝塞斯達海軍醫院的精神病房治療。由於擔心福雷斯特會再次講話，他不得不與世隔絕並喪失信譽，他的家人和朋友被拒絕訪問。1949 年 5 月 21 日，福雷斯特的兄弟做出了一個致命的決定，他通知當局他打算在 5 月 22 日將福雷斯特從貝塞斯達移出。1949 年 5 月 22 日清晨的某個時候，兩名中央情報局特工將一張床單綁在福雷斯特的脖子上，將另一端固定在他房間的固定裝置上，然後將福雷斯特扔到 16 樓的窗外。床單撕裂，他墜地死亡（到目前為止，福雷斯特的病歷仍然被密封）。福雷斯特的祕密日記被中央情報局沒收，並在白宮保存了許多年。由於公眾的要求，日記最終被改寫並以衛生版本（sanitized version）出版。中央情報局後來以書本的形式將真實的日記信息提供給了一位代理商，該代理商以小說的形式出版了該材料。代理商的名

字是惠特利・斯特里伯（Whitley Strieber），書名是
《MAJESTIC》。詹姆斯・福雷斯特成為外星掩蓋案的首批受害
者之一。[37]

　　杜魯門總統於 1952 年 11 月 4 日通過祕密行政命令創建了超
級機密的國家安全局（National Security Agency, 簡稱 NSA）。
其主要目的是破譯外星人的通訊方式、語言並與外星人進行對
話，而其最緊迫的任務則是早期努力的繼續。NSA 的第二個目
的是監視全球任何電子設備的所有通信和排放，以收集人類和外
星人的情報，並包含外星人存在的祕密，於第二目的而言，其
SIGMA 計劃是成功的。國家安全局還維護與月神基地（Luna
Base）[38] 及其他祕密空間計劃的通信。根據總統的行政命令，國
家安全局不受所有那些在法律文本中未明確指定國家安全局受該
法律管轄的法律所約束。這意味著，如果國會通過的每一項法
律，未在其文本中詳細說明該機構，則國家安全局不受該法律或
這些法律的約束。在以上法律條文及總統行政命令的規範下，國
家安全局逐漸加大其對外星事務的涉入比重。國家安全局現在執
行許多其他職責，實際上它變成了情報網絡中的主要機構。如
今，國家安全局收到了分配給情報界的款項的大約 75%。

　　從上文可知，為了應付外星人帶來的國安威脅，杜魯門總統
可說是使出了渾身解數，創建了國安會、中情局與國安局等數家
主要國安與情報機構，但這些機構並非外星專責機構，為了因應
日趨嚴重的外星問題，艾森豪威爾繼任總統之後，外星專責機構
終於浮現了，且看下文說明。

# 1.8 MJ-12 的建立與甘迺迪總統的謀殺

1953 年初艾森豪威爾繼杜魯門為總統，他知道自己必須努力解決這一外星問題，但他也知道他無法通過向國會透露祕密來做到這一點。1953 年初，新總統求助於他在外交關係委員會（Council on Foreign Relations, CFR）的朋友納爾遜‧洛克菲勒（Nelson Rockefeller）。艾森豪威爾和洛克菲勒開始規劃外星人任務監督的祕密結構，該結構將在一年內成為現實，MJ-12 的想法由此誕生。關於 MJ-12 的誕生，以下的陳述提供較詳細的過程：39

1984 年 12 月，一個馬尼拉信封從作家和不明飛行物研究員海梅‧珊德拉（Jaime Shandera）的前門郵筒中掉落。它包含一卷 35 毫米膠片。信封上的郵戳沒有透露出什麼信息，它來自新墨西哥州的阿爾伯克基（Albuquerque），但沒有回信地址，也沒有表明可能由誰寄出或寄出了什麼。珊德拉電他的 UFO 研究合作夥伴——作者比爾‧摩爾（Bill Moore）。他們沖洗了影片，發現每一幀都是一張文檔的照片。打印出來後，它形成了眾所周知的 Majesty 12 文檔，通常縮寫為 MJ-12。該文件據稱是 1952 年由中央情報局局長撰寫的備忘錄，向艾森豪威爾總統提供了當時存在的十二名科學家和軍事官員的組合，這些人於 1947 年根據杜魯門總統的命令集結起來，調查羅斯威爾的墮毀飛碟事件。該備忘錄向總統介紹了這 12 人小組的重要性，並建議繼續該計劃。

話說在艾森豪威爾當選的一周內，他任命了納爾遜‧洛克菲勒為政府組織總統諮詢委員會主席。洛克菲勒負責規劃政府的改

組，這是他多年以來夢寐以求的。1953 年 4 月國會批准新誕生的衛生、教育與福利部的內閣職位時，納爾遜被任命為副部長。1953 年，天文學家在太空中發現了大型物體，這些物體被追蹤到向地球移動。最初認為它們是小行星。後來的證據證明，這些物體可能是飛船。SIGMA 計劃攔截了外來無線電通信。當物體到達地球時，它們在赤道周圍佔據了很高的地球同步軌道。有幾艘大船，他們的實際意圖是未知的。SIGMA 計劃和一個新計劃 PLATO 通過使用計算機二進制語言的無線電通信，能夠幫對方安排降落，從而與來自另一個星球的外來生物進行面對面的接觸。降落發生在沙漠中，這意味著電影「第三類親密接觸」是真實事件的虛構版本。PLATO 計劃的任務是與這一外星人種族建立外交關係。對方留下了人質，他的名字叫 Crill 或 Krill，以保證他們將返回並正式締結一項條約，這導致雙方於 1954 年 2 月 20 日的會議及簽訂條約。

1954 年，納爾遜‧洛克菲勒再次換了職位。這一次，他擔任心理戰略特別助理。後來名字被更改為冷戰戰略特別助理。在這個新職位上，洛克菲勒直接、單獨地向總統報告，他參加內閣、外交經濟政策委員會及政府中最高決策機構——國家安全委員會的會議。納爾遜‧洛克菲勒除擔任以上職位，他還承擔第二個重要工作，即擔任祕密部門——計劃協調小組的負責人，該小組於 1955 年 3 月在 NSC 5412/1 下成立。該小組由不同的臨時成員組成，基本成員是洛克菲勒、國防部代表、國務院代表和中央情報局局長，不久它被稱為 5412 委員會或特別小組，NSC 5412/1 確立了祕密行動須經執行委員會批准的規則，而過去這些行動僅在中央情報局局長的授權下發起。

　　而就在 NSC 5412/1 建立之前，艾森豪威爾早已透過 NSC 5510 的祕密執行備忘錄，建立了一個常設委員會（非臨時組織），稱為 Majesty 12（簡稱 MJ-12），以監督和進行與外星人問題有關的所有祕密活動。創建 NSC 5412/1 是為了在國會和新聞界感到好奇時解釋這些會議的目的。

　　MJ-12 是由納爾遜・洛克菲勒、中央情報局局長艾倫・杜勒斯、國務卿約翰・杜勒斯、國防部長查爾斯・威爾遜（Charles E. Wilson）、參謀長聯席會議主席——海軍上將阿瑟・拉德福德（Admiral Arthur W. Radford）、聯邦調查局局長埃德加・胡佛（J. Edgar Hoover）及被稱為「智者」（Wise Men）的外交關係委員會執行委員會的六名成員，與賈森集團（Jason Group）執行委員會的六名成員，以及愛德華・泰勒（Edward Teller）博士等人組成。

　　賈森集團是在曼哈頓計劃期間成立的一個祕密科學集團，由米特公司（Corporation）管理。對外關係委員會的核心人員從哈佛和耶魯的骷髏會（Skull & Bones Society）及渦旋和關鍵學會（Scroll & Key Society）招募其成員。智者組織是對外關係委員會的重要成員，也是被稱為傑森協會的「命階」組織（Order of the Quest）的成員。

　　MJ-12 共有 19 名成員。如果沒有十二票的多數贊成票，就不得給予任何命令，也不得採取任何行動，因此，多數的十二票就成為關鍵票。由 MJ-12 發布的命令被稱為多數十二指令，這個小組是由外交關係委員會以及後來的三邊委員會（Trilateral Commission）的高級官員和董事們合組成的。儘管該小組如今還存在著（雖然名稱已改變），但沒有任何一個最初的成員活著。最後一名是死於 1984 年的前陸軍部長戈登・格雷（Gordon

Gray）。每位成員去世後，該小組本身即任命一位新成員來填補
其職位。

艾森豪威爾總統通過 1954 年的 NSC 5511 號執行備忘錄，
委託外交關係委員會研究小組檢查所有與外星人相關的事實、證
據、謊言和欺騙，並發掘外星人問題的真相。第一次會議始於
1954 年，之所以稱為 Quantico 會議，是因為小組成員在
Quantico 海洋基地相遇。該研究小組僅由外交關係委員會祕密研
究小組的 35 名成員組成，愛德華·泰勒博士被邀請參加。

到 1955 年，人們意識到外星人欺騙了艾森豪威爾，並且違
反了條約。在美國全境，人們發現了被肢解的人類與動物屍骸。
懷疑外星人沒有將完整的的接觸和綁架名單提交給 MJ-12，且懷
疑並非所有的綁架人都已被送回家裡。蘇聯還被懷疑與他們有互
動，事後證明這是事實。外星人指出，他們曾經（然後是）通過
祕密社團、巫術、魔法和宗教來操縱人們。空軍經過數次與外星
人空中交戰後，很明顯地美國軍方的武器無法與他們對抗。

1955 年 11 月發布了 NSC-5412／2，外交關係委員會成立了
一個研究委員會，以探討與核時代製定和實施外交政策有關的所
有因素，但它只不過是一片白雪覆蓋了真正的外星人研究主題。
NSC 5412/2 只是當新聞界開始詢問此類重要人物的例會目的時
才需要的封面。第一階段（前 18 個月）研究總監是茲比格涅
夫·布里辛斯基（Zbigniew Brzezinski）博士，第二階段（後 18
個月）研究總監是亨利·基辛格（Henry Kissinger）博士。納爾
遜·洛克菲勒在研究期間則經常出訪。

外星人研究結果的一個主要發現是，公眾可能無法被告知外
星人的存在。理由是外星人的存在無法用傳統的基督教宗教來解
釋，而這可能導致經濟崩潰、宗教結構崩潰和國家恐慌，而這些

情況結合起來更可能導致無政府狀態，保密工作因此得繼續進行。這一發現的一個延伸是，如果不能告訴公眾，就不能告訴國會。因而計劃和研究的資金必須來自政府外部。與此同時，資金必須來自軍事預算以及來自中央情報局的機密、未使用的資金。

另一個主要發現是，外星人使用人類和動物來作為腺體分泌、酶、激素分泌、血液等離子體和可能的遺傳實驗來源。外星人將這些行為解釋為生存的必要條件。他們說他們的遺傳結構已經惡化，無法再繁殖。他們還說，如果他們無法改善其遺傳結構，他們的種族將很快不復存在。軍方對他們的解說帶有懷疑。

由於美國軍方的武器實際上對外星人毫無用處，因此 MJ-12 決定繼續與對方保持友好外交關係，直到他們有能力開發一種使他們能夠在軍事基礎上對其進行挑戰的技術。為了人類的生存，必須向蘇聯和其他國家提出共建聯合武力的建議。同時，應該開發計劃，以研究和構建兩個常規和核技術的武器系統，這將對美國具有同等的作用。

研究結果產生了 Joshua 和 Excalibur 兩計劃。Joshua 是一種從德國人手中奪取的武器，能夠在兩英里範圍內擊碎 4 英寸厚的裝甲板。它使用了定向的低頻聲波，有人認為這種武器對付外星飛船和光束武器是有效的。Excalibur 是一種導彈攜帶的武器，其飛行高度不超過地面 30,000 英尺，不會偏離指定目標超過 50 米，可以穿透 1,000 米厚的在新墨西哥州發現的堅硬土壤（稱為 Tufa），能攜帶一百萬噸級的彈頭，它旨在摧毀地下基地的外星人。威廉‧庫珀宣稱據他所知，Joshua 是成功開發的，但從未使用過。Excalibur 直到近幾年才被推廣，現在，人們被告知，這種武器的發展史無前例。[40]

　　統治當局決定，資助與外星人有關的計劃和其他「黑」計劃的方法之一是壟斷非法毒品市場。當英國人和法國人在遠東開發鴉片貿易時早已樹立了歷史先例，他們用它填補其咖啡並在中國和越南獲得堅實的商業基礎。

　　統治當局與外交關係委員會的一位雄心勃勃的年輕成員接洽，他的名字叫喬治・布希（George H. W. Bush），他當時是得克薩斯州 Zapata 油公司海域部門的總裁兼首席執行官。Zapata 油公司正在試驗海域鑽進的新技術。他們認為，這些毒品可以通過漁船從南美運到海上平台，然後透過運輸物資和人員的常規運輸方式從那裡運到岸上，這種方式不會引來海關或執法機構對貨物進行搜索。喬治・布希同意提供幫助，並與中央情報局聯合組織了這項行動。該計劃的執行效果超出了所有人的想像，它在全球範圍內得到了擴展。目前，除了上述方法外還有許多其他方法可以將非法毒品帶入國內。透過以上這些方法，中央情報局控制著世界上大多數非法毒品市場。

　　甘迺迪總統在某個時候發現了有關毒品和外星人的部分真相，他於 1963 年向 MJ-12 下達最後通牒。總統向他們保證，如果他們不清理毒品問題，他會清理的。除此，總統還通知 MJ-12 他打算在接下來的幾年內向美國人民透露外星人的存在真相，並下達了一項計劃以實施其決定。甘迺迪總統的言論與決定無疑地將恐懼帶入了負責外星事務的那些人心中，MJ-12 政策委員會於是下令暗殺他，並真正執行該命令。[41]

　　MJ-12 的形成與組織以及黑計劃的部分資金來源大致如上述，它此後對美國的外星人事務及逆向工程與祕密太空計劃將發揮無以倫比的影響。除此，有見於 UFO 現象自 1940 年代以來的頻繁出現，美國空軍在 50 及 60 年代成立了藍書計劃（Project

Blue Book），致力於不明飛行物的研究，該計劃在 1952 年開始啟動，而結束於 1969 年。藍書計劃的前身是跡象計劃（Project Sign, 1947-1949）與咒怨計劃（Project Grudge, 1949-1952），後兩者也是由美國空軍主導，而天文學家約瑟夫·海尼克（Josef Allen Hynek, 1910-1986）教授在以上三個連續計劃中則擔任不明飛行物研究的科學顧問，在離開藍書計劃之後的幾年內，他進行獨立的 UFO 研究，並在 1973 年創立 UFO 研究中心（Center for UFO Studies, 簡寫 CUFOS），致力於 UFO 案件的科學分析，並開發了「親密接觸」（Close Encounter）機密系統，而藍書計劃的遠方遭遇（distant encounters）、第一類、第二類和第三類親密接觸等常規術語相信都是來自海尼克教授的設計。

包含統計數據的藍書特別報告 14 明確提到，高達 21% 的 UFO 案件無法解釋，而且在藍書的正式版本中缺少第 13 章（即特別報告 13），它包含的內容外界有很多揣測，一位聲稱曾閱讀過該章的人表示，該章內容涉及與外星人的親密接觸、綁架事件及包括在 UFO 墮毀現場發現有人體遺骸及殘害動物等案件。[42]

邁克爾·沃爾夫（此人的詳細介紹見第 2 章）博士說，「總統擁有最高機密，並有「需要知道」（Need To Know）的通關，但沒有 UMBRA ULTRA TOP SECRET 通行證，無法獲得 MAJIC [MJ-12]上層機密和 KEYSTONE [ET 研究]文件。」像許多聯邦官僚機構一樣，MJ-12 的規模增加了三倍。沃爾夫並說：

「現在有 36 名成員，包括[前國務卿]亨利·基辛格（Henry Kissinger）和[氫彈之父]愛德華·泰勒（Edward Teller）。MJ-12 在不同的機密地點會面，包括[俄亥俄哥倫布（Columbus）的巴特爾紀念研究所（Battelle Memorial Institute）。」沃爾夫博士並確認愛德華·泰勒博士推薦羅伯特·拉扎爾（Robert Lazar）擔

任 51 區以南 S-4 政府祕密基地的職位，雖然他工作期間很短，但他確實在該基地對外星飛船的推進系統進行了反向工程。[43]

前陸軍司令部軍士長（Army Command Sergeant-Major）羅伯特・迪恩（Robert Dean）在 1960 年代被分配到北約總部。迪恩在那裡讀到了北約關於外星人的祕密評估。沃爾夫博士說，他看到過同樣的評估。他還透露，「美國國家安全局和中央情報局定期向 MJ-12 成員提供不明飛行物民間組織（例如 MUFON 會議）主要會議的錄像帶」。與沃爾夫博士交談過的其他一些不明飛行物研究人員除採訪過他的理查德・博伊蘭博士外，尚包括：

- 羅伯特・布萊奇曼（Robert Bletchman）
- 詹姆斯・庫蘭特（James Courant）
- 琳達・莫爾頓・豪（Linda Moulton Howe）
- 威廉・漢密爾頓（William Hamilton）
- 邁克爾・赫斯曼（Michael Hesemann）
- 史蒂文・格里爾醫生（Dr. Steven Greer）
- 保拉・利奧皮茲・哈里斯（Paola Leopizzi Harris）

幾年前，文件洩露了，據稱它是對吉米・卡特關於外星事務的總統簡報。沃爾夫博士確認其中包含的信息，「基本上是正確的，但是洩漏的頁面上卻缺少一頁。該頁面描述了具有 ET 和人類共同遺產的個人，他是 2000 年前出現的，旨在結束人類暴力。」當採訪人理查德・博伊蘭博士提議頁面是指耶穌時，沃爾夫博士證實了這一身分。[44]

沃爾夫博士究竟是何許人？他的有關 UFO 或外星人的證詞又有多少重要性？欲知端的，請見下章分曉。

# 註解

1.Humanoid galactic history

http://www.exopaedia.org/Humanoid+galactic+history

2.Release 28 - The REAL Story Behind The POPE's Visit!

http://www.serpo.org/release28.php

3.Richard Boylan, Inside Revelations on the UFO Cover-Up.

https://www.bibliotecapleyades.net/sociopolitica/esp_sociopol_mj1

2_4_2b.htm#inside

4.Ibid.

5.這是化名「匿名一號」（Anonymous I）的美國國防情報局（Defense Intelligence Agency，簡稱 DIA）特工於 2005 年 12 月 3 日與當時名為「UFO Thread List」的互聯網電子郵件網絡主持人維克托・馬丁內斯（Victor Martinez）在電子郵件交流中對他（美國英雄）的稱呼，這個人也是後文即將提到的「OSG」。

http://www.serpo.org/release36.php

6. http://www.serpo.org/release36.php

7. 1965 年 7 月 16 日 12 名宇航員搭上埃本人宇航船離開地球，中途 1 人（編號 308）因高輻射而死於途中，2 人（編號 899 與 754）死於 Serpo 星，另有 2 人決定留在 Serpo 星，不返回地球。因此，1978 年 8 月 18 日僅剩 7 人返回地球。（Kasten, 2013, p.112 and pp.194-195）

8.國防情報局（DIA）包含六個局和一個聯合軍事情報學院。其總部位於五角大樓。就像聯合軍事情報學院一樣，國防情報分

析中心也是位於華盛頓特區西南的博林空軍基地（Bolling AFB）總部的延伸。美國國防部於 1961 年 10 月 1 日星期日建立了 DIA，以協調軍事部門的情報活動。DIA 擔任參謀長聯席會議（JCS）以及國防部長和美國統一或戰區軍事指揮官的情報機構。DIA 是一支作戰支援部門，向美國武裝部隊，國防政策制定者以及美國情報界的其他成員提供所有情報來源。由於 DIA 面對實力更強的 CIA，為了展現自我意識，因此它經常採取相反的立場來主張其獨立性。

9. 教宗本篤十六世（Pope Benedict XVI, 1927-）的生日是 1927 年 4 月 16 日（星期六）。

10. 這些訪問已發生或將發生在下述日期：

- 1978 年 8 月 18 日（星期五）
- 1983 年 4 月 28 日（星期四）
- 1991 年 4 月 7 日（星期日）
- 1996 年 10 月 22 日（星期二）
- 1999 年 11 月 28 日（星期日）
- 2001 年 11 月 14 日（星期三）
- 2009 年 11 月

這次非正式訪問載於匿名（Anonymous）於 2008 年 4 月 23 日 9:31a.m.（PDT+3）發給 VictorGM@webtv.net 的電子郵件，並未設置日期。實際上埃本人於 11/12/2009 降落於約翰斯頓環礁/島（Johnston Atoll / Island），進行 12 小時訪問。見 http://www.serpo.org/release32.php

- 埃本人將於 2010 年 11 月 11 日（星期四）返回地球，進行官式訪問。

與過去一樣，這次訪問將發生在內華達州測試場（NTS）的格魯姆湖綜合設施（Groom Lake Complex），而每次訪問期間都會有梵蒂岡代表出席。見 http://www.serpo.org/release36.php

11. 如 rationalwiki.org/wiki/Project_Serpo 與 http://www.realityuncovered.com/expose5.shtml 兩 網 址 及 Stephen Broadbent 於 8th July 2008 發表於以下網址的文章： http://www.realityuncovered.net/ufology/articles/serpo/index.php

12. http://www.exopaedia.org/Serpo

13. 理查德‧多蒂認為 Serpo 計劃的原始相片可能是放置在不同位置。除此，情報圈關於披露內容存有不同的派系意見，這就是為何匿名在 2005 年 12 月 21 日至次年 1 月 13 日之間保持沉默（沒有持續傳出電子郵件）的原因。見 Article 3: UFO Magazine（Feb 2006）by Richard Doty http://www.serpo.org/article3.php 涉及 Serpo 計劃原始相片的更多詳情見尚待出版的《外星人傳奇（第 II 部）》。

14. 比爾瑞安（Bill Ryan）是英國——加拿大不明飛行物研究員，他是 Serpo 網站的前網站管理員，以及卡米洛計劃的前網站管理員與共同創始人，該網站希望為吹哨者（whistleblower）提供一個敢於說話的平台。此外，他也是 Avalon 計劃的共同創始人。比爾瑞安擁有英國 Bristol 大學的數學、物理與心理學學士學位（1974）。在過去的 27 年他一直擔任管理顧問，專注於個人和團隊發展、領導力培訓和高管培訓，其主要的長期客戶包括 BAe（系統）有限公司（前身為英國航空航天公司）、惠普公司和 Price Waterhouse Coopers。2005 年 11 月他開創了 Serpo 網站，藉著該網站他分階段披露 40 多年前發

生的美國──外星人交換計劃細節，且從此與 UFO 社區展開接觸，他同時也是 Exopolitics Institute 諮詢委員會的成員。2007 年 3 月，他　將 Serpo 網站交給維克托‧馬丁內斯（Victor Martinez）管理。

http://www.exopaedia.org/Bill+Ryan

15.Article 2: UFO Magazine（Feb 2006）by Victor Martinez
http://www.serpo.org/article2.php

16.Kasten, Len. Secret Journey To Planet Serpo: A True Story of Interplanetary Travel, Bear & Company（Rochester, VT），2013, Plate 14

17.Article 4: UFO Magazine（Feb 2006）by Bill Ryan
http://www.serpo.org/article4.php

18. Spencer, Lawrence R., edited, Alien Interview, Deluxe Study Edition, 2009, lulu.com, p.18

19.Bill Ryan, HOAX: Lawrence Spencer's 'ALIEN INTERVIEW'
http://projectavalon.net/forum4/showthread.php?6865-HOAX-Lawrence- Spencer-s-ALIEN-INTERVIEW

20.RELEASE 27a - Reagan Briefing
http://www.serpo.org/release27a.php

21.Ibid.

22. 年輕小護士的故事見 Klass, Philip J., The Real Roswell Crashed-Saucer Coverup. Prometheus Books（ Amherst, New York），1997, pp.64-73

23.接觸者（contactees）是聲稱曾與外星人接觸過的人，他們通常聲稱被外星生物傳輸了信息或高等智慧，且因而被迫分享這些信息。http://www.exopaedia.org/Contactees

24. "The Defense Intelligence Agency（DIA）determines The Billy Meier- Pleiadian「Contactee」Case to be a complete fraud！" http://www.serpo.org/release33.php

25.Article 3: UFO Magazine（Feb 2006） by Richard Doty http://www.serpo.org/article3.php

26. 隔離計劃（compartmented program）與敏感分區信息 （sensitive compartmented information，簡稱 SCI）應為同一種意思。它是一種美國機密信息，涉及或源自敏感情報來源，方法或分析過程。所有 SCI 必須在國家情報總監建立的正式訪問控制系統內處理。雖然有些消息來源將 SCI 控制系統稱為特殊訪問程序（SAP），但是情報界本身認為 SCI 和 SAP（SAP）是不同類型的受控訪問程序。SCI 不是機密，其安全檢查（clearance）等級有時被稱為「高於最高機密」，但 SCI 控制系統中可能存在任何機密級別的信息。當「分解」時，該信息被視為與相同機密級別的附屬信息相同。 https://en.wikipedia.org/wiki/Sensitive_Compartmented_Information

27. 琳達・莫爾頓・豪的個人介紹見第 6 章註解 1，而保羅・本尼維茲的案情將留待《外星人傳奇第二部》加以詳述。

28.在外星政治的範疇內，舉報人或吹哨者被認為是涉及外星人或其技術的隱蔽計劃的信息之主要來源，它也被認為是聲稱曾經歷過與外星人接觸的個人。

Exopolitics Institute，Disclosure Project 和 Project Camelot 都收集了吹哨者提供的信息。吹哨者的一些著名人物包括菲利普・科索（Philip J. Corso），羅伯特・迪恩（Robert Dean），克

利福德‧斯通（Clifford Stone），羅伯特‧薩拉斯（Robert Salas）及路易斯‧伊里桑多（Luis Elizondo）等人。

http://www.exopaedia.org/Whistleblowers

29. 據 36 號電子郵件發佈，「英雄先生」於 2014 年 12 月 11 日（星期四）去世的消息是由 DIA-6 中的一名成員（Anonymous I）於 2005 年 12 月 3 日（星期六）在電子郵寄交換中所透露，這段資訊在時間方面的邏輯有問題，試問，2005 年的 email 如何能預先發佈 2014 年的死亡信息，不知網站管理者──維克托‧馬丁內斯做何解釋？我的看法是，根據網站主持人對 36 號發佈的介紹性說明，他說「第三部分對於「SERPO 計劃」傳奇的忠實粉絲會特別感興趣，因為這位網站主持人發出/發布了有意傳播的信息，但都是為了保護「超級祕密」幕後「沉默的美國英雄」的身分，他的和平與安靜的世界很可能已被破壞的心靈打破了……你決定我是否做出正確的決定……我相信我做了……」。此種邏輯上的錯誤不知是否來自網站主持人的有意為之？或是筆誤？如果兩者都不是，則最壞的推測是 36 號電子郵件發佈涉及假信息。

Release #36: The UNtold Story of EBE #1 at Roswell

http://www.serpo.org/release36.php

30. Article 2: UFO Magazine（Feb 2006）by Victor Martinez

http://www.serpo.org/article2.php

31. Ibid.

32. Huyghe, Patrick. The Field Guide to Extraterrestrials – A Complete overview of alien lifeforms based on actual accounts and sightings, Avon Books（New York, NY）, 1996, p.14

33.The Dulce Book，Chap. 32,「Revelations of An MJ-12 Special Studies Group Agent」

https://www.bibliotecapleyades.net/branton/esp_dulcebook32.htm

34.外星間諜的信息來自國防情報局（DIA）假名「匿名 II」的特工。

Release 34：ALIEN "Spy" Sent Back to Home World by USG!

http://www.serpo.org/release34.php

35.Michael E. Salla, Ph.D., Retired NASA Space Craft Operator…Witnessed Extraterrestrial…in Space Shuttle Mission, July 31, 2008

https://www.bibliotecapleyades.net/sociopolitica/esp_sociopol_fir esky15.htm

36. 內文的資料是根據 Bill Cooper, A Covenant With Death,（Commentary from research Barbara Ann-- File No. 005）

http://galactic2.net/KJOLE/NCCA/cooper.html

若據鳳凰城基金會（Phoenix foundation）的調查，統計資料有些出入（數字較為保守），見本書第四章註解 26。

37. Ibid.

38. 月神基地是星河戰隊電影（Starship Troopers film）中的場景，它是月球軌道的基地。在設計方面，它是一個人造行星環，可以輕鬆地將大型星際飛船停靠在此，目的是用於保護地球免受敵人襲擊並容納太空海軍。可以肯定地說，若月神基地存在的話，它應是聯邦海軍最大的基地，地理位置優越，靠近地球，容量巨大。月神基地可以容納無數大小不等的飛船，包括克爾維特運輸機（Corvette Transports），直升飛機，登陸船以及 TAC 戰鬥機等。月球基地的防禦機制是導

彈防禦砲塔和其他小型防禦砲塔。不知美國政府是否真擁有
月神基地？

39. Bill Cooper, op. cit.

40. Ibid.

41.Ibid.

42.見 http://www.exopaedia.org/Blue+Book

43. Richard J. Boylan, Ph.D., Quotations from Chairman Dr. Michael Wolf: Leaked Information From National Security Council's "MJ-12" Special Studies Group Scientific consultant…, 1998. https://www.bibliotecapleyades.net/sociopolitica/esp_sociopol_mj 12_4_3.htm

44. Ibid.

# 第二章 關鍵證人科里・古德與邁克爾・沃爾夫博士

　　多年來美國政府對於與 UFO 相關的事務，其做法一貫是進行掩飾，甚至散佈假情報。而對於敢於出面揭發事實真相的前僱員，則往往施以無情打擊，有時甚至殃及其家人。雖然處罰如此嚴厲與不堪，但畢竟就有那麼幾個勇者、仁者，不計個人生死，只願真相浮白於世，他們挺身而出，成為了舉報人（whistleblower），這些人中的佼佼者首推邁克爾・沃爾夫博士，他曾擔任最敏感職務，成為舉報人後所受魔難也最大，而科里・古德則有過多年的與太空有關的不平凡經歷。除這兩人外，還有許多的其他人（如前太空人尼爾・阿姆斯特朗與前中情局特工斯坦因／庫珀等），其道德與勇氣也極令人敬佩。沒有這些人的挺身而出，勇於揭發，本書實際上無法成書。本章旨在介紹這少數關鍵證人的事跡，其餘證人則隨著情節發展，在其出場時適時予以介紹。

## 2.1 掩飾 vs 披露

　　關於 UFO 的事件，美國政府通常將它們作為最高機密或高於最高機密的等級來處理。著名作家惠特利・施蒂伯曾在不久前去世的斯坦頓・弗里德曼（Stanton T. Friedman, 1934-2019）所

著的 《Top Secret / MAJIC》 一書前言提到 1970 年代末發生的一件事，來說明 UFO 事件是如何被政府所精心掩飾，其大意如下：基於信息自由法案（Freedom of Information Act, 簡稱 FOIA），公民反對 UFO 祕密組織（Citizens Against UFO Secrecy,簡稱 CAUS）向 CIA 請求，希望分享 UFO 資訊。在通過聯邦法官格哈德·格塞爾（Gerhard Gesell, 1910-1993）提出要求之後，CIA 準備了文件，其中一些文件表明其他機構，包括國家安全局（National Security Agency, 簡稱 NSA）也有相關文件。然而當向 NSA 要求文件時卻遭到拒絕，即使進一步的法院訴訟也引不出全遭扣留的 156 份文件。

之後 CAUS 請求格塞爾法官查看他可能就 NSA 的合法性作出裁決的文件，令人難以置信的是，NSA 甚至拒絕讓法官這樣做，反之，它提出了一份宣誓書，格塞爾必須通過「高於最高機密」的安全評級才能閱讀。當格塞爾終於讀到宣誓書時，他同意不允許任何人閱讀這些文件，甚至連他自己也不行。當案件提交上訴法院時，法庭同意格塞爾和 NSA 的意見，即 CAUS 不須要知道文件內容。上訴法院通常須要數月或甚至數年的時間來為問題做決定，但它卻在幾天之內就表達意見。令人驚駭的是，宣誓書的內容竟能如此令人信服，以致使得法庭及 NSA 毫無疑問地一致同意，繼續進行掩飾。有人猜測，這樣程度的保密不僅是為了掩飾 UFO 的真相，也許政府受到外星人所迫，不得不繼續掩飾。[1]

因此針對 UFO 事件，美國政府通常是能掩飾就掩飾，不能掩飾就以無法解釋或不予置評來搪塞，或甚至於炮製出虛假信息來混淆情勢。1981 年 3 月 6-8 日 CIA 在馬利蘭州大衛營就埃本人族類與美國方面的接觸經過向雷根總統作簡報時，顧問 1 號曾

提到，「這是一個非常非常複雜的主題。……最初的墮毀，一個調查期，一些接觸嘗試，一個假消息操作來保護這個問題和其他幾個層面。」[2] 而「管理人」（Caretaker）則提到，為了維護格魯姆湖綜合設施（在內華達州拉斯維加斯的西側）的軍事機密（主要是逆向工程）以及隱藏美國政府握有外星人到訪地球的證據，多年來 CIA 制定了一個非常有效的保護信息的計劃，稱之為「DOVE 計劃」，這是一系列複雜的虛假信息散播行動，此種反間諜運作由軍事情報機構負責對大眾執行。他們向公眾提供一些實際的事實，讓後者去運用，後續的事情也由後者去照顧，此種策略以及 UFO 相關電影的所有電影製作，都有助於讓公眾保持開放的思想，同時令美國的祕密飛行器遠離公眾的眼目。[3]

換句話說，根據 DOVE 計劃，CIA 傾向於說服公眾和媒體，UFO 可能是真實的，如此讓公眾認為他們所看到的東西實際上是 UFO，而不是美國軍方的祕密先進飛機。如此真真假假的信息充促於 UFO 社區與一般人民之間，讓人很難分辨真假。然而如果消息是出自像尼爾・阿姆斯特朗（Neil Alden Armstrong, 1930-2012）這等重量級人物之嘴，就不由得不令人相信事情的真實性。1969 年 7 月 20 日阿姆斯特朗和阿波羅 11 號登月艙（Lunar Module）飛行員巴茲・奧德林（Buzz Aldrin, 1930-）成為第一批在月球上行走的美國宇航員。阿姆斯特朗還是一位海軍飛行員、試飛員、航空工程師和大學教授，他最為人傳誦的一句話是當他踏上月球表面時，他說，「對我而言這是一小步，但卻是人類的一大步。」

史蒂芬・格里爾醫生 [4] 透露，阿姆斯特朗和奧德林的親密朋友和非常親近的家人分別告訴他，在登月艙降落的火山口周圍確實有許多大型的不明飛行物環伺，阿姆斯特朗和奧德林都看到了

這些不明飛行物。登月後阿姆斯特朗變成了一個封口的隱士，很少談到過去的見聞。其家人和朋友告訴格里爾醫生，這是因為阿姆斯特朗是一個如此正直的人，他根本不想將該次重要的遭遇向公眾撒謊，這使得這位英雄在左右為難的情況下只能作為一個無聲的人。

幾年前當格里爾醫生組織「披露計劃」時，他向阿姆斯特朗的一位朋友詢問，阿姆斯特朗是否願到華盛頓出席 1997 年國會，並向國會議員介紹該年 4 月格里爾等人組織的簡報內容。有人告訴格里爾醫生，阿姆斯特朗希望自己能出席，但如果他談到登月時發生的事情，則他本人、他的妻子和孩子們都會被殺死。起先格里爾醫生聽到此言，感到難以置信，但後來他發現這種威脅和欺凌是出自對影響深遠的國家安全的考慮，且這是一種政府處理此類涉及 UFO 與外星人的慣常做法，並非只針對阿姆斯特朗。[5]

事情發展到此，已經是夠明朗了，政府要封阿姆斯特朗的嘴，只因擔心若月球上的外星 UFOs 消息外泄，恐引起全世界宗教領袖與全國人民的恐慌，同時，屆時也將大大折殺了美國作為全世界首炮登陸月球的威風。有意充當舉報人的阿姆斯特朗受到了威脅並非特例，1989 年服務於 S-4 設施的鮑勃·拉扎爾（Bob Lazar）也有相同的經歷，而另一位有著不平凡經歷的舉報人科里·古德則因「20 及回歸」（20 and back）與「記憶消除」的原因，他意外地並未受到迫害，試看下文敘說。

## 2.2 科里‧古德的不平凡經歷

上文提到，美國政府擔心外星人或 UFO 的消息外泄將會影響國家安全，這種顧慮可能不無道理，其中之一的原因是並非所有到訪地球的外星族類都是友善的。前文在 Serpo 計劃中提到的，來自 38.42 光年之外網狀星系的埃本族類對地球人類是最友善的，他們與基督教或許有一些淵源，但另一些外星族類對人類則具有敵意，對於此等族類帶來的威脅，不僅涉及國家安全，甚至國際安全也應列入盤算。1987 年 9 月 21 日羅納德‧雷根總統在聯合國第 42 屆大會上發表了一次令人印象深刻的演講，他說，「也許我們須要一些外部的、普遍的威脅來讓我們認識到這種共同的紐帶。我偶而會想，如果我們面對來自這個世界以外的外星人威脅，我們在世界範圍內的分歧會迅速消失。」[6]

神祕太空計劃舉報人科里‧古德（Corey Goode）在邁克爾‧薩拉（Michael Salla, 1958-）博士的電子郵件訪談中透露，雷根的演說促使聯合國成立了一個名為「銀河聯盟」（Galactic League of Nations）的祕密太空計劃。古德是薩拉博士所著《The U.S. Navy's Secret Space Program & Nordic Extraterrestrial Alliance》（2017）一書的重要人證，他也是神祕太空計劃——太陽能守望者（Solar Warden）的關鍵證人，故有必要在此對他略作介紹。

當古德 6 歲時學校的專業測試認為他具有預知能力的直覺移情（intuitive empath，簡稱 IE），即認為他不須要被告知即可知道別人的感受，據此他對於某人是真實還是撒謊有著異乎尋常的敏銳感覺。因此根據測試分數，古德被 MILAB 計劃相中，該計

劃隸屬於祕密空間計劃之一，專進行軍事綁架（即被穿軍服的人類綁架），其目的是在監視和綁架被綁架者，以便控制外星人綁架現象。MILAB 為軍事黑行動計劃培訓被綁架者（即被招募者）新兵。他們發現古德的 IE 能力，特別是他強烈的移情感，對於與非地球生物的接口很有用，這些生物往往隱藏其真實意圖。

6 歲的古德被從家裡帶走，接受 MILAB 計劃的培訓，培訓期約是從 1976-1986/87。10 年培訓期結束後緊接著就是 20 年的服役期，古德被分配到各種崗位，它們包括入侵者攔截審訊計劃、輔助專業空間研究（ASSR「ISRV」）及任職於星際級宇航器等。隨著技術的成熟，他以 IE 支持者的角色身分被分發到一個「人形」外星人超級聯邦委員會中，輪換地球代表席位（與祕密地球政府共享）。這一切都發生在 1986/87-2007 年的「20（年）及回歸」協議期間，後文將會詳述該協議的涵意。

回到平民生活後，古德在信息技術及通信行業從事硬件和軟件虛擬化、物理和 IT 安全、反電子監控、風險評估和行政保護等行業工作。據他自稱，他與藍鳥（Blue Avian）種族密切合作，後者是球體人聯盟（Sphere Being Alliance）的一部分，他們選擇他作為代表，代表他們與多個外星人聯盟和理事會進行交流，並與祕密空間計劃聯盟理事會聯絡。幾年前，古德與大衛・威爾考克斯（David Wilcox）合作之後，他成為正式的舉報人。[7]古德的「20 年及回歸」及與藍鳥合作的說法受到很多質疑，懷疑的一方包括筆者在內。然而姑不論古德說法的真實性如何，筆者嘗試從科學觀點解釋「20 及回歸」的存在可能性。

2015 年 4 月 14 日古德在邁克爾・薩拉博士的電子郵件採訪中，首次公開談及他的「20 年及回歸」的值勤之旅。稍後於

2016 年 3 月 22 日的《宇宙揭密》（Cosmic Disclosure）中，他再次描述了年齡回歸（age regression）和時間旅行的技術。古德的說法與另一祕密太空計劃舉報人蘭迪·克萊默（Randy Cramer）的說詞一致，[8] 後者聲稱發生在他身上的此種處理過程是在稱為月球作戰司令部（Lunar Operations Command，簡稱LOC）的月球祕密基地進行的，此後他在火星基地的祕密太空計劃服役 17 年，其全部的服役時間是 20 年。當服役結束時，年齡回歸至他開始服役的年齡（生理及心理年齡均回歸），時間也倒回到他開始服役的時間（即時間回歸到 20 年前）。其實早在古德的初次證詞之前，第一個舉報人邁克爾·雷爾夫（Michael Relfe）即聲稱，他是擁有祕密太空計劃（SSPs）的「20 及回歸」執勤經歷的人，他描述了 1976-1996 年的服役生活。雷爾夫的證詞於 2000 年首次出現在兩冊的《火星記錄》（The Mars Records）中。雷爾夫說，他服完「20 及回歸」任務後，接下來在海軍服役 6 年，然後於 1982 年光榮退役（他擁有光榮退役證明文件）。

至於克萊默究竟在火星幹些什麼？據他在兩冊《火星記錄》中的描述，1987 年晚些時候，正當他 17 歲時被正式轉移到海軍陸戰隊的一個特別部門，完成訓練後，被送往遙遠的月球作戰司令部。在這個基地，他不得不簽署一份特別合同。合同表明他將在地球國防軍中服役 20 年。在他的 20 年服務期結束時，他的年齡將回歸 20 年，而其服務的記憶將被抹去，同時將被送回 20 年之前並開始新的生活。他同意合同中條款並簽了名。然後，他們被載入了一個三角形飛行器，該飛行器高三層，機翼跨度為 400 英尺，機長為 150 英尺，可運載約 2000 名乘客。幾個小時後，

飛行器的門打開了，機上的人走到外面。他為火星的空氣可呼吸而感到驚訝，他估計這類似於地球上 10,000 呎的高度。

不久，克萊默了解在火星上他將為火星殖民地公司（Mars Colony Corporation, MCC）工作，作為地球防禦部隊附屬之火星防禦部隊，他的任務是保衛屬於火星殖民地公司的財產以免於受到火星土著居民的攻擊。火星土著有兩種基本類型，分別是爬蟲人和昆蟲人，它們經常透過軍事攻擊來測試防禦能力。此後他參與了許多與火星人的戰鬥，捍衛了火星殖民地公司的資產，其中包括採礦作業。數年後在一次劇戰負傷之後克萊默被轉移到駐紮在銀河系高班輪系列（Intergalactic High Liner series）的一艘命名為「星際鸚鵡螺」（SS Nautilus）的母艦上，這是一艘估計約二分之一到四分之三哩長的太空航空母艦型飛船，其推進系統是反重力和時間驅動（temporal drives）的結合。

在星際鸚鵡螺號上服役三年後，他和其他幾個人被告知服役時間已結束，並被送回月球作戰司令部的航天飛機，該飛機的規模小於將他帶入火星的那艘。所有結束了服務之旅的男人都參加了服務結束宴會，那年是 2007 年。有三位發言人發表講話，他不知道前兩個發言人是誰。但是，他認出了最後一位發言者，他是唐納德・拉姆斯菲爾德（Donald Rumsfeld）。1987 年，他重返地球，與他加入海軍陸戰隊時的年齡相同，彷彿什麼事也沒發生。但是，一個問題是他正在經歷創傷後應激障礙（Post-Traumatic Stress Disorder）的症狀。另一個問題是，他實際上同時存在於兩個不同的時間軸上。這兩個問題都導致他的心理問題。

有許多不同的人（如聲稱曾參加「飛馬計劃」（Project Pegasus）的西雅圖律師安德魯・巴西亞戈（Andrew Basiago））

與許多傑出的專業人士聲稱他們曾去過火星基地。有些人說，他們是用遠距傳物（teleportation）技術發送到那裡的，該技術部分是由特斯拉（Tesla）技術和費城實驗開發的，一部分是由灰人外星人（並非埃本人，埃本人沒有遠距傳物技術）送給 MJ-12 的技術所發展出來，稱為「跳躍室」（Jump Rooms）。

話說回頭，古德描述了 20 年服役期限結束時的過程，他們（指古德等一批役期結束的人）首先進行了匯報，簽署了保密協議，並被保證一旦返回地球時便會受到照顧，還獲得許多承諾（如獎學金、與財務報銷等）。古德說，所有對他做的以上承諾後來都打水漂。對此，雷爾夫與克萊默也有相同的說法。

古德在《宇宙揭密》中描述了 1986 年返回之後他如何在兩個星期內被固定住身體，有人在他身上注射了多種藥品。兩週過後，醒來之初有如回到 16 歲〔作者按：應是 26 歲〕的困惑感覺。幾週後他開始重新獲得大部分記憶。值得注意的是，當他醒來時他的身體狀況完全不同（即他返回 20 年前開始服務祕密太空計劃時的生理狀況及時光）。換句話說，古德在一夜間就像做了一場 20 年經歷的大夢，只不過他並非做夢也不是處於迷離幻境，而是實體經歷。這意味著他在同一段時間內（1986 年至 2007 年）過著普通平民和祕密太空計劃宇航員的雙重生活。此外，過去的 20 年他的記憶被抹去或成為空白，現在已成為平民的古德被鼓勵不要再參加任何軍事服務，因為這可能會觸發他 20 年服役的回憶。

邁克爾・薩拉博士分析了古德、雷爾夫與克萊默等三人的各自宣稱，認為他們的證詞沒有交叉污染，並且每個人都提供了一個真實獨立的記憶，然而無法找到確切的證據來支持其說法。[9] 幸運地，威廉・湯普金斯（William Tompkins）在其書中曾描

述，1967 年-1971 年當他在 TRW 的任職期間，他們團隊曾根據北歐外星人（Nordics）提供的信息開發年齡回歸技術，這些信息有助於美國海軍的「太陽能守望者」太空計劃的發展。（詳情見《外星人傳奇（第二部）》）值得注意的是，TRW 在 2002 年被諾斯羅普・格魯曼公司（Northrup Grumman）合併，而後者則繼續為受招募到祕密太空計劃的人員開發年齡回歸技術。

湯普金斯將協助開發的技術描述為製藥技術，這與古德、雷爾夫與克萊默等三人的證詞相符，後者指出他們接受了多次藥品注射。可以想像，此些藥品的功效在於抹去 20 年的記憶及將身體的生理狀態往後推回（年輕）20 年。然而即便如此，卻無法解釋雷爾夫於 1982 年光榮退役，但另一方面同時又參與 1976-1996 的「20 及回歸」任務的問題，相同的難題也派用到古德身上。例如古德於 1986/87 開始其「20 及回歸」的執勤之旅，服役 20 年之後，他於 1986 年結束執勤。古德的「20 及回歸」經歷對大部分人來說並非容易理解。邁克爾・薩拉博士為古德的經歷製作了時間線（timeline）以助理解（見 Salla, 2015, p.10, Figure 1）。

據薩拉博士製作的時間線圖，古德在 1987-2007 年期間同時擁有兩段不同的時間線（地球時間線與太陽能守護者/SSPs 時間線），此種不同的時間框架（time frame）技術是外星技術之一。總結，古德、雷爾夫與克萊默等人的「20 及回歸」的宣稱只有在同時滿足以下兩條件時才可能成立：

1）TRW 及後來的諾斯羅普・格魯曼公司開發的年齡回歸技術藥品之協助；
2）兩個時間框架技術的成功應用。

　　古德的事跡始終透著一股迷霧，無法證實，唯一可支持其說法的是除他之外另有其他具有相同經歷的人所提供的證詞。如果古德所述為真，首先要問的是美國海軍當局為何要如此做？也許主要動機是保密。其次，軍方如何擁有此項技術也始終是個謎。而古德瞬間從 SSP 的時間框架回到地球的時間框架則顯然是利用時間旅行的技術。

　　古德的說詞聽起來難以置信，但從科學觀點看並非全然不可能。自從 1895 年威爾斯（H. G. Wells, 1866-1946）的小說 《時間機器》（The Time Machine）出版後，時間旅行即成為哲學和小說中廣泛認可的概念，且埃本人從其遙距地球 38.42 光年的 Serpo 星旅行到地球僅費時 9 個月的事跡看，如今時間旅行可能是一項事實，而非僅止於概念。首先從科學角度提出這項說法的人是 1895 年塞爾維亞裔美國發明家尼古拉・特斯拉（Nikola Tesla, 1856-1943），他在進行升壓變壓器研究時即首先指出，時間和空間可以使 用高度充電的迴轉磁場加以影響。通過這些高壓電和磁場中的實驗，特斯拉發現時間和空間可能可以被破壞或扭曲，進而形成一個可能導致其他時間框架的門戶。然而他同時也發現，時間旅行隱含的真正危險。果不其然，數十年後的費城實驗（Philadelphia Experiment）與 蒙托克（Montauk）時間旅行計劃，其實驗結果都超乎原設計者的想像。


　　上文（§1.7）提到，從 1947 年 1 月至 1952 年 12 月之間，有許多外星飛船墮毀，並發現 65 具外星人屍體和 1 具活著的外星人，在這些事件中，有 13 起發生在美國境內。而在艾森豪威爾上任的第一年（1953 年），美國軍方又至少回收了 10 艘墜毀的飛船，以及 26 名死亡和 4 名活著的外星人。這些事件的發生

意味著美國國家安全正面臨著前所未有的威脅。再加上 1978 年
Serpo 計劃交換人員返航，帶回了巨量的外星資訊，這種種的一
切都是促使 CIA 局長威廉凱西決定向新上任的羅納德·雷根總
統進行簡報的原因，而這個簡報則可能構成了雷根總統於離任前
在聯大演說的背景因素。

## 2.3 1987 年 9 月雷根總統在聯大演說的背景

　　前文提到，雷根總統於 1987 年 9 月 21 日在 42 屆聯大發表
有關外星人威脅的演講，這番演說並非是一場即興式的說詞，之
前早有一番典故促成了日後雷根的這番動作，而這個典故究竟是
什麼，人人都在猜測。最近解密的一份文件揭示了中情局如何通
知雷根總統有關不明飛行物和外星人訪問地球的情況，它可能可
以解開這個謎團。1981 年 3 月 6–8 日期間在馬利蘭州大衛營舉
行的總統簡報，其核心會議的參與者包括中情局局長威廉凱西
（William Casey, 1913-1987）與兩位顧問（1 號與 4 號），及服
務中情局 31 年，代號「管理人」（Caretaker）的老特工等四
人，而最初一齊加入會談的國防部長卡斯帕·溫伯格（Caspar
Weinberger, 1917-2006）與白宮副幕僚長邁克爾·迪弗（Michael
Keith Deaver, 1938-2007）及另兩位顧問（2 號與 3 號）等四人在
核心會議開始時為避嫌已先行離開會場。

　　威廉凱西在會議開始時首先向總統簡單介紹了事件始末，然
後真正的情況說明被移交給管理人，會議過程被錄製在錄音帶
上，後來經轉錄後作為解密文件的基礎。[10] 文件顯示，當時會議
是被歸類為超越最高機密（Above Top Secret）等級，而管理人

領導的專業設備和人員則被用來保管和分析會議期間擬披露的信息，這些獨特的人員統稱為第 6 組，它成立於 1960 年。顯然自尼克森總統任期以來，關於不明飛行物和外星人的記錄一直被保存下來和分析。

管理人在會議中透露，有證據表明外星人已經訪問了地球數千年，而此種遭遇的美國記錄則可以追溯到 1947 年 7 月，2 艘不明飛行物在暴風雨期間於新墨西哥州墜毀，共有 5 個死亡外星人及一個活的外星人（即 EBE1）與其中一艘不明飛行物的碎片一齊被發現，而另一艘不明飛行物殘骸和 4 名死亡的外星人直到兩年後（1949 年）才被當地居民發現，事後被政府回收。有一件事值得在此一提的是，這兩艘墜毀的航天器都有類似的設計，外星人的屍體都是一個模樣的。他們看起來完全相同（identical），他們有相同的高度、重量與物理特質。[11] 美國軍方後來才知到，原來埃本族類的繁殖靠的是克隆技術，並非如人類般的自然生育。

以上這段「外星人屍體看起來完全相同」的描述，指的應是對同一艘飛行器的外星人而言。因為據對兩艘飛行器於相同時期的屍檢報告，一艘承載來自網狀星系的灰色外星人（埃本人），另一艘則是承載來自仙女座（Andromeda）星系的橙色外星人，這兩類外星人的外形類似，但膚色不同，沃爾夫博士見過一個活的橙色外星人。[12] 根據沃爾夫博士的描述，他們的皮膚是橙色的，頭很大，有很大的黑眼睛，沒有虹膜或白色體，還有六指的手。解剖期間，他們的大腦有四個腦葉，不同的視球（optic orbs）和神經，像海綿一樣的消化系統，其大腦更發達及更連貫，並且沒有胼胝體（corpus callosum）。」[13]

　　根據 EBE1 透露的消息，至少有 5 種不同族類的外星人曾造訪過地球，其中有一族類是極不友善的，他們綁架地球人類，且對這些人進行科學和醫學檢測。管理人在總統簡報會中說，這 5 種到訪地球的外星物種分別是 Ebens, Archquloids, Quadloids, Heplaloids, 及 Trantaloids，其稱呼是由情報界（特別是 MJ-5）給予它們的。其中 Ebens 是友好的，而 Trantaloids 是危險的，MJ-12 在 50 年代稱它為 HAV（Hostile Alien Visitors 的縮寫）[14]，美國於 1961 年在加拿大捕捉到到一個 Trantaloid，它死於 1962 年。[15]

　　HAV 是綁架人類的罪魁禍首，從 1955 年到簡報時間（1981 年 3 月）大約有 80 名美國人一直遭綁架，最後一次綁架發生在 1980 年 7 月。據顧問 1 號透露，美國沒有技術可以知道 HAV 什麼時候將進行綁架，大部分是事後採訪受害者，並將他們置於催眠狀態，而得到了相關信息。此外，少數人能記住整個事件，因而不須經催眠即可知道其案情。顧問 1 號並且提到，HAV 很狡猾，美國沒有技術可以理解其突然出現和突然消失的原因，他們似乎也可飄浮和無視重力。1979 年新墨西哥州軍事情報基地附近曾發生一次典型的綁架事件。

　　在簡報開始之際，管理人及顧問 1 號都先後表達了意見，輪到了顧問 4 號，他說美國並非地球上唯一受埃本人訪問的國家，……他確定宇宙中其他智能生命形式必定在（有感知的）生命形式之間進行某種交流，也許他們廣播說，地球存在有智能生命，也許這就是美國被外星人訪問的原因。顧問 1 號認為外星人可以隨意漫遊地球，當一些具有敵意的外星人決定佔領我們的行星時，我們必須為這一天做好準備。[16] 雷根總統聽了中情局這番簡報之後，想必心中五味雜陳，推測這是 1987 年 9 月他在聯大

發表外星人威脅演說的主要背景，其次則是雷根可能想製造共同外敵來促進美蘇和解。

以上 1981 年 3 月中情局對雷根總統的簡報資訊是由一群軍情局特工（三名前特工與三名現任特工）所流洩出，這個資料洩漏的決定應是局內妥協的結果，因此並無特定的舉報人，如果一定要說有，那就是「英雄先生」。下文要出場的人物——邁克爾・沃爾夫博士，雖然其著作出版並未違反安全協議，但其平時言論露骨則可能招當道之忌。推測其妻子、兒子與未出生的孩子之遭遇橫死可能與此有關，甚至他本人的致命病情是否也與此有關？沃爾夫博士的壽命並非長，僅 58 歲，[17] 但在其有限的人生中，他活得精彩，並活得不違背良心。下文就來看看這位勇者留給我們的一些充滿智慧與啟發性的言詞，及其透露的資訊。

## 2.4 外星混種邁克爾・沃爾夫博士

因癌症而逝於 2000 年 9 月 18 日的邁克爾・沃爾夫博士（Dr. Michael Wolf），其一生極富傳奇色彩，他的奇遇幾乎都與外星人有關。56 歲（接受理查德・博伊蘭（Richard J. Boylan）博士採訪時的年紀）的沃爾夫博士自 1979 年以來擔任總統和國家安全委員會（NSC）有關星際訪客事務的科學顧問，以及 NSC 不明飛行物保密管理機構特別研究小組（SSG）（原MJ-12）組員，同時他也一直負責 SSG 的領導機構——Alphacom團隊的工作。之前的越南戰爭時期，他曾擔任空軍上校，飛行員和飛行外科醫生，並擔任 CIA 和國家安全局（NSA）的 I-Corps情報官。他基本上是一名佛教徒，但也肯定了伊斯蘭教、基督

教、猶太教、美洲原住民的靈性和其他主要精神傳統中的核心真理。他的個人開創性口號是：「事實是一個謊言，還沒有被揭露。」他擁有包括神經內科醫學、理論物理、法學與計算機科學等博士學位，及電磁影響有機體領域的碩士學位，及生物遺傳學士學位。

自 1979 年以來，沃爾夫博士一直擔任總統和國家安全委員會在地球外事務方面的科學顧問。他還是 NSC 未被認可的 UFO 信息管理小組委員會「 MJ-12」的成員，該小組由科學家組成。他說，「我在那裡使用的代號是'Griffin'和'Nu Kappa Eta'。」

MJ-12 任命沃爾夫博士為 Alphacom 小組的主席，該小組是 MJ-12 首要的外星事務小組，小組中還包括海軍情報局的一名海軍上將。

邁克爾・沃爾夫的祖先是俄羅斯猶太人，他們移民到美國並採用了克魯萬特（Kruvant）的姓氏。沃爾夫聲稱自己是一個基因工程（genetic engineering）人類，來自外星的「北歐」（Notics）遺傳系（父系為「北歐族」，母系為猶太人），其家鄉行星是 Altair 4（或稱 Altaira），它是其太陽 Altair 的第 4 顆行星，星球上有高架城市。而 Altair 則是 Aquila 星座最明亮的恆星，距我們的太陽系 16.73 光年。Altiar 4 是由灰人（Greys）和北歐人共同擁有的星球，其大氣受到控制，不存在湍流或激烈的天氣變化模式。造訪地球的外星飛船經常發現，在無法預測的地球大氣中航行非常困難。[18]

出於某種目的，沃爾夫被安置在這個星球上，他從小就經歷了綁架或接觸。他的父親也曾接觸灰人 ET，並曾多次向邁克爾講過這些「天堂的守望者」。到他十二歲時，他開始具有特色，他成立了新澤西飛碟研究協會。晚上，他嘗試使用光信號與他的

外星朋友進行交流。1954 年 12 月 24 日，喬治・亨特・威廉姆森（George Hunt Williamson）觀察到了他的這種努力（沃爾夫博士認定威廉姆森是中央情報局特工）。威廉姆森在他的《天空之路》（Road in the Sky）一書中寫道，年輕的沃爾夫在他的戒律儀式前一年，正在使用調製光束將信息傳輸到太空。沃爾夫曾以心靈感應的方式要求外星人沿特定方向飛過他的房屋，以確認收到他的心理信息。沃爾夫回憶道：「五分鐘後，兩個飛碟按照我的要求飛過我的房子，朝北飛去。」

情報界開始密切關注沃爾夫，並最終招募了他。沃爾夫說，政府為他的出色教育提供了指導並為此付出了學費，因為他們看到他與外星人的關係很好，並且因為他是他的老師們見過的最聰明的學生。[19]

沃爾夫具有超乎尋常的心態，連總統都知道他的才華，並尋求他的專業知識的幫助。他還聲稱擁有一個遺傳「兄弟」（朋友），其名字叫 ANON SA RA，曾經擔任基於 Altaira 的行星企業/聯盟理事會的主席。沃爾夫博士的高超頭腦使他參與了一個超級祕密計劃，該計劃涉及開發一種具有自我編程人工智能的真正的網絡克隆人形生物，以及其他涉及一個人們在多年內永遠不會在公共領域聽到的超先進量子力學計劃。

關於與外星人的接觸，沃爾夫博士指出，通常被稱為「Zeta Reticulans」（澤塔網狀星系人）或「Greys」（灰人）的外星人種族已與美國政府進行了外交談判。

沃爾夫博士曾與不同類型的灰人一齊工作，他從未遇到過他不喜歡的灰人。這些灰人喜歡擁抱和親吻人類，因此有一個同事就為這些灰人取了「kissey facey」的綽號，他們光滑柔軟的身體讓人感覺得就像有摸海豚皮膚的觸感。沃爾夫博士通過心靈感應

與這些外星人溝通，且對其中一個名叫 Kolta 的灰人特別友好，這位灰人的照片出現在其書《天堂的守望者》（The Catchers of Heaven, 1996）的封面上，而封底的外星人是人類外貌的昂宿星人（Pleiadean）朋友，名為「 Anon [王子] Sa Ra」。以上的兩幅插圖是沃爾夫博士的一位海軍上將友人拍攝的外星人真實照片，而所謂「天堂的守望者」，指的就是灰人外星人（Greys ET）。[20]

國家安全委員會的老闆告訴沃爾夫，他們希望他（作為具有「最高機密」許可的政府科學家）產生可控的大量祕密信息洩漏。這些信息是關於不明飛行物的現實和與人類的天外接觸，包括政府的介入。另一方面，他們告訴他不要透露太多政府機密，也不要透露有關他在 ULTRA 機密計劃中的角色的太多細節。

基於標準做法，上司已經刪除了他所參與大學、獲得的學位的幾乎所有記錄以及他作為中央情報局（CIA），國家安全局（NSA）的獨立承包商的政府服務記錄，以及他與國家安全委員會（NSC）的關係，這些措施對於未經承認的「特殊通道計劃」（Special Access Programs，簡稱 SAP）的工作人員是很常見的，在這種情況下，老闆必須保持「合理的可否認性」，以防「敏感」工作人員決定進行未經授權的披露。此外，沃爾夫必須簽署國家安全誓言，誓言要求他不能將有關機密研究結果在科學期刊上發表論文。結果，沃爾夫博士幾乎無法證明自己的存在。但是，作為一個勇敢的人，沃爾夫還是決定繼續揭露祕密，直到他的上級告訴他停下來為止。美國和世界確實很幸運地有他做出了這一決定。

沃爾夫博士一生的經驗與充滿智慧的先見反映在其著作《天堂的守望者》一書，他花了 15 年時間說服其老闆們讓其出版，但後者的條件表明，這本書必須是虛構的作品，並且一開始（在

前言）關於其真實性就有三種不同的否認，他們還在出版前審查了全書內容。該書提出了許多消息靈通的啟示，有興趣進一步了解地球外存在的外星人的任何人都必須閱讀該書。出版了《天堂的守望者》一書後，沃爾夫博士繼續製作續集《白光四重奏》（Bright White Light Quartet），該書將提供有關他在外星人方面的個人經歷，及他們之間的交流和任務的更多信息。可惜，此書尚未完成，沃爾夫博士已經去世。

沃爾夫博士說，他曾在 51 區、S4 設施、萊特——帕特森空軍基地（外國技術部門）、印第安斯普林斯（Indian Springs）和杜爾塞（Dulce）實驗室從事祕密的政府研究地外技術的工作，在從 1972 年到 1977 年的五年時間裡，他說，「我每天在工作中遇到外星人，並與他們共享生活區。」又說，「澤塔人（Zetas）應美國政府的要求在地下設施中工作。外星人並沒有違反美國政府-澤塔間的條約，但政府通過虐待外星人並試圖向 UFO 開火而破壞了條約。」然後，一些外星人被俘虜了。「政府科學家發現，如果外星人周圍有非常強大的電磁場，他們就不會消失並逃脫。」[21]

通過證實的方式，沃爾夫博士聽說一個政府承包商描述了他在乾草堆空軍實驗室（Haystack Air Force Laboratory）使用三呎厚的牆壁，其內嵌入了許多電線並讓電線穿過這些牆壁。他評論說，「政府中的一些人希望與 ETs 建立更好的外交關係，而其他軍人則希望將其擊落。」他說，這是具有諷刺意味的，因為「ETs 向政府提供了 SDI（星球大戰）技術」。事實上沃爾夫博士曾與來自昂宿星團的非常人性化的北歐人及來自 Altair 4 及 5 的閃族人（Semitics，又稱猶太人）交談過。據沃爾夫博士描述，後兩者是外形像地球人類的外星人，其中閃族人的平均身

高，除了鼻子非常大而且鉤鼻外，一般都具有類人的外觀。這個種族就是於六十年代在新墨西哥州霍洛曼空軍基地（Holloman AFB）著陸的外星人，他們與那裡的一些將軍交談。

沃爾夫博士說，外星人以植物和蘑菇為食，各有不同的須求。他們吸收空氣中的能量和某些微粒，其吸收的水分雖不足以排空吃進的食物，但其身體系統對它卻能進行徹底的處理。沃爾夫博士還說：「『牛殘割』（cattle mutilations）組織的採集與克隆無關，而是為了為胚胎移植所產生的外星混種胎兒獲取營養。」他並指出，胚胎液中含有抗排斥因子。他知道並不是所有的牛組織採集都是由外星人完成的，有些是由特種部隊完成的。至於麥田圈（crop circles），他說：它們「起源於外星人，然後被軍方使用戰略防禦計劃（Strategic Defense Initiative，簡稱 SDI）的武器發射激光脈衝束嚴重複制。」沃爾夫進一步指出，「在由 ETs 製造的麥田怪圈中，這些植物仍然生存並生長。當使用 SDI 武器於麥田怪圈時，在它們被彎曲成象形圖案之後，這些植物死亡。這些 SDI 武器是在喜馬拉雅山的一個祕密基地運作的。」[22]

沃爾夫博士在麥吉爾大學（McGill University）攻讀醫學博士學位時，由政府資助，當時他從事神經遞質（neurotransmitters）及其在心理功能和控制中的作用之研究。沃爾夫博士從事的祕密項目包括「遠程查看」（Remote Viewing），這是軍事/情報領域的應用透視技術。他說，「百分之九十九的心靈感應和遠程觀看研究是機密的。」沃爾夫的研究遠遠超出了伯特・斯圖伯賓（Bert Stubblebine）將軍，約翰・亞歷山大（John Alexander）上校和埃德・戴姆斯（Ed Dames）少校的原始陸軍情報 psi 實驗，並開發了記憶提取和記憶「加蓋」

[抑制]技術。他的一些發現，後來被併入了臭名昭著的中央情報局 MK-ULTRA 精神控制項目，並用於俘獲的克格勃（KGB）特工以提取信息。沃爾夫博士在麻省理工學院攻讀博士學位期間。在物理學上，他「發現了波粒二重性的新理論，從而導致了中性粒子束星球大戰武器的發展。」由於這些機密項目，他的國安會老闆禁止他確認他的論文指導教授，並且 MIT 和 McGill 被禁止承認他曾在那裡學習。

在獲得美國國家安全局（NSA）和中央情報局（CIA）信息後，沃爾夫博士透露了一些他未曾參與的祕密。在越南戰爭最醜陋的方面之一是美國的「弧光計劃」（Project Arc Light），「用地獄火的燃燒炸彈轟炸已經被擊落的 B-52，完全焚燒任何倖存的機組員，以摧毀 B-52 攜帶的機密文件。」比爾・克林頓總統告訴邁克爾・沃爾夫，他在英國留學的時候就了解了「弧光計劃」，並且加深了他對越南戰爭的反對。沃爾夫還透露了「愛因斯坦與外星情報有聯繫。」以及「對零點（Zero-Point）能量的最新理解與白洞黑洞的情況有關。」ET 告訴沃爾夫，虛空充滿了需要挖掘的能量。沃爾夫進一步指出，美國政府使用異國情調的技術進行的實驗「撕開了時間的洞」。沃爾夫短暫地與摩薩德（Mossad）共事。他評論說，「以色列情報機構摩薩德與外星人有著很好的關係。」沃爾夫博士說，「斯特雷克醫生（Dr. Strecker）發表的研究報告指出艾滋病毒/艾滋病（HIV/AIDS）是由人為病毒引起的，這是正確的。此外，政府已經了解到病毒是晶體結構，正確的頻率可以破壞它們。」[23]

沃爾夫並說，極光（Aurora）比隱身（Stealth）飛機更好。「它帶有一個電磁脈衝武器系統，可以擊落跟蹤雷達。」他還透露：「它（指極光飛機）可以去月球！」並暗示：「美國在火

星上（除了火星車外）有東西。」沃爾夫還透露，美國政府正在研究地外反重力飛盤的原型。他說，外星人通過操縱空間和時間將其目的地拉向銀河，從而穿越銀河系。「時間減少到零，加速度增加到無窮大。」軍方正在嘗試讓飛行員用他們的思想來引導一架先進的飛機。一些政府科學家發現，「一些不明飛行物是活的交通工具，可以分裂和重組。」那些「活的交通工具」顯然也響應思想命令。[24]

從 1972 年至 1977 年，沃爾夫博士從事政府祕密研究地外技術的工作。他工作的實驗室包括：S-4（在內華達試驗場的東北角附近）和附近的 51 區（他住了一段時間），萊特-帕特森空軍基地（俄亥俄州代頓）的外星技術部實驗室和在新墨西哥州-科羅拉多州邊境附近的前杜爾塞實驗室（Dulce Laboratory）。沃爾夫還意識到，外星人與位於加州愛德華茲空軍基地干草堆嶺（Haystack Butte）地下深處的干草堆空軍實驗室（Haystack Air Force Laboratory）的政府科學家合作。當採訪主題被帶到內華達州試驗場（Nevada Test Site）附近的印第安斯普林斯（Indian Springs）輔助飛機場的綜合體時，沃爾夫迅速做出回應，他說：「我對此無話可說。」[25]

在提到科索的書《羅斯威爾之後的日子》（The Day After Roswell）一書時，沃爾夫博士證實了科索所做披露的真實性，並補充說 LED（發光二極管）和超導性是羅斯威爾的技術之一。從 1948 年到 1953（1952？）年去世，美國一直擁有一個名為「EBE」（外星生物實體）的灰人，政府科學家首先使用象形文字與他進行了交流。在羅斯威爾飛碟失事的幾個月內，陸軍航空兵成為了空軍；通過了《國家安全法》（部分是為了應對政府認為不明飛行物需要的非公開保密）；同時，中央情報局成立

了。沃爾夫博士參與的另一個項目是亞原子粒子物理學研究。沃爾夫的發現是「我的博士學位論文指導教授用它（沃爾夫的博士研究）來為「星球大戰」計劃開發中性粒子束武器。」

ET 也有他們的困擾，他們與沃爾夫博士討論了神與死。他們指出，所有世界都是連通的。「一顆廣島原子彈可以影響銀河系中數百萬種文化。」他們告訴他：「思想就是能量。它不會界限於銀河系的「障礙」，而且會被其他世界接收到。」沃爾夫博士說，基於他所知，「我們正處在十字路口。問題是如何給我們的孩子們一個可行的未來。」他指出：「人類正在開始變化與演化，並在尋找靈性根源。在教堂內，神得到的比人們還要多（按：據我的解讀，這表示人們無法期望從教堂得到靈性根源）。」[26]

沃爾夫博士從外星訪客那裡學到了克隆（cloning）技術，在熟習了對動物的克隆之後，他及其同事成功克隆了一個稱為「J型 Omega」的人工智能人類（筆者按：據說沃爾夫博士曾將自己的 DNA 植入 J 型克隆），這是作為哨兵計劃（Project Sentinel）的一部分，也是他曾參與的各種基因實驗之一。該計劃的目的是在創造一個超級聰明與超級強大的士兵，依設計他會毫不畏懼，也不懷疑地遵守命令。然而在意識到 J 型克隆有靈魂之後（筆者按：一般情況下，克隆人並沒有靈魂），沃爾夫博士偷偷地將道德規範編入 J 型克隆的人工智能中，這導致後者拒絕服從殺死一條無辜狗的命令。因此當上級令沃爾夫博士處置掉 J型克隆時，他炸毀了包含克隆項目的建築物並偷偷放走他，讓他逃出 51 區，至今 J 型克隆尚生活在美國某地。

沃爾夫博士利用他在遺傳學研究中得到的工作信息，得知整個人類基因組已經由政府科學家祕密繪製了圖形。他還說他在一

些人類的基因樣品中發現了一個外星人標記基因，但一些其他人類卻無此種外星人標記基因。他更進一步說，他在自己的遺傳物質中發現了非編碼的〔地外〕基因序列基因，它比「中間人」（In-Betweens）所擁有的更多。中間人是沃爾夫對結合外星人──人類基因的混種人類（hybrids）的稱呼。這是由於在這些混種人出生之前，其父母的生殖物質受到外星人干預的結果。沃爾夫還透露，他一直處身在一個研究計劃中，其中政府科學家創造了人類與外星人的雜交種，他們試圖逆向工程外星人的基因工程技術。

在與科學實驗室的外星人緊密聯繫的過程中，沃爾夫博士得到了一塊外星金屬。這種金屬看起來像熔化的矽，具有特殊的能量特性。它是 99.99％的矽，還有 0.01％的非地球同位素。他說，當他將該金屬放入水中並飲用時，它會帶來健康的好處。

沃爾夫堅信，不明飛行物掩護組織中的流氓分子使用精神定向能量裝置來打擊某些不明飛行物研究人員，這些研究人員包括：外星情報研究委員會（CSETI）主任，醫學博士史蒂芬·格里爾（Steven Greer）和其主要助手莎莉·阿達米亞克（Shari Adamiak）。此外，要求空軍提供 UFO 文件的國會議員史蒂夫·希夫（Steve Schiff）及透露了自己的標題計劃「突襲」（Project Pounce）即是 UFO 回收部門的美國空軍上校史蒂夫·威爾遜（Steve Wilson）也在名單之列。威爾遜上校和莎莉·阿達米亞克已經因癌症去世，國會議員希夫不得不終止其政治生涯。[27] 甚至連沃爾夫博士最後也在 2000 年 9 月因癌症去世。

沃爾夫博士生前決定向世界透露他對來訪的外星文化的了解，因為正如他所說，「我們有知情權」。另一個促使他這樣做的動力是他感到有必要為在一次恐怖的汽車破壞「事故」中遭暗

殺的妻子、兒子和未出生的孩子做出貢獻，這起事故對方本也意圖殺死他。他承認，事後的見識使他重新評估了將他所做的所有事情保密的重要性。

沃爾夫博士的第一個主要任務是與卡爾·薩根（Carl Sagan）和其他頂尖科學家一起工作，他們的工作是理解被稱為巨石（The Monolith）的巨大外星人標燈的複雜性。1961 年，俄羅斯宇航員尤里·加加林（Yuri Gagarin）和美國人艾倫·謝波德（Alan Shephard）首次發現它們漂浮在太空中。最終在 1972 年它們被帶回進行調查。沃爾夫博士將其描述為「來自邊緣的明信片」。巨石既發出光信號又發出聲音信號，並陪伴著一種數學語言。

閉上眼睛，一邊聽這些聲音信號，「您在腦海中看到的是銀河系的 3D 膠片。但是實際上，您似乎是這部膠片的一部分。今天，哈勃望遠鏡所看到的圖像與我 25 年前看到的圖像相同。」沃爾夫博士又說，太空中有很多巨型獨石，它們是由一群外星種族設計的。

卡爾·薩根因為其上司的威脅之故，始終否認外星人的存在現實。他的上司威脅，如果不這樣說，要切斷對康奈爾大學系的資助。[28]

根據沃爾夫博士的說法，幾個外星文明聯盟曾以鬆散協調的方式訪問地球，這些分別是同盟（the Alliance），它們來自 Altair Aquila 星系，外形像人類。其次是公司（the Corporate），它們是來自澤塔網狀星系（Zeta Reticuli）的澤塔人。最後是來自許多星系不明種族的世界聯合會（the Federation of Worlds）及獵戶座聯合種族（the United Races of Orion）。以上到訪地球的外星聯盟各有其動機，有些具有善意，有些則否。沃爾夫博士

最令人吃驚的披露是：在由不明飛行物掩護（UFO cover-up）組織組成的軍事和情報機構內部出現了一個隱密陰謀的幫派組織，沃爾夫稱它為「卡巴爾」（Cabal），其組織與活動是由握有實權的政府高層人士負責。

卡巴爾是私營企業、金融、政府、國會議員、情報和軍事官員合組的陰謀集團，他們是由一群極端分子、原教旨主義者、仇外心理者、種族主義者和偏執狂的軍官組成，該集團害怕並討厭外星人。他們濫用國家安全保密措施，以實現對外星技術的非法壟斷，其組成分子主要但不完全是共和黨員。此偏執狂的幫派反對並故意破壞與星際訪客進行和平談判的目標，而且，在沒有任何總統或國會授權的情況下，該集團霸占且使用星際大戰的武器擊落外星飛船，並以軍事力量壓服倖存的外星人，且試圖通過武力提取情報。陰謀集團也控制著一些著名的不明飛行物調查員。一個被陰謀集團認為是「友好的」 高級軍官，實際上他不喜歡陰謀集團，他將有關陰謀集團的計劃和活動的信息傳遞給了沃爾夫博士。[29]

沃爾夫博士曾向許多國家的官員介紹有關外星人的情況，法國，以色列，俄羅斯， 日本，比利時，德國，丹麥，挪威，意大利，加拿大，墨西哥等地的官員均在其中，每個外國高官都由其軍事和科學支援小組陪同。這樣的一次主要會議是在俄亥俄州代頓（Dayton）附近的萊特・帕特森空軍基地舉行。在過去的幾十年中，該基地有一個多層地下設施，裡面存放著整個倉庫的來自墮毀地點的回收外星硬件和屍體。

邁克爾・沃爾夫博士在他所有的教育和獨特的職業生涯中都是一個謙虛的人。在理查德・博伊蘭採訪的當時， 他一個人住在一個簡單的城市公寓裡。當時沃爾夫仍然為妻子和兒子丹尼爾

（Daniel）多年前的慘死而悲痛。面對脊柱退變和消瘦疾病的雙重末期疾病，他現在致力於幫助孩子創造一個更好的世界。為此，他指示書中的所有版稅都應歸非營利性組織丹尼爾・沃爾夫紀念兒童基金會（Daniel Wolf Memorial Foundation）所有。他說，「孩子是未來。」

沃爾夫博士一家的犧牲，血並沒有白流，十數年後，中情局終於軟化，雖然軟化的原因未必來自沃爾夫的因素，也有可能是訴訟的結果，但無論如何，它主動釋出大量 UFO 資料，就是一樁大大的公德，且看下文說明。

# 2.5 中情局主動曝光大量 UFO 文件

外星人出現在地球的事實，說明他們具有星際旅行的能力，他們的母行星距地球少則數十光年（如來自網狀星系的埃本人），多者數百光年，如來自昂宿星團（Pleiades）的北歐型外星人。據衡量文明技術進步的卡達謝夫尺度（The Kardashev Scale）[30]，到訪地球的外星人已達第二類（或 II 型）至第三類（或 III 型）文明尺度，原因是他們（如埃本人）能利用基因改造技術複製新物種及擴張殖民地（後文將述及）。目前已知埃本人是友善的，但同樣能複製灰人的 Trantaloids 卻是不友善。如果有一天埃本人與美國政府交惡，後果如何很難想像。但有一點是清楚的，0 型文明與 II 或 III 型文明對抗，其景象正如拿槍使弓的非洲人對抗納粹裝甲部隊一般，後果如何不難想像。

美國政府至今未敢完全公佈或大方承認 UFOs 及外星人存在的原因，前文已有述及，其他的原因可能尚包括擔心其祕密太空

計劃外洩，或者也可能受限於美國與外星人所簽的協議，這些都將在後文詳述。然而經過史蒂芬·格里爾醫生與其他人等信息自由倡導者多年的不懈努力及針對中情局的長期訴訟之後，保守情勢終於略有改善。2016 年初中情局向公眾發佈了大約 1300 萬頁解密的 UFO 文件（總計 80 萬份文件均放於中情局官網上），這些文件在 UFO 圈子中引起了一陣熱潮，文件的信息目錄涵蓋 1940 年代至 1990 年代。這些文件包括星際門計劃中的不明飛行物目擊和精神力量及超感知力實驗，它們以前只能在馬利蘭州的國家檔案館（National Archives）才能被借閱到。[31]

縱然中情局已曝光了一些相關文件，但對於一些最關鍵的事件（如 Serpo 計劃）仍然諱莫如深，而這也因此留給一般人更大的想像空間，及有更多的傳奇問世。筆者在如此背景之下寫作 UFOs 與外星人的書，如何適當及可靠地引用資料成為最緊要之事，首先當然是希望能引用第一手文獻或可靠的舉報者所透露的資訊，但這方面其數量畢竟有限。其次，在第二手文獻的引用方面則儘量選擇有聲譽且又沒有太多負評的 UFO 圈內作者所寫之書或網路文章。在如此資料取捨之下，故事的起首先自羅斯威爾墮機開始，且看下章舖排。

# 註解

1.Friedman, Stanton T., MSc. Top Secret/MAJIC, Marlowe & Company（New York, NY）, 1997. Foreword contributed by Whitley Strieber on May 1996

2.RELEASE 27a - Reagan Briefing

　http://www.serpo.org/release27a.php

3.Ibid.

4.史蒂芬‧格里爾醫生（Steven M. Greer, MD, 1955-）是信息披露計劃（The Disclosure Project）、Sirius 信息披露計劃、外星智能研究中心（CSETI）和獵戶座計劃（The Orion Project）的創辦人。作為披露運動之父，他於 2001 年 5 月主持開創性的全國新聞俱樂部披露活動，有 20 多名軍方、政府、情報和企業界證人提出了關於訪問地球的外星生命形式的存在，以及這些外星飛行器推進系統和能量的逆向工程之證詞。超過 10 億人通過原始網路直播，以及隨後在 BBC、CNN、CNN worldwide、美國之音、真理報（Pravda）、中國媒體及整個拉丁美洲媒體的報導中聽到了新聞發佈會內容。

　格里爾醫生針對 UFO/ET 主題，曾出版 4 本有深度的書籍和多張 DVD，他教授世界各地的團體如何與地外文明和平接觸，並持續研究如何將真正的替代能源帶給大眾。

　http://www.exopaedia.org/Greer%2C+Steven

5.Steven M. Greer MD, Neil Armstrong's UFO Secret,

　https://siriusdisclosure.com/neil-armstrongs-ufo-secret/

6.Address to the 42d Session of the United Nations General Assembly in New York, New York, September 21, 1987

https://www.reaganlibrary.gov/research/speeches/092187b

7.Janet Glatz，「Corey Goode」,

https://truedisclosure.org/evidence-file/whistleblowers/corey-goode

8.蘭迪・克萊默接受 BroadcastTeamAlpha.com 的 Nori Love, Tom Schaefer 及 Aage Nost 的採訪見

youtub.com/watch?v=PIBENfmV33M（Accessed on 8/25/2020）

9. Michael Salle, Age Regression & Time Travel in Secret Space Programs, Exipolitics.org, March 23, 2016.

https://exopolitics.org/age-regression-time-travel-in-secret-space-programs/

10.有關 1981 年 9 月中情局向雷根總統簡報的詳細情形見 Key, E., Compiled and Edited. Presidential Briefing: Ronald Reagan & Extraterrestrial Encounters: Camp David, Maryland Briefing Transcript from Tape Recording. Kindle Edition, 2018.

11.RELEASE 27a - Reagan Briefing

http://www.serpo.org/release27a.php

12.Chris Stonor, October 2000, The Revelations of Dr. Michael Wolf on The UFO Cover Up and ET Reality, The article had been read and approved by Dr. Wolf before his death.

https://www.bibliotecapleyades.net/sociopolitica/esp_sociopol_mj 12_4_1.htm

13. Richard J. Boylan, Ph.D., Quotations From Chairman Dr. Michael Wolf: Leaked Information From National Security Council's "MJ-12" Special Studies Group Scientific consultant…, 1998. https://www.bibliotecapleyades.net/sociopolitica/esp_sociopol_mj12_4_3.htm

14. 與 Trantaloids 不同族類的灰人（Greys）與爬虫人（Reptilian）也綁架人類，但他們並不稱為 HAV。稱為 HAV 的 Trantaloids 是來自距地球 10.5 光年的 Eridanus 星座中的恆星 Epsilon Eridan 的第三顆行星。Epsilon Eridan 比我們的太陽更冷和更暗，但兩者非常相似（這是維克托轉述來自匿名的信息）。HAV 是長相醜陋的昆蟲型外星人，他們可以模仿人類，他們綁架／切割乳牛，以從獨特的牛生理學中衍生出他們自己的抗毒性毒素。

    bluesbaby5050，「Alien Type Sumary – Trantaloids」, August 2nd, 2014 https://www.truthcontrol.com/forum/alien-type-summary-%E2%80%93-trantaloids

15. RELEASE 27a - Reagan Briefing http://www.serpo.org/release27a.php

16. Ibid.

17. 邁克爾・沃爾夫博士的身家（包括生於何年），甚至於畢業學校與指導教授姓名是一個政府不願透露的機密。他去世於 2000 年 9 月 18 日。2000 年 3 月 8 日，他接受記者和國際通訊員保拉・利奧皮茲・哈里斯（Paola Leopizzi Harris）代表 UFO 披露小組採訪時透露「從十歲起的 48 年，我接觸了有毒物質，那是我工作的一部分」。因此，推測他受訪當時是

58 歲，並認為沃爾夫博士去世時享壽 58 歲。保拉的採訪片
斷見 http://www.ufodisclosure.com/drwolf.html

18.The Dulce Book, Chapter 32, "Revelations of An MJ-12 Special
Studies Group Agent." pp.388.
http://www.thewatcherfiles.com/dulce/chapter32.htm

19. Richard Boylan, Inside Revelations on the UFO Cover-Up.
Nexus Magazine, Volume 5, Number 3（April - May 1998）
http://www.ufoevidence.org/documents/doc1861.htm

20. Ibid.

21. Ibid.

22. Richard J. Boylan, Ph.D., Quotations From Chairman Dr.
Michael Wolf，1998, op. cit.

23. Ibid.

24. Ibid.

25. Ibid.

26. Ibid.

27. Ibid.

28. Chris Stonor, The Revelations of Dr. Michael Wolf on… The
UFO Cover Up and ET Reality, Oct. 2000.
https://www.bibliotecapleyades.net/sociopolitica/esp_sociopol_m
j12_4_1.htm

29. Richard J. Boylan, Ph.D., Quotations From Chairman Dr.
Michael Wolf，1998, op. cit.

30.卡達謝夫尺度（The Kardashev Scale）最初是由俄羅斯天體物
理學家尼古拉・卡達謝夫（Nikolai Kardashev, 1932-2019）於
1964 年設計，尺度的多寡取決於受評量者擁有多少可用的資

源而定。原設計有三個基類，每個基類都有一個能量處理級別，如第一類（$10^{16}$–$10^{17}$W）、第二類（$4\times10^{26}$ W）及第三類（$4\times10^{37}$ W）。此外，其他天文學家將尺度大小擴展到第四類（$10^{46}$ W）和第五類，第五類文明可用的能量將不僅止於我們的宇宙中，而且在所有宇宙和所有時間線中的所有能量，以上的 W 代表 Watts。基於以上尺度，地球人類是屬於一個尚未進入第一類文明的低級文明（即 0 型文明）物種。

詳細而言，第一類文明是指能夠利用自己行星的所有能量、收集和儲存該能量以滿足不斷增長的人口之能量需求的物種。第二類文明是可以利用與控制自己恆星的能量（不僅僅是將星光轉化為能量，而是控制恆星能量）。第三類文明是銀河穿越者，他們了解與能量有關的一切，能控制其整個宿主銀河系（host galaxy）的能量，且能開發出具有「自我複製」能力的機器人殖民地，後者人口可能會增加到數百萬，它們分散在整個銀河系中，一顆又一顆地追星。第四類文明幾乎能利用整個宇宙的能量，他們可以穿越加速擴張的空間，及需要使用奇怪或目前未知的物理定律來利用我們不知道的能源。第五類文明的物種就像神一樣，擁有隨意操縱宇宙的知識。見：Jolene Creight, July 19th 2014

The Kardashev Scale – Type I, II, III, IV & V Civilization

https://futurism.com/is-the-universe-unnatural

及 en.wikipedia.org/wiki/kardashev_scale

31. CIA releases 13m pages of declassified documents online, January 18, 2017

https://www.bbc.com/news/world-us-canada-38663522

# 第三章 驚天一墮百花開

　　1947 年 7 月上旬不明飛行物（UFO）在新墨西哥州的羅斯威爾附近墮毀，由於未知的原因，新墨西哥州副州長約瑟夫・蒙托亞（Joseph Montoya）於該年 7 月 7 日訪問羅斯威爾陸軍航空兵基地，這個事實由當時他的幾個支持者的證詞所證實。蒙托亞訪問空軍基地的時機恰好與 UFO 墮毀造成的碎片到達羅斯威爾基地的時機吻合。根據目擊者證詞，除了碎片，外星人的屍體也幾乎同時到達基地，這些東西都被帶到今天稱為 84 號建築物的 P-3 機庫。

　　1991 年有兩名重要證人首度浮現了，一位名叫魯本・阿納亞（Ruben Anaya）的蒙托亞堅定支持者及其弟弟皮特・阿納亞（Pete Anaya）與弟媳瑪麗（Mary）首度接受《羅斯威爾見證》（Witness to Roswell）一書作者托馬斯・凱里（Thomas J. Carey）與唐納德・施密特（Donald R. Schmitt）的採訪。接著，1993 年《羅斯威爾：難以忽視的事實和信仰的意志》（Roswell: Inconvenient Facts and the Will to Believe）的作者卡爾・弗洛克（Karl T. Pflock）採訪了魯本・阿納亞。此外，《羅斯威爾檔案》（The Roswell File）作者蒂姆・肖克羅斯（Tim Shawcross）為了其書的寫作，在 1997 年還採訪了阿納亞兄弟倆。

　　根據以上採訪，蒙托亞於 1947 年 7 月 7 日當天訪問羅斯威爾基地的內情終於曝光。7 月 7 日那天魯本的父親緊急敲魯本家

的門，父親告訴兒子，蒙托亞電他，請魯本幫忙（當時互住隔壁的阿納亞兄弟倆都沒有電話）。蒙托亞當時須要魯本來到羅斯威爾基地幫他。魯本不了解狀況，他先來到父親的家，用父親的電話電蒙托亞，以找出緊急的原因。電話那一端傳來蒙托亞驚恐的聲音，他用西班牙語急促地說：

「我在大機庫裡，開你的車來接我，把我從地獄裡弄出去，快點！」

魯本匆匆回到兄弟的房子，當時皮特正與摩西・布羅拉（Moses Burrola）及拉爾夫・查爾斯（Ralph Chaes）兩位蒙托亞的支持者交談，四人迅速跳上魯本的車，飛也似地馳往機庫 P-3。皮特因是基地廚師，且是二戰退伍老兵，且仍然是 NCO 俱樂部成員，車窗上貼有官方貼紙，因此很容易通過大門口衛兵的盤查。[1]

這些人到了機庫後，看到機庫中的一扇門打開了，蒙托亞衝了出來，他跳進車子後座對魯本喊道：「快點，快離開這裡。」魯本兄弟遵照蒙托亞指示，快速回到魯本房子。據魯本的回憶，一行人進入房屋時仍處於驚恐狀態，蒙托亞則一直說道：「他們不是人類！他們不是人類！」。

稍後，蒙托亞開始訴說他在機庫看到的一切，當他興奮時他經常不經意地說出西班牙語，只聽他說道：「我們不知道它是什麼，有一個飛碟。他們說它移動時像大盤子一樣……一架沒有機翼的飛機，不是一架直升機。」

蒙托亞又提到四個小矮人，其中一個還活著，三個死了。他站起來試圖證明外星人的大小。他指著自己的胸部，說他們只是到他身體的那一點。蒙托亞只有普通身高，這表明外星人大約只有 3.5 呎高（當然這只是一個概略估計）。他進一步形容，外星

人骨瘦如柴，皮膚蒼白，沒有頭髮，有一雙水滴狀的大眼睛，他們的嘴只不過是臉上的一道狹縫，頭大而禿。四個小矮人並排躺在一張從食堂借來的桌子上，其中之一發出呻吟聲並移動其膝蓋，他的一隻手也在移動著。所有小傢伙都穿著他所稱的銀色緊身「飛行服」。他記得外星人每隻手上有四根又長又細的手指。他最後又說了一句：「我告訴你，他們不是來自這個世界。」[2]

為何蒙托亞在 1947 年 7 月 7 日會因緣際會看到了一個奇怪的墮毀飛盤？而活著的小矮人究竟是什麼樣的「人」？且看以下敘說。

## 3.1 不明飛行物碎片

1947 年 7 月的一個大雷雨天，兩艘埃本人（Eben） 飛船因高壓放電導致失控，並進而互撞而墮毀於新墨西哥州，從此引發一連串的精彩故事。墮毀飛船內的外星宇航員，除一人存活，其餘都死亡。MJ-12 稱呼這名存活的外星人為外星生物實體 1 號（EBE1）。假名「匿名 II」的國防情報局特工透露，EBE1 是一名機械師，身高 4 呎 3 吋，體重 60 磅，穿著緊身連體衣。他身上的緊身套裝能使其日常體溫維持在 101 度，幾乎沒有變化。[3]

EBE1 總是冷靜、善良與非常體貼。他非常社交，喜歡觸摸人。他總是願意溝通或嘗試溝通，很快地，他學會了符號系統，並最終能以一種非常簡單的方式學會了英語。不久 BEB1 向美方相關人員透露了不少驚人信息，其中包括他們一夥人來自何處？是怎麼來的？及為何訪問地球等？除此，透過 EBE1 的搭線，美

國因此能與埃本人的母星聯繫上，雙方確立了長達 13 年的互訪計劃，這就是所謂的 Serpo 計劃。

實際上，上文提到的不明飛行物墮毀在美國並非首次發生，據邁克爾・沃爾夫博士宣稱，1941 年美國首次發生了不明飛行物墮毀與回收事件，地點就在聖地牙哥以西的海域中。海軍撈回了飛行器後，發現裡面有數具外星人屍體，後來才知道這些外星人來自澤塔網狀星系（Zeta Reticuli）， 在海軍內部他們被稱為灰人（Greys）。[4] 關於這個網狀星系，由於它是本書主角埃本人的家鄉星系，故有必要在此略作說明：

澤塔網狀星系是位於南方網狀星座（Southern Constellation of Reticulum）的寬雙星系統。在南半球，這對雙星在非常黑暗的天空可以用肉眼看見。根據視差測量，這對雙星系統距離地球約 39.3 光年，或 12.0 parsecs（parsec 或 pc 是天文學使用的距離單位，1 parsec 約等於 3.26 光年）。兩顆恒星的特徵都類似於我們的太陽，其中 Zeta 1 約佔太陽質量的 96%及太陽半徑的 84%；Zeta 2 比 Zeta 1 稍大及更明亮，約佔太陽質量的 99%及太陽半徑的 88%。（以上見 en.wikipedia.org/wiki/Zeta_Reticuli）此外，Zeta 2 Reticuli 是 G1V 光譜的恆星，而我們的太陽是 G2V。GxV 中間的數字越高其溫度越低。據此，Zeta 2 比我們的太陽熱一點，且其年齡也可能較我們的太陽大了數十億年。因此，基本上我們的太陽比 Zeta 2 Reticuli 涼爽和年輕。1996 年 9 月 20 日天文學家首次發現一顆繞著 Zeta 2 Reticuli 運行的行星。[5]

上文提到美國軍方「後來才知道這些外星人來自澤塔網狀星系」，為何說後來才知道？事發當時的 1941 年軍方當然無從得知，但 1947 年 7 月埃本人飛船在新墨西哥州靠近科羅納（Corona）的羅斯威爾場址墮毀時從唯一生還者所透露的信息，

及 1961 年貝蒂・希爾（Betty Hill）夫婦遭外星人綁架並獲釋後透露的信息均指出，1941 年墜毀事件中的外星人屍體是來自澤塔網狀星系的 Zeta 2。有關貝蒂・希爾夫婦的綁架案略說明如下：

貝蒂・希爾夫婦的綁架案是美國首次被報導的外星人綁架案，發生在 1961 年 9 月 19 日深夜至 20 日凌晨。當時貝蒂・希爾和巴尼・希爾（Barney Hill）兩夫婦開車從加拿大回美國，在接近新罕布什爾州的白山鄉村道上行駛時，被 6 名穿制服的外星人綁架並被帶上其飛船，外星人要貝蒂在星圖上指出地球，但由於她不了解天文學，因此她無法回答。在她獲釋的多年後（1964 年 1 月至 6 月間），在專業心理師的催眠回歸下，貝蒂・希爾儘可能準確地繪製出一張星圖。據稱，該星圖顯示了外星人的主星（host planet）和其太陽的相對位置。UFO 研究人員馬喬里・菲希（Marjorie Fish）聲稱，星圖顯示澤塔網狀星系是外星人的家。[6]

鮑勃・拉扎爾（Bob Lazar）聲稱，他曾在 51 區（S4 設施）對美國政府捕獲的外星飛船進行逆向工程。在 S4 逗留期間他讀到一些簡報文件，其中有些描述了該外星飛船所來自的太陽系，它來自 Zeta 2 Reticuli 的第 4 顆行星（即 Zeta 2 Reticulum 4，或稱 Serpo 星）。Serpo 與其太陽 Zeta 2 的距離為 1.12AU（AU 為天文長度單位，1AU 約是從地球到太陽的距離，即為 92.9 百萬哩），此值約介在地球的 1.00AU 和火星的 1.52AU 之間，恰好在 G 類恆星的「生命區域」內。

一個 Zeta 2 Reticulum 4，其一年大約等於 1.16 地球年或 422 地球天，它在 Zeta 2 Reticuli 的生命區中的位置與地球在太陽生命區中的位置大致相同，因此，它簡直就是第二個地球。這一點

了解頗為重要，唯因如此，Serpo 團隊一行人才能在該星球生活十餘年。[7]

話說回頭，1941 年美國海軍在聖地牙哥以西的海域撈回了飛行器後，飛行器連同數具外星人屍體被帶到俄亥俄州代頓（Dayton）萊特・帕特森空軍基地（Wright-Patterson AFB）的外國技術部門（Foreign Technology Division,簡稱 FTD）[8]，由 Retfours 特殊研究小組進行研究。飛行器的零件拆卸後被送到 S4 設施和內華達州的印第安斯普林斯（Indian Springs）。據傳，由於最近發明的的脈衝雷達在西太平洋塞班島（Saipan）以南或西南 3 哩處附近的天寧島（Tinian）上進行測試，脈衝波導致該飛行器墮毀。自此之後，美國海軍在不明飛行物領域中一直擔任領導角色。沃爾夫博士同時宣稱，1947 年 6 月或 7 月的羅斯威爾空難確實發生了，並且說，前外國技術部門負責人菲利普・科索上校（Col. Philp J.（Ret.））的著作《羅斯威爾之後的日子》（The Day After Roswell, 1997）其書中的記載是正確的。沃爾夫博士擁有官方的「影子政府」（shadow government）[9]的 ET 墮毀/回收名單，至於發生在 1941 年至 1947 年間的類似事件，他不願提供例子。[10]

至於 1947 年 7 月羅斯威爾墮機[11]的原因，沃爾夫博士認為，在雷暴天氣中兩艘飛船在相撞後墮毀在羅斯威爾周遭地區，其中一艘包含灰色 ET，另一艘則包含來自距地球 10.3 光年仙女座（Andromedae）星系的橙色（「Orange」）ET，其命名是因其皮膚顏色而得到，[12]並且他認為 Santilli 屍檢影片是真實的。[13]另據國防情報局（DIA）特工化名「匿名」（Anonymous）所提供的信息，1947 年 7 月新墨西哥州兩艘外星人飛船的墮毀是被雷電所擊落，[14]且 Santilli 屍檢影片也被證明是偽造的。[15]為何沃

爾夫博士在認知上會有如此的「差誤」？原因在於他曾看過其他類似的鏡頭，它是針對橙色 ET 的屍檢，在同一時期內對兩種不同的 ET 進行兩次不同的屍檢，因此造成了混亂。或者另一可能性是 1947 年初至 1948 年初的這段期間內有數次 UFO 墮毀及可能回收了數具不同種族的外星人屍體所致（見 §1.7）。

前文曾提及，從 1947 年 1 月至 1952 年 12 月之間，至少發現 16 艘墜毀或墜落的外星飛船，65 具屍體和 1 具活著的外星人（參見第 1 章註解 36），另一艘外星飛船爆炸了。在這些事件中，有 13 起發生在美國境內，不包括在空中分解的飛船。目前不知道沃爾夫博士在何時何處看到「類似的鏡頭」，但可以大膽地推測，65 具屍體中應包含橙色 ET 的屍體。據沃爾夫博士描述：對橙色 ET 的屍檢後顯示，它的頭很大，大而黑的眼珠內沒有虹膜或白色物質，手腳各有 6 指頭（按：這應是橙色 ET 與埃本人的主要區別，後者手腳各有 4 指頭），大腦更發達，有 4 片腦葉。它沒有胼胝體（corpus callosum），有不同的視球和神經，及和海棉一樣的消化系統。沃爾夫博士又說，「他曾見到一個活的橙色 ET。灰色 ET 和橙色 ET 之間存在活躍的交易。交易對於 ET 來說具有不同的含義，他們共享技術和哲學等知識，並將其人民送往彼此的星球學習文化。」[16]

1947 年 6 月或 7 月發生在新墨西哥州中部的外星飛船墮毀事件，其細節是如何曝光的？略說明如下：

6 月 14 日左右，當時 48 歲住在新墨西哥州科羅納（Corona）東南方 30 哩處的福斯特牧場（J.B. Foster Ranch）領班威廉·麥克·布拉澤爾（William「Mac」Brazel）

和 8 歲兒子弗農（Vernon），同行的尚有福斯特牧場寶潔（Procter）家族的兒子，一行人開著卡車在距離福斯特牧場的牧

場屋約 7 或 8 哩處發現橡膠條、錫箔紙和相當堅硬的紙與棍棒組成的大面積明亮碎屑。而在發現碎屑的前夜，據布拉澤爾報導，科羅納地區曾有雷雨，他聽到一些類似大爆炸的聲音，這聲音也被 10-12 哩外的另一農場員工聽到，其聲音是如此強烈，以致農場房子在短時間內產生搖晃。總之，位在羅斯威爾北方 75 哩的科羅納地區在該夜的雷爆相當短促而強烈，而這在羅斯威爾周遭地區的夏季風暴是常見現象。

　　次日早上（即大約 6 月 14 日）布拉澤爾外出查看地區受損情況，吃驚的是，他看到大面積散佈的似錫箔紙的碎片。7 月 8 日 KGFL 廣播電台的惠特莫爾（W.E.Whitmore）帶布拉澤爾到電台，拍了張照片，並接受唱片公司與美聯社阿爾伯克基（Albuquerque）分社傑森‧凱蘭（Jason Kellahin）的採訪。受訪時布拉澤爾說，7 月 4 日當天他夫妻倆及兒子弗農與女兒貝蒂回到現場，收集了很多碎片（這些碎片後來都被軍方沒收）。第 2 天他第一次聽說了飛碟的事情，他想知道自己發現的東西是否為飛碟的殘骸。星期一他來到鎮上賣些羊毛，順便去見喬治‧威爾科克斯（George Wilcox）警官，告知他關於發現碎片之事，並交給他拾得的一些碎片。警官無法識別碎片是何物，遂將它轉交羅斯威爾陸軍航空兵機場（Army Air Field）司令威廉‧布蘭查德上校（Col. William Blanchard）。7 月 8 日空軍當局宣佈，他們已追回「飛盤」的一些殘骸，當地一家報紙在首頁刊登了這一故事，但隨後軍方立即改口，並發表了一份聲明說，該碎片是從一個氣象氣球上來的。不僅如此，空軍立即指派情報官馬塞爾少校至警官辦公室商討如何到碎片現場檢視布拉澤爾帶來的東西。

羅斯威爾陸軍機場基地是戰略空軍司令部（Strategic Air Command, SAC）的一部分，負責那裡的核武器。馬塞爾少校認為布拉澤爾帶來的東西不尋常，值得進一步檢查。布蘭查德上校獲報後，親自與馬塞爾少校及反情報兵團（Counterintelligence Corps, CIC）的另一位特工謝里登‧卡維特上尉（Cap. Sheridan 「Cav」 Cavitt）陪同著布拉澤爾回到其 75 哩外的牧場共同檢視碎片。這一趟行程馬塞爾少校是開著其私人的 1942 年藍色別克（Buick）。黃昏時他們抵達牧場，當晚借宿牧場，準備第二天到直徑約 200 碼範圍的碎片場檢視。

次日，布蘭查德上校及布拉澤爾等一行人動身前往碎片場。抵達該處後他們意外地發現，碎片場的範圍很遼闊，[17] 眾人只好耐心地在四處尋找碎片。當碎片收集起來後，錫箔紙、羊皮紙、膠帶和棍棒捆成一捆，長約 3 呎，厚 7 或 8 吋。而橡膠捆成另一捆，長約 18 或 20 吋，厚約 8 吋，布拉澤爾估計，整批碎屑物質可能重達 5 磅。該區域中沒有任何可能作為發動機金屬零件的跡象，也沒有任何螺旋槳的跡象。儘管某些碎屑上有類似字母的符號，但在其任何位置都找不到任何單字，找不到繩子或電線，但羊皮紙上則發現一些孔眼。布拉澤爾並說，他先前曾在牧場發現了兩個氣象氣球，但這次他發現的東西與之前的氣象氣球都不相似。關於此他說，「我確定我沒有發現任何觀察天氣的氣球」。[18] 做為關鍵證人的布拉澤爾已早於 1963 年去世，但他的目擊證詞卻仍然是羅斯威爾墮機的重要佐證之一。

馬塞爾少校對自己已收集到的東西不很滿意，他因此支開卡維特上尉，讓他先返回基地，而本身則繼續尋找。他將找到的碎片裝入後座的一個箱子，其餘則放在別克車的後車廂，而這些只

是占所發現碎片的一小部分而已。他們先回到布拉澤爾的家，嘗試重建它。據布拉澤爾說，他們根本無法重建它。

馬塞爾少校也許認為這些碎片頗不尋常，他想讓其妻兒也能一開眼界，於是在返回基地的途中，將車子開往西第 7 街 1300 號的自宅，及將車後座箱子（約 2x2 呎見方）內的碎片放置於自家廚房地板上。據馬塞爾少校的兒子小傑西・馬塞爾醫生（Dr. Jesse A. Marcel Jr.）回憶，1947 年 7 月上旬，當時他才 10 歲（幾乎 11 歲），時間約在午夜過後，父親叫醒他，告訴他這是他此後再也見不到的東西，隨即引他到廚房看帶回來的東西，這時馬塞爾尚穿著軍裝，準備該夜即返回基地。據傑西描述，該夜馬塞爾少校對所發現之物十分興奮，他認為那些東西非比尋常，因此他一定要讓妻兒共享其發現。他對妻兒說，那些攤在廚房地板上的碎片是來自一艘飛碟。[19]

據傑西回憶，這些攤在廚房地板上的東西包含三種不同的材料，它們是鋁箔、塑膠碎片及一些似乎是金屬樑或工字樑的東西。碎片約 1/16 吋厚，帶有斷裂邊緣，但碎片材料本身並未觀察到裂痕。碎片表面光滑，沒有皺紋、凹槽或壓痕，最大的碎片約 6 或 8 吋見方，大部分碎片約在 3 或 4 吋見方。在所有攤在地板上的物品中，傑西一家人並未發現有電子零件（如真空管、電阻器與電容器等），也沒有發現類似釘書釘或鉚釘之類物品。此外，鋁箔片則類似今日的鋁製廚房包裝紙，但看起來更堅固，而且感覺比手中的羽毛還輕。如何輕法？傑西描述，若你放下它，它會像羽毛般飄浮；當拿起它時，傑西注意到它沒有紙質的剛性。[20] 後來馬塞爾少校回到基地後曾嘗試去彎曲或折疊一片紙箔，當放開後，它恢復其原來樣子。辦公室的另一位男同袍順手拿了一把八角錘，用力錘打其中較大的一片紙箔，但無法使它凹

陷或以任何方式使其變形。[21] 傑西回顧，他在後來與其父交談中聽到父親說，碎片物質並非來自地球上的飛行器。傑西的妻子琳達・馬塞爾（Linda Marcel）也說，馬塞爾堅稱碎片不是地球上的物質。她並說，「他們被告知不要聲張，而他們也因此封口了許多年」。[22] 馬塞爾曾在雷達與情報學校受訓，故他應非常熟習當時的各類雷達標的物。

前文提到，美國空軍最初辯稱，這些碎片是來自氣象氣球，但這種說法卻引來質疑，認為軍方是為了掩飾才創造出氣象氣球的說法。相信這一掩飾理論的人認為，軍方實際上是從墮毀的航天器中找到了數具外星人屍體，這些屍體被存放在內華達州 51 區。為了消除懷疑，美國空軍在 1994 年發佈了一份長達 1000 頁的報告，指出墮毀的物體實際上是來自附近的導彈試驗場發射的高空氣象氣球（稱為莫臥兒氣球（Mogul ballon）），它旨在記錄大氣層中來自蘇聯核試爆的聲波震動。

問題是：如果碎片是氣象氣球或莫臥兒氣球，則應會發現電子零件殘骸。例如氣象氣球碎片應會含有無線電發射器及偵測與記錄氣象資料的特殊感應器。而莫臥兒氣球則會有無線電發射器與傳聲器，以偵測蘇聯核試爆時大氣層中傳來的壓力波。然而傑西回憶，碎片中他並未發現有任何電子零件殘骸或任何細串、細繩或金屬絲，而這些肯定會出現在氣象氣球或莫臥兒氣球碎片中。傑西回憶其父曾說過，他所收集的其餘碎片未曾發現任何電子零件。[23] 說到此，傑西回想起威廉・布拉澤爾的兒子——比爾・布拉澤爾（Bill Brazel）曾說，他在碎片堆裡看到像是釣魚線的東西，而它極可能是一種光纖（filber optics）。[24]

1997 年 7 月 24 日在盛大的羅斯威爾墮機事件 50 週年紀念集會的一週前，空軍發佈了關於這一有爭議主題的另一份報告，

它的標題為《羅斯威爾報告，案件結案》（Roswell Report, Case Closed）。軍方在報告中稱，沒有證據表明羅斯威爾地區發現了與不明飛行物有關的任何生命形式，而且被發現的「屍體」不是外星人，而是該地區在降落傘測試中的假人。

其次，關於碎片中的金屬樑。傑西回憶，它們的長度一般是在 12 吋至 18 吋，其中有些類似於使用在房屋建築中的工字樑，它們約有 3/8 吋寬，呈暗灰色金屬色澤，所有這些樑其重量都非常輕。工字樑的內表面呈現帶金屬色澤的紫羅蘭色，在燈光反射下，似乎呈現一些像是幾何形狀的書寫符號或象形文字，約有 30 幾個符號，它們不像是被雕刻入工字樑，而像是樑表面的一部分。傑西回憶，在他們一家人看了地上碎片約 15-20 分鐘之後，他們將所有碎片再放回先前的紙板箱，而自己則隨著父親走到屋外，將紙板箱安置於車後座。當站在車旁時他注意到行李箱是打開的，裡面還有數盒碎片箱。之後，傑西與其父返回屋內，見母親正清掃地板上的殘渣，一些小碎片可能被掃到後門。後來傑西一家為安放洗衣機而在後門鋪設混凝土板，因而傑西推測一些碎片可能仍被封固在混凝土板之下。

做完清理工作後，傑西與其母回返各自的房間安歇，而其父則開車上路，返回基地。碎片抵達基地經布蘭查德上校檢視後，隨即專機轉送至第八空軍司令羅傑·雷米將軍（Gen. Roger Ramey, 1905-1963）在德州福特沃思空軍基地（Ford Worth AFB）的辦公室，由雷米將軍親自檢視。[25] 馬塞爾少校也在同一專機上，抵達基地後，他負責將這些碎片攤在雷米的辦公室內由雷米檢視，雷米命他在地圖上標示出收集碎片的精確位置。雷米將軍視該墜機事故為對國家安全的可能威脅，因而決定盡一切力量將材料帶回去評估，並壓制任何可能引起恐慌的謠言。話說，

在貨物到達德州的最初數小時，工作人員對已發現和未發現的東西非常困惑，負責整個回收行動的陸軍軍官迅速將掩飾故事和計劃整合在一起，以封住軍方和平民目擊者的嘴巴。

掩飾故事很容易製造，雷米將軍命令馬塞爾少校收回他的飛碟故事，改用天候氣球殘骸冒充並拍張照片，且由馬塞爾本人出面描述，指稱它是回收小組從羅斯威爾郊外收回的殘骸。然而雷米的命令畢竟晚了一步，到第二天的 7 月 8 日原版的墮機故事早已全面流出。原來 7 月 8 日當天根據布蘭查德上校的命令，空軍新聞官沃爾特・豪特（Walter Haut）中尉向媒體洩露了一個有關羅斯威爾陸軍航空兵（AAF）在福斯特牧場上發現了一艘墮毀飛碟的消息，消息稱該飛行器墮毀於偏遠地區位置，調查人員很難到達。次日（即 7 月 9 日）空軍的故事改成了回收氣球的碎片而不是飛碟。被軍方拘留的麥克・布拉扎爾在三位軍官的陪同下被帶到《羅斯威爾日報》（Roswell Daily Record）辦公室，在那裡他改變了他的原始故事。麥克・布拉扎爾終於在 7 月 12 日從軍事拘留中獲釋。此後有關飛碟的原始故事迅速消失，隨後碎片由 B-29 專機運載，飛往俄亥俄州代頓的萊特・帕特森陸軍航空兵機場，而馬塞爾少校也於此時返回羅斯威爾。

話說碎片物質運到內森・特溫中將（Lt. Gen. Nathan P. Twining）為司令，位在威爾伯・萊特菲爾德（Wilbur Wright Field）[26] 的航空物資司令部（Air Material Command, 簡稱 AMC）後，接著從該處再運到五角大樓的外國技術部門（FTD），上文的威爾伯・萊特菲爾德是一個軍事設施，它是萊特帕特森空軍基地的「B」區。由於特溫中將管理著萊特基地內重要的 AMC，他成為杜魯門總統召集的高級軍事和文職官員特別小組成員，負責向總統提供有關羅斯威爾的發現物及其對國家

安全影響的建議。科索相信，特溫將軍向總統提交的初次報告曾證實，軍方已經從沙漠中找回了一些東西，並可能暗示有必要針對已發現的東西組建一個諮詢小組，以制定政策。

此刻，包括屍體與碎片在內的殘骸早已抵達萊特菲爾德，特溫將軍負責它們的分析和評估，他認為有必要對外星人屍體進行最大程度的解剖，及對航天器及其內部物件進行分析、分類和各種準備，以便將報告分發給軍方的相關設施去了解。由於有關墮機的所有信息都被賦與最高的安全等級，因此必須為那些安全等級較低的人提供故事，而這些人對於創建可靠的掩飾故事很重要。27

上文提到的傑西·馬塞爾醫生於 1961 年畢業於路易斯安那州立大學醫學院，並於 1962 年加入美國海軍，9 年後他退休，後來加入蒙大拿州國民警衛隊，1981 年成為一名飛行外科醫生，2004 年 10 月被調回現役，並在伊拉克擔任飛行外科醫生一年多後，達到上校級別。傑西與妻子琳達於 2009 年共同出版《羅斯威爾遺產》（Roswell Legacy），而弗里德曼則為該書寫了前言，傑西在本章的證詞即是來自其書的片斷。

至於全名是傑西·安托萬·馬塞爾（Jesse Antoine Marcel）的馬塞爾少校，他於 1907 年 5 月 27 日出生於路易斯安那州南部的泰勒博恩教區（Terresbonne Parish）。從泰勒博恩高中畢業後，先後在路州交通運輸部、美國陸軍工程兵團（US Army Corps of Engineers）任製圖員，然後到殼牌石油公司任製圖師，專門研究從航空照相製作地圖。一路走來，他又在路州國民警衛隊服役了 3 年（1925-1928），然後至德州國民警衛隊又待了 3 年（1936-1939）。

　　二戰爆發時，馬塞爾與其家人（妻子琳達與兒子傑西）正居住在休斯頓。1942 年 3 月年僅 35 歲的馬塞爾提出從軍申請，並被任命為美國陸軍航空兵（美國空軍的前身）第二中尉。根據馬塞爾在航空攝影中進行製圖和分析的經驗，陸軍選派他至賓州哈里斯堡（Harrisburg）接受作戰圖片口譯員/情報官的培訓。馬塞爾在情報學校的學習情況良好，這使得在下個任務中他成為該培訓學校的講師，最終，陸軍批准他的戰鬥請求。1943 年 10 月馬塞爾第一中尉被派遣到西南太平洋戰區第五轟炸機司令部。在接下來的兩年中馬塞爾首先任中隊情報官，他參加了幾次戰役，最終奪回了非律賓群島。在戰役中馬塞爾有出色表現，他獲指揮官贈兩枚航空勳章及一枚銅星勳章，並晉升為上尉，然後於 1945 年 5 月再晉升為少校。就在日本遭投擲原子彈之前，馬塞爾少校被調回美國，接受機載地形測繪雷達系統（Airborne Terrain Mapping Radar System）的使用培訓。

　　隨著戰爭的結束，馬塞爾少校在 1946 年 1 月被重新分發到羅斯威爾陸軍航空兵基地的 509 合成集團，該集團後來成為 509 轟炸集團，然後隨著陸軍航空兵團的脫離陸軍而成為美國空軍 509 轟炸聯隊。1947 年 7 月馬塞爾少校帶來了麥克·布拉澤爾在福斯特牧場上發現的「飛盤」碎片，短暫地成為公眾關注的焦點。1948 年 8 月馬塞爾少校被調到戰略空軍司令部，在那裡他負責五角大樓空軍原子能辦公室（AFOAT-1）的簡報室，其職責是確保材料（圖表與插圖等）能被按時製作及準備就緒。此外，他並負責維護簡報室工作人員的組織。

　　1950 年馬塞爾接到消息稱，年邁的母親需要幫助，但姊妹卻無法提供，他因此向空軍提出暫時除役的要求，並獲得批准。1950 年 7 月當韓戰爆發之際他回到路州侯馬（Houma）市的家

鄉，經營一家電視器材維修店，並成為漢姆廣播電台（Ham Radio）的業餘電子修理技工，專精電視、發射器和接收器的維修。

當馬塞爾從現役解職後，其少校職務被移交給空軍預備隊。1958 年他終於獲得完全解職的許可，此後馬塞爾的身分成了一名電器維修店的店東，若非一個人的突然介入，他的羅斯威爾故事必將伴隨著他的去世永遠埋藏於地下。[28] 在離開軍事生涯之後，儘管馬塞爾聲稱得到封口令，不得談論自己在外星飛盤回收中的角色，但偶而還是會讓其他人知道他曾經參與過 UFO 回收。1978 年一位漢姆廣播電台的通訊員向一位 UFO 研究人員提到了馬塞爾的故事，這導致馬塞爾的飛盤故事被全世界所知悉。

這位將羅斯威爾事件從馬塞爾塵封 30 餘年的記憶中喚回現實世界的人正是不久前去世的斯坦頓·特里·弗里德曼（Stanton Terry Friedman, 1934-2019），他曾是一名核物理學家及後來成為專業的不明飛行物研究家（ufologist），去世前他居住於加拿大新布倫瑞克省（New Brunswick）。獲芝加哥大學物理碩士的弗里德曼曾在五間不同公司的核物理領域工作了 14 年，自從 1971 年下崗以來他從 UFO 的講師和作家工作中賺了很多錢。1978 年 2 月 21 日弗里德曼至路州首府巴呑魯日（Baton Rouge）演講，並參加 UFO 的電視脫口秀節目，恰好馬塞爾的一位朋友也在電視台工作，後者告訴弗里德曼，他聽到馬塞爾提到他自己曾參與回收墮毀飛盤的往事，這段說詞促使弗里德曼在次日打電話給馬塞爾，期望得知詳情。但馬塞爾甚至連事件發生在哪一年都無法回憶起，他也沒有保留任何看似令人矚目的事件簡報。弗里德曼事後承認，在兩人電話交談的那一刻，他很難對馬塞爾的故事感到興奮。

數個月之後的 1978 年 4 月 7 日，在弗里德曼建議下，馬塞爾（在自宅）參加了芝加哥廣播電台關於 UFO 的脫口秀，另一位參與者是 UFO 圈內人倫納德·斯奇菲爾德（Leonard H. Stringfield, 1920-1994）。在此之前斯奇菲爾德剛在其一年前出版的 UFO 類書《紅色局勢》[29] 簡要地討論過羅斯威爾事件。此外，他在 1978 年於俄州代頓召開的 MUFON[30] 會議上發言，專注於墮毀飛碟的回收細節。斯奇菲爾德並提供有力證據，證明 1947 年 7 月的所有殘骸和幾具外星人屍體最終都落腳在代頓的萊特·帕特森空軍基地，也即落腳在本次會議所在的城鎮。

斯奇菲爾德在芝加哥廣播電台關於 UFO 的脫口秀節目中記下了筆記，這些筆記被用作關於馬塞爾墮毀飛盤情節的非常簡短的報告，斯奇菲爾德將其寫在他在 MUFON 會議上發表的論文中。（他後來發布了此更新版本）根據斯奇菲爾德的筆記，馬塞爾回憶起發現許多金屬碎片以及在布拉澤爾牧場的一哩見方的地方散佈著似乎是「羊皮紙」的東西。馬塞爾說：「金屬碎片的長度變化最大可達到六吋，但錫紙的厚度卻很大……它們具有很強的強度。它們不能彎曲或折斷，不管你用多大的壓力」。馬塞爾說，已經對發現碎片的區域進行了徹底檢查，「但是在沙子中沒有發現新的撞擊凹陷，該區域沒有放射性」。[31]

斯奇菲爾德的說詞吸引了 UFO 研究者威廉·摩爾（William L. Moore）和查爾斯·貝里茲（Charles Berlitz）的興趣，1980 年 9 月他倆共同出版了《羅斯威爾事件》（The Roswell Incident）一書，弗里德曼對該書的完成也出了不少力，但並未沾共同作者之光。10 年後（即 2010 年）弗里德曼與唐·柏林納（Don Berliner）共同出版了《科羅納的墮機：美國軍事回收和不明飛行物的掩飾》（Crash at Corona: The U.S. Retrieval and Cover-Up

of a UFO），弗里德曼因此成了 UFO 領域的權威。接著，2009
年馬塞爾少校的兒子小傑西·馬塞爾出版了自傳性的《羅斯威爾
遺產》，該書由弗里德曼寫前言。作者出書的目的是希望能打破
掩飾，並最終驗證羅斯威爾墜機事件。[32]

然而，坦白說羅斯威爾墜機事件的神祕性及數十年來能持續
引人注目的原因，並非僅在於 UFO 碎片的回收，更大部分地是
出自於人們對地球外非人類族群的屍體或殘存者下落的好奇，下
文且針對外星人屍體部分略做探討。

## 3.2 外星人屍體與藍屋

1997 年 7 月軍方的報告稱，1947 年 7 月羅斯威爾地區發現
的屍體並非外星人屍體，而只是一些與降落傘測試相關的假人。
事情真相真是如此嗎？美國陸軍研發部外國技術處（Foreign
Technology Desk, 簡稱 FTD）前負責人菲利普·科索上校在 1947
年 7 月 6 日星期日夜（當時他是少校），即國慶日後的第三天，
他正巧是美國陸軍萊利堡（Fort Riley）基地的值班官員。同時
也因他與一些情報軍官（其中包括布朗尼（Brownie））結為保
齡球友，該夜他為了查驗各大樓的崗哨是否每個人都按時值班而
得以進入獸醫大樓，並陰錯陽差地目睹了一些他畢生難忘的東
西。

據科索描述，該日下午從德州布利斯堡（Fort Bliss）並排地
開來了五輛裝滿貨物的低矮拖車，它們在基地稍事休息後，準備
繼續開往俄州萊特菲爾德（Wright Field）的航空材料司令部。[33]
儘管拖車一列列浩浩盪盪地駛進基地，但因是星期日，基地人員

較少，似乎沒有人特別注意到這些拖車的到來，更別說從拖車上卸下的一些東西。

以下的對話是根據科索對當時在獸醫大樓內的回憶。[34] 話說科索踏入獸醫大樓後，黑暗的門道內傳來一陣熟悉的聲音：

「少校，快來這裡看看。」

科索愕了一下，心想，布朗尼應是在大樓外值班，怎會在這裡？心裡想著，嘴巴一面說道：「布朗尼，你知道你是不應該待在此處的，快離開。此外，也請告訴我，究竟是怎麼回事？」

布朗尼蒼白著一張臉，帶著一些驚嚇般地步出門外，邊走邊說：「你絕不會相信這檔事，我不相信它，但我剛剛看到它。」

「你說什麼？」科索問。對方說：「那些卸貨的人告訴我們，他們是從新墨西哥州的一次意外事故中把這些箱子從布利斯堡運來的？」布朗尼繼續說道：

「他們告訴我們，它（指箱子）是最高機密，但那裡的每個人在裝它入卡車時都看到箱子裡頭了。帶著武器的憲兵在周圍走來走去，甚至軍官旁都站著警衛。」他又接著說：

「那些裝載卡車的傢伙說，他們看到箱裡頭的東西後，簡直不敢置信眼前的東西。少校，你已獲得安全查核，可以進入這裡。」

事實上，科索當時是執勤軍官，只要他認為有必要，本就可以自由進出各大樓。科索於是不假思索，邁開步伐走進大樓。發現大樓內除布朗尼與自己外，沒有其他人，此外並看到卡車的箱子就堆在大樓一角。

「這是什麼東西？」科索問。

布朗尼說：「沒有人知道它是什麼，司機們告訴我們，它是來自羅斯威爾 509 轟炸聯隊周遭沙漠的失事飛機，但當他們看箱

子裡頭時，完全出乎意料，沒有一個東西是從這個星球上來的。」

「你不應該逗留在此，你最好離開。」科索對布朗尼說道。

布朗尼走後，科索開始仔細看眼前這些箱子。大約 30 多個木箱個個釘牢地堆放在建築物的遠處牆邊，電燈開關是按動式，由於不知道哪個開關對應哪個電燈，科索使用手電筒照明四周，他在一側發現一個長方形箱子，其頂部下方有一個寬縫，看起來好像已經被打開了。確實不錯，這個箱子正是剛剛布朗尼或其他人打開的。科索慢慢地旋鬆釘子，直到頂蓋完全鬆弛後，他將頂蓋推開，然後放低手電筒去照箱子內部。下一刻他的胃內食物開始翻騰，他驚覺眼前箱子正是一個存放屍體的棺木，但卻又不像過去見過的棺木。

木箱內有一個裝在厚玻璃容器中的物體被浸沒在淡藍色液體中，這些液體看起來就像柴油般凝重的膠凝溶液，物體呈懸浮狀，並非沉澱在底部，它像魚的軟筋般，柔軟有光澤。最初他以為它是從某處運送過來的死孩子，但仔細看這東西並非孩子，那是一個 4 呎高的人形物體，具有手臂，奇怪的「六指頭」，[35] 並未看到拇指，但見到一個超大的像白熾燈泡般的頭。受著好奇心的驅使，科索拉下液體容器的頂蓋，並伸手去觸摸該物體的淡灰色皮膚，他無法分辨它是否可稱為皮膚，原因是它看起來像是一件非常薄，從頭到腳覆蓋著該生物肉體的織物。此外，他沒有看到任何瞳孔、虹膜或任何類似人眼的東西。實際上他看到的生物其眼窩超大且呈杏仁狀，鼻子則微小至並未從頭骨突出，其整體形狀更像是從不隨著身體成長而長大的嬰兒的小鼻子，而且大部分是鼻孔。除此，該生物不存在類似人的耳朵，其臉頰沒有輪廓、眉毛或任何毛髮跡象。該生物的嘴只是一個很小的扁平縫，

並且完全閉合。當時，這張非人類臉孔著實嚇壞了科索。科索也注意到，該生物的身體沒有受損，也沒有跡象表明它曾發生過任何事故。沒有血，四肢似乎完好無損。他留意到生物的皮膚或灰色的身體上都沒有發現割傷。

除了觀察生物的身體特徵外，科索並發現箱子內有一份引人入勝的陸軍情報文件，文件描述該生物是那週早些時候墮毀在新墨西哥州羅斯威爾的一艘飛船上的乘員（見科索原著頁 35）。顯然該生物是先經萊特菲爾德航空材料司令部的登錄官員，再從該官員到沃爾特·里德（Walter Reed）陸軍醫院太平間的病理科。科索料想，該處應對該生物進行屍體解剖和存儲。當然，科索意識到這不是他該看到的文件，因此，他將文件塞回到板條箱內壁的信封中。

以上所述是科索在 1947 年 7 月 6 日夜於萊利堡陸軍基地親身經歷的一幕，他稱這是一場惡夢，而引起這場惡夢的元兇正是「六指外星人」。據各種信息顯示，埃本人的兩手各有四指頭，如今科索看到的是六指頭的人形生物，顯然他看到的外星人屍體不是埃本人。在羅斯威爾事件之前的 1947 年 5 月 31 日，在新墨西哥州索科羅（Socorro）西南，距羅斯威爾 258.7 哩（經 US-380W）的聖奧古斯丁平原（Plains of St. Augustin）發生的墮機事故中，當軍方抵達時，停在屋頂上的外星飛船尚在冒煙。當時地面上有四名外星人，三人還活著，一人死了。《Shutterbug》雜誌的前編輯兼軍事攝影師鮑勃·謝爾（Bob Shell）被指派到現場拍攝。他報導說，每個活著的外星人都緊緊抓住一個盒子並發出尖叫聲。他說，他們看起來像「馬戲團的怪胎」。三名倖存的外星人中有兩人因受傷在三週內死亡，這時攝影師被要求對德州沃思堡（Fort Worth）的其中一個死亡生物的屍檢過程進行拍

攝，這最終成了著名的「桑蒂利屍檢影片」（Santilli autopsy film）。（Kasten, 2013, p.47）從影片中看，這些外星人看上去雖然很小，卻外觀像人類，其手腳上各有六個手指和腳趾。外星飛船和屍體被帶到俄州代頓附近的萊特・帕特森空軍基地，當然，這些外星人不屬於埃本人。因此推測，科索目睹的六指外星人可能是來自 1947 年 5 月 31 日墮機的這一批。然而科索看到的陸軍情報文件卻描述箱內的生物屍體是 1947 年 7 月 6 日那週早些時候墮毀在新墨西哥州羅斯威爾的一艘飛船上的乘員，因此事實目睹到的與文件信息並不相符，慌亂中文件錯置的可能性是存在的，原因是同一梯次（30 多個木箱）由卡車裝載的生物屍體也有可能包括 5 月 31 日及 7 月 6 日或稍早不同墮毀日期的外星人屍體，科索若繼續打開棺蓋，也許有可能看到其他族群的外星人屍體。

另一種可能性是：羅斯威爾空難是由兩種不同外星族群所駕駛的飛行器在空中互撞所致，沃爾夫博士即秉持此種說法，但該說法後來已被美國軍情當局否認。究竟羅斯威爾空難現場的外星人屍體是屬於四指頭還是六指頭生物？除了上文提到的加州副州長蒙托亞的「四指」證詞之外，下文再提供一段事發當時的典故以資佐證。

這段典故是根據前儀葬社負責人格倫・丹尼斯（Glenn Dennis）所述，涉及羅斯威爾基地屍檢的一名護士的故事，情節片斷摘取自菲利普・克拉斯所著的《真實的羅斯威爾飛盤墮毀掩飾》一書。[36] 丹尼斯是巴拉德儀葬社（Ballard Funeral Home, 簡稱 BFH）的承辦人，該機構提供救護車服務，並為羅斯威爾陸軍機場（RAAF）進行了防腐處理。在弗里德曼的錄音採訪中丹尼斯說，有一天下午他接到了 RAAF 太平間幹事的電話，詢問

BFH 有多少個小型密封棺材。後來幹事又打電話問，如何移動曝露在陽光下數天的屍體。後來，又來一通電話問，防腐液可能會如何影響人體組織。

丹尼斯說，當天下午晚些時候，他開車載一名輕傷的飛行員到基地醫院。他打算將車停在醫院後方，然後從後門走進去，希望途中能看到最近被分配到 RAAF 的一位年輕女護士。當他正要走進醫院後部建築時，他看到兩名憲兵監視著幾輛老式方形軍用救護車。打開門後他看見了奇怪的殘骸。當丹尼斯進入醫院時，他看到更多的憲兵及陌生軍官對他的出現提出了挑戰。這時丹尼斯告訴弗里德曼，那個漂亮的年輕女護士突然衝進大樓，發現了他並說：「你到底是怎麼進來的？」她隨即又補了一句：「天哪！你將被殺。」（丹尼斯告訴作者克拉斯，這位女護士是在一個虔誠的天主教家庭中長大的，打算在服完軍事任務後當一名修女。）

丹尼斯說，那時兩名憲兵抓住他的手臂，將他帶到外面，並告訴他跟著他倆回到停屍間。接著丹尼斯對弗里德曼說，數小時後他接到一通電話，威脅說，如果出去後張嘴亂說，就要將他下獄。第二天，女護士打電話給他，建議他倆在 RAAF 軍官俱樂部同吃午餐。午餐時她說前一天下午當她進入一個房間拿東西時，遇到了兩名醫生對兩個外表看起來奇怪的小生物遺骸及另一個只三分之一的不完整遺骸進行屍檢。她說，醫生堅持要她留下來協助他們。在軍官俱樂部內護士拿出一張紙，畫了 5 份顯示出光頭和大黑眼睛的臉及手臂和手之素描草圖。草圖並繪出指尖帶有吸盤的 4 根手指頭，沒有拇指和指甲。

丹尼斯說，這次見面後不久護士便被轉移到了英格蘭。他說他寫信給她，曾收到一個神祕的回應說，她稍後會解釋所有事

情。當丹尼斯再次寄給她信時，這封信沒有拆開就被退回，信封並標記有「已故」字樣。他從 RAAF 的人員那裡獲悉，這位年輕女護士在一次軍機事故中喪生。但是凱文·蘭德爾（Kevin D. Randle）[37] 和其他人的調查未能發現 1947 年末至 1948 年初發生的涉及一名或多名護士的任何軍用飛機事故報導。

此外，1991 年 12 月 9 日克拉斯於羅斯威爾採訪丹尼斯時，後者告訴他，年輕女護士擬提供他生物素描的條件是，他須發誓絕不對外透露她所提供的素描或她的身分。丹尼斯果真發了誓，並且拿到了素描，但他把這些素描放入其工作場所的檔案夾內，當他離職時他並未取走這些素描。弗里德曼建議他一起到巴拉德儀葬社去看看是否素描仍然在檔案夾內，丹尼斯同意，於是去了巴拉德。然而卻發現，檔案夾內只除了 1947 年的外星人素描遺失外，所有的舊檔案都還在。

丹尼斯與蒙托亞的故事確切地指明了 1947 年 7 月發現的外星人遺骸其手有四指頭，而科索於相同時期所目睹到的應是不同族群的外星人。歲月如梭，十餘年悠忽過去，1961 年科索升任亞瑟·特魯多（Arthur Trudeau）中將的研發特別助理，同時也擔任五角大樓陸軍研發部門外國技術處（FTD）負責人。這個部門的職責是留意其他國家（無論是盟國還是敵對國）在研發什麼東西，以及美國如何使該東西適應自己的使用。法國、意大利與西德等國家都有它們自己的武器系統及發展流程。從美國標準來看，這似乎很奇怪，但具有一定的好處，特別是俄國人已經在液體火箭推進系統領先美國，並正在使用更簡單與更高效的設計。而外國技術部門負責人的工作是去評估外國技術的潛力，並儘一切所能促成該新技術在美國的實現。而這也正符合當時美國空軍

的期盼，那時他們正關注其飛機如何逃避雷達並超越蘇聯科技，只要能做到這點，不管相關技術從何處得到都不介意。

一天，應特魯多的要求，科索基於驗屍報告開始撰寫羅斯威爾事件墮機殘骸的分析報告與建議，其內容概略如下：[38]

照片顯示一個約 4 呎高的生物，身體似乎已經腐爛了，除了好奇，照片本身並無多大用處，有趣的是醫療報告。據報告描述，生物的器官、骨骼和皮膚成分與我們不同。生物的心臟和肺部比人類的更大，且看起來更堅固，好像其原子以不同的方式排列以獲得更大的拉伸強度。皮膚也顯示出不同的原子排列方式，認為該皮膚可以保護重要器官免於受我們尚不了解的宇宙射線或波作用或重力的影響。整體醫學報告表明，醫學檢查人員對在航天器中發現的相似之處（指每個生物都長得相同）感到驚訝，國家安全委員會（NSC）的報告稱該生物為「外星生物實體」（EBE）。與人類相比，兩者之間的差異更大，尤其是 EBE 更大的大腦與我們的完全不同。

實際上，羅斯威爾墮毀事件發生之後，特溫將軍（Gen. Twining）和範納瓦爾・布希博士（Dr. Vannevar Bush）根據總統的直接命令組織的祕密分析工作小組導致 1947 年 9 月 19 日的初步共識，認為羅斯威爾墮毀飛盤極有可能是短程偵查飛行器，這個結論大部分是基於飛船的尺寸，以及顯然缺乏可識別的配置。MJ-12 成員之一的布朗克（Bronk）博士對四名外星死者進行了類似的分析。該小組於 1947 年 11 月 30 日的初步結論是，儘管這些生物的外觀與人相似，但負責其發育的生物學和進化過程顯然不同於智人（homo-sapiens）中觀察到的或假定的過程。布朗克博士的研究小組建議採用「地球外生物實體」（Extraterrestrial Biological Entities, EBEs）一詞作為這些生物的標準稱呼，直到可以達成更明確的稱呼為止。[39]

由於實際上可以確定這些飛船並非起源於地球上的任何國家，因此大量的猜測集中在它們的起源地以及到達目的地的方式，MJ-12 認為他們更可能完全在與另一個太陽系中的生物打交道。在殘骸中發現了許多看似文字書寫的痕跡，解密這些內容的努力在很大程度上並未成功。確定動力的推進方法或所涉及動力源的性質或方法的努力同樣失敗。原因是完全沒有可識別的機翼、螺旋槳、噴氣機或其他傳統的推進和引導裝置。而且完全沒有金屬佈線、真空管或類似的可識別電子部件，因此沿著這些裝置的辨識研究變得不可能。

1950 年 12 月 6 日，在經過大氣層的長時間運動之後，第二個可能是類似起源的物體在德州──墨西哥邊境的印度戰士（El Indio-Guerrero）地區高速撞擊了地球，第一個搜索小組到達時，殘骸幾乎已全部被焚化了。可以回收的材料被運送到原子能委員會（Atomic Energy Commission, 簡稱 AEC）位於新墨西哥州桑迪亞（Sandia）的設施。[40]

從以上敘述來看，1950 年末之前雖也發生其他外星飛船墜毀事件，但真正值得重視的尚屬於 1947 年的羅斯威爾墜機事件。上文提到該年 7 月 6 日夜，科索在萊利堡的獸醫大樓內看到一份陸軍情報文件載明，EBE 的遺體是先經萊特‧菲爾德的登錄官員登錄後，再運到 450 哩之遙的沃爾特‧里德陸軍醫院太平間的病理科解剖。但解剖之後遺體又運到何處？以下的一段陳述也許可以為這個問題提供一些解答：

1994 年 10 月 1 日前參議員巴里・戈德沃特（Barry M. Goldwater, 1909—1998）在有線電視新聞網（CNN）拉里・金現場秀（Larry King Show）有如下說詞：[41]

我認為在萊特・帕特森，如果您可以進入某些地方，您會發現空軍和政府對不明飛行物的了解深度。據報導，一艘飛船降落後船身解體了。我給柯蒂斯・李梅（Curtis E. LeMay, 1906-1990）打了電話，問說：「將軍，我知道我們在萊特・帕特森有一房間，您把所有這些祕密的物品都放在那裡，我可以進去嗎？」我從沒聽說過李梅將軍生氣，但他聽了後卻對我氣得發狂，要我快滾，並說以後不要再問這個問題了。

來自亞利桑那州的巴里・戈德沃特參議員是 1964 年共和黨總統候選人，他在艾森豪總統任期開始之際（1953 年 1 月）擔任第一屆參議員，此後連續 4 屆皆當選為參議員（5 屆任期從 1953-1965, 1969-1987）。1987 年之後戈德沃特的參議員席位被亞利桑那州參議員約翰・馬侃（John McCain, 1936-2018）取代。

當參議員生涯期間，戈德沃特參與許多重要的委員會，其中包括武裝部隊委員會、航空航天科學委員會及戰略核武力委員會（主席）等。1981 年他成為參議院情報委員會主席。二戰結束後他留在空軍預備隊，並創立亞利桑那航空國民警衛隊。1969 年 1 月 1 日結束了他的軍事服務並辦理退休，這時他的肩頭有兩顆星，擁有美國空軍預備隊少將軍銜。1964 年 6 月 12 日他登上時代雜誌封面，1998 年 5 月 29 日他以 89 歲高齡辭世。

戈德沃特對 UFO 領域雖一向很有興趣，但他謹言慎行，在 1987 年從公共舞台退休前，儘量不使公眾知道自己的嗜好，免得招致無謂困擾，在那個時候讓公眾知道自己對 UFO 有興趣或

知道自己對 UFO 有過親身體驗，便極可能喪失自己的信用或甚至工作，也許這也是元老參議員詹姆斯・瑟蒙德（James Strom Thurmond Sr., 1902-2003）將其所寫的前言從科索的書中撤除的原因之一。由於戈德沃特的長期軍事經歷，他結交了軍隊中的一些朋友，其中就包括威廉「巴奇」布蘭查德（William「Butch」Blanchard），他是戈德沃特口中的「密友」。時間回到 1947 年羅斯威爾事件發生時，當時布蘭查德上校是第 509 轟炸聯隊及羅斯威爾陸軍機場的司令。

1947 年羅斯威爾墜機事件發生時，布蘭查德監督了基地。據信，他協助發布了墜機事件的原始新聞稿，這引發了著名的標題「羅斯威爾陸軍機場在羅斯威爾地區的牧場上捕獲飛碟」。布蘭查德的前妻和女兒戴爾（Dale）說，這次活動使他深受影響，並為此感到不安。他只是重複說：「那些俄羅斯人有一些很棒的東西。」羅斯威爾市長威廉・布雷納德（William Brainerd）說，布蘭查德告訴他：『我所看到的是我見過的最爛的東西！』布蘭查德對 1947 年《羅斯威爾晨報》（Roswell Morning Dispatch）的編輯阿特・麥克奎迪（Art McQuiddy）表示：「我將告訴您，僅此而已-我所見過的東西是我一生中從未見過的。」[42]

到 1960 年代中期布蘭查德已成為華盛頓五角大樓的四星級將軍兼空軍參謀長，1966 年他在 50 歲盛年因心臟病突發而死於五角大樓的辦公桌上。毫無疑問，戈德沃特是從布蘭查德處聽到了羅斯威爾發生的事情，以及萊特・帕特森的某些地方存放了不明飛行物文物。戈德沃特的另一位朋友是空軍的柯蒂斯・李梅將軍，後者在二戰期間擔任太平洋第 20 空軍司令。在廣島與長崎遭原子彈轟擊之前，他以善於投擲炸彈而聞名。二戰後（1948-

1957）他擔任戰略空中司令部第二總司令（Strategic Air Command,簡稱 SAC），後來李梅以四星軍階及空軍參謀長職位（1961-65）從空軍退休，1990 年他死於 83 歲之齡。

由於對 UFO 的長時間興趣，且其朋友正好也在相關業務上居於高位，1963-65 年期間戈德沃特決定到萊特‧帕特森的「藍屋」（Blue Room）看看。[43] 在赴萊特‧帕特森空軍基地途中之停留期間，他想，還有什麼比打電話給老朋友——李梅將軍更能促成自己的想法，後者當時正好擔任空軍參謀長。沒想到李梅將軍的反應卻是跡近訓斥的口氣，他說，一定不行！而且，不僅不行，如果再次問他，他將讓戈德沃特上法庭。[44] 至此，戈德沃特只好放棄其初衷，不再要求去藍屋查看東西。

戈德沃特知道，藍屋裡頭的文物被列為最高機密，他不知道誰控制了裡面的文物，以及誰曾進入過藍屋。藍屋的真相在 1980 年之後經《羅斯威爾事件》（The Roswell Incident, 1980）共同作者威廉‧摩爾（William Moore）、UFO 研究員李‧格雷厄姆（Lee Graham）及布萊恩‧帕克斯（Brian Parks）等人透過信息自由法（FOIA），不斷向空軍、國家檔案局、外國技術部門（FTD）及國防部等相關部門要求，真相終於逐漸浮出。

最早的關於「藍屋」的 FOIA 的請求之一是由早期的羅斯威爾 UFO 墜毀研究員威廉‧摩爾於 1980 年 12 月 30 日提出的。1981 年 1 月 7 日摩爾收到美國空軍的回覆，他們沒有存在藍屋的記錄。[45] 1991 年 9 月 22 日布萊恩‧帕克斯向空軍提出 FOIA 要求，同年 10 月 9 日萊特‧帕特森給帕克斯的回覆證實，萊特‧帕特森基地過去的確存在著標題為「Blue Room, Wright Patterson AFB OH, 1955」的 35 毫米藍屋膠片記錄，但該電影膠片已於 1965 年 9 月 9 日遭銷燬。[46] 2012 年 4 月 UFO 研究員安東

尼‧布拉加利亞（Anthony Bragalia）向空軍提出了有關藍屋及/或 35 毫米膠片的 FOIA 請求，不到一個月來自萊特‧帕特森空軍基地 FOIA 分析員的回覆提到，藍屋的檔案管理辦公室現在是國家航空航天情報中心（the National Air and Space Intelligence Center, 簡稱 NASIC）的一部分。NASIC 也座落在萊特‧帕特森，它過去是空軍位在萊特‧帕特森的外國技術部門（FTD），1992 年 FTD 改名為 NASIC.[47]

　　至此，真相大部分浮現，謠傳多年的不明飛行物殘骸、屍體和文物，其保存與分析已從外國技術部門轉移到 NASIC。依據布拉加利亞的研究，NASIC 的當前任務是「收集和分析有關來自空域的當前威脅之特殊化全部情報」。布拉加利亞的 FOIA 請求被轉發給 NASIC，數天後他收到來自 NASIC 的回覆，其答覆與前數名研究者一樣，就是沒有任何有關 35 毫米膠片的記錄。

　　至於「藍屋」究竟是什麼？1991 年：《紅色局勢》作者倫納德‧斯奇菲爾德在更新其 UFO 墮機專著系列中，曾引述一個陸軍高階軍官（保留姓名）的話說，藍屋是一個名符其實的博物館，裡面保存著墮毀的飛碟和羅斯威爾的回收屍體，這位軍官的情資是來自其朋友，他的說詞（已經刪節）如下：[48]

　　1955 年我的朋友當時在德州擔任科學研究分析師，從事雷達設備的研究。一天晚上他在家中休息時，一位憲兵突然來到其房子通知我的朋友，必須跟著他走。朋友被帶到當地的空軍基地，在那裡他與其他各個研究領域的人一起被關在一處安全的地方。眾人首先被要求簽署保密文件，然後被搜身及口袋裡的東西被倒進了有標記的信封裡。然後他們被帶到飛機上，與身穿沒有身分標籤或可識別徽章的制服武裝警察一起坐下。飛行持續了數小時，飛機降落時天已黑了。他們被矇住了雙眼，從飛機上被引

導下來，在走了短程之後他們停下腳步。然後眾人聽到身後機庫的門被放下，並被告知摘下其眼罩。當朋友告訴我這個故事時，他的聲音是顫抖的。

當眾人移開眼罩時，他們發現處在一個改裝的飛機庫內，其地板和牆壁完全是藍色的，房間周圍擺放了許多桌子與架子等固定裝置，它們上方擺放著成千上萬件的文物，其中沒有一件可以立即辨認。他們被告知要研究每個物件並確定其目的及操作參數，以及看看是否可以複製。回首過去，他們現在已能認識到其中一些事物，例如激光器（鐳射）、集成電路及如今已司空見慣的印刷電路（包括微處理器和表面安裝組件等）。當最終有人問到這些文物從何而來時，接待人未直接回答該問題，卻帶他們到一間迄今為止尚未被其他人見過的、小巧及上鎖的房間。這房間擺放了四個裝有粉紅色溶液的大型水族箱，每個箱子裝有一個身體很小、皮膚白皙、顱骨與眼睛超大及沒有頭髮的屍體。房間的後面堆放許多「金屬片」，其尺寸從小碎屑到非常大且扭曲的塊體。接待人隨後說明這些文物與羅斯威爾墮機故事的關聯。

據以上陳述，藍屋的運作時間至少是從 1955 年到 1965 年，也許是更早和更長的時間，藍屋正式拍攝的 35 毫米膠卷顯然是記錄其藏品的機密內容。然而羅斯威爾的墮機殘骸在事發當時是如何運到萊特菲爾德（Wright Field）？除了它是否尚有其他存放地？下文且一探其詳。

## 3.3 羅斯威爾墮機的進一步探討

　　話說參與回收工作的大多數羅斯威爾陸軍機場的退伍軍人都知道或從其他人那裡知道，1947 年的墮機殘骸已轉移到俄州代頓的萊特菲爾德，其中少部分可能流向新墨西哥州的其他地區，例如阿拉莫戈多陸軍機場（Alamogordo AAF）、柯特蘭陸軍機場（Kirtland AAF）或洛斯阿拉莫斯國家實驗室（Los Alamos National Laboratory，簡稱 LANL）、或佛羅里達州的一處基地，但其中大部分則流到了萊特菲爾德。當時負責將墮機碎片（及可能包括外星人屍體）從羅斯威爾陸軍機場運至萊特菲爾德的貨運飛機駕駛員正是奧利弗・溫德勒・「帕皮」・亨德森（Oliver Wendelle「Pappy」Henderson）上尉。而德州沃思堡陸軍機場（Fort Worth AAF）的羅傑・雷米（Roger Ramey）將軍的副官托馬斯・杜博斯上校（Col. Thomas DuBose）則是下令將牧場領班麥克・布拉澤爾帶到羅斯威爾的一些奇怪殘骸運往華盛頓特區，以提供高層人士快速瀏覽的人。退休多年後杜博斯於 1991 年在採訪中告訴未來《Inside The Real AREA 51》的兩位作者托馬斯・凱里與唐納德・施密特，密封包裝物的最後目的地是萊特菲爾德。[49]

　　當時奧利弗・亨德森上尉可能是羅斯威爾陸軍機場最受尊敬的飛行員，二戰期間他曾針對德國執行過 B-24 解放者（Liberator）轟炸機的 30 次任務，並參加戰後在太平洋進行的原子彈測試，曾因飛行任務而獲得多項勳章。戰後，奧利弗曾在羅斯威爾基地（後來的沃克空軍基地）住了 13 年，當他進駐羅斯威爾時，因為業務中涉及原子彈測試的飛行，故曾獲得最高機

密許可。離開服務部門後他在羅斯威爾經營建築業務，1986 年 3 月 25 日死於癌症。

亨德森對 1947 年 7 月的羅斯威爾墮機事件保持 30 年沉默，但最後他向其妻女及一位退休的牙醫朋友，也是商業合夥人約翰‧克羅姆施羅德（John Kromschroeder）透露事件詳情。據 1991 年 5 月 1 日克羅姆施羅德的宣誓書，他與亨德森相識於 1962 或 1963 年，他倆對冶金學皆感興趣，於是他們共同參加了幾家合資企業。1977 年亨德森向他講述了羅斯威爾墮機事件，他說他馬不停蹄地將殘骸和異物運送到俄州代頓的萊特‧菲爾德，亨德森將殘骸描述為太空飛船垃圾。他說：「乘客喪生」，他形容乘客身體很小。事實上，亨德森不僅向其牙醫朋友透露羅斯威爾事件中他的見聞，1980 至 1982 年期間他也分別向其妻薩福‧亨德森（Sappho Henderson）、女兒瑪麗‧格勞德（Mary Groode）及其老轟炸機組同事透露以上事情，言談中都提到了曾見過腦袋比身體相對大多了的屍體。[50]

大約一年後的 1978 年，亨德森拿出一塊取自墮毀飛船的金屬，克羅姆施羅德在 1990 年 7 月說，他當時仔細檢視後，確定那是一塊他倆都不熟悉的合金，它是一種類似鋁的灰色光澤金屬，但重量更輕且更硬，他無法將它彎曲……邊緣鋒利且呈鋸齒狀。[51] 此等無價的廢料（很薄的一片金屬）可能會被夾藏在亨德森的記錄和文件中，而他的這些為數達兩千多立方呎的材料堵塞了兩座小型倉庫和一個車庫。亨德森的遺孀拒絕了 UFO 調查人員搜查其已故丈夫一生紀念品的建議。

上文略述亨德森載運羅斯威爾遺物的大致經過，實際上從羅斯威爾運載外星人屍體的專機應有先後兩梯次，亨德森是第一梯次專機駕駛員。約翰‧蒂凡尼（John Tiffany）說，其父經萊

特・菲爾德基地派遣，至德州沃思堡空軍基地（Fort Worth AFB）接收一些奇怪的屍體，這些屍體是在亨德森專機之後從羅斯威爾運出的第二梯次專機上的貨物。[52] 在那兒，其父一行人撿拾到一些奇怪的金屬殘骸和一個大的圓柱形容器，這使蒂凡尼想起了它略像一個巨大的熱水瓶，他將金屬描述為輕巧而堅韌，它有一個光滑的玻璃狀表面。機組人員在返回萊特的航班上所做的一切事是將這些殘骸做標記，他們嘗試去彎曲或折斷它，但都失敗了。[53]

　　另一項重要的證詞來自 1964 年 8 月任萊特・帕特森空軍基地指揮官的亞瑟・埃克森准將（Gen. Arthur E. Exon, 1916-2005），其任期約一年餘，1966 年 1 月他轉擔任加州洛杉磯國防合同管理服務區總監。1947 年羅斯威爾事件發生時，埃克森的軍階為中校，當時他正在萊特・菲爾德進修為期兩年的工業管理課程。1988 年《轉型：突破》（Transformation：the Breakthrough）一書的作者惠特利・斯特里伯（Whitley Strieber）曾與其叔的朋友埃克森面談，因而得知，1947 年羅斯威爾事件之後，軍方仍然繼續獲得不明飛行物材料。[54]

　　據埃克森的電話訪談，他說：「我們聽說，羅斯威爾的材料即將運往萊特・菲爾德。測試是在各個實驗室進行的，包括化學分析、壓力測試、壓縮測試和彎曲測試等。我被帶入我們的材料評估實驗室，我不知道這些被測試材料是怎麼到達這裡的，但是測試它的男孩們說這很不尋常。」[55] 他並說，「其中的某些部分是很容易撕裂或改變……其中的其他部分很薄，但是很堅固，不能用沉重的錘子壓碎……它在一定程度上具有靈活性。」「他們知道自己手中有新東西，與我交談的任何人都不知道這種金屬和材料。無論他們發現了什麼，我都從未聽說過結果是什麼。一些

人認為它可能來自俄羅斯人，但總體共識是這些碎片是來自太空。從白宮開始的每個人都知道，從發現碎片之後的 24 小時之內，我們已知發現的東西並不屬於這個世界。」[56]

當問到屍體時，埃克森說：「我知道有人參與拍攝羅斯威爾附近墮毀事件的一些殘留物，還有另一個位置（這是撞擊地點，它不同於福斯特牧場附近的碎片現場），那裡顯然是飛船的主體，狀況相當良好。換句話說，它（指飛船的主體）並沒有太多裂解。」[57]

埃克森當時顯然沒有意識到還有第三個稱為「Dee Proctor Body Site」的場址，該處距碎片場場址 2½ 哩。當飛船爆炸時在該處有一個或兩個額外的外星機組人員墜落在地上，1994 年《Inside The Real AREA 51》作者首次聽說到這個場址。[58] 埃克森顯然不知道羅斯威爾事故中存活的外星人之傳聞（他從未談過此事），該存活的外星人被回收後的立即下落仍然是個謎，但他最終在 1948 年出現於萊特·帕特森。

1990 年代當埃克森受訪時，他確信萊特·帕特森仍然收容一些外太空物質，他說仍然會有一些報告可能存檔在外國技術部門（FTD）大樓，其中許多是描述過去 60 多年來學習異國情調材料所知道的一切，該大樓也擁有各不同地方的墮毀照片記錄，包括從多個地點回收的遺體，所有與羅斯威爾基地回收有關的活動記錄，以及所有物理證據的最終處置等。[59]

實際上，最初推測羅斯威爾附近和新墨西哥州科羅納（羅斯威爾西北方 105 哩車程）附近在 1947 年 6–7 月的相同時期內可能分別發生了兩次不明飛行物墜毀事件。第一次 UFO 墜毀發生在羅斯威爾北方，只涉及一艘外星飛船。第二次 UFO 墜毀是發生在科羅納附近，科羅納事故有兩處墮毀場址，第一場址在科羅

納的西南方向，曾在事發不久發現一名存活的外星實體；第二場
址位在新墨西哥州德提（Detil）以南及羅斯威爾以西 265 哩車程
的佩洛納峰（Pelona Peak），它是遲至 1949 年才被一些牧場工
人發現。以上的科羅納不明飛行物墮毀涉及兩艘外星飛船，在主
要殘骸地點（應是指第二場址）以東兩哩處發現了 4 具顯然是從
飛行器中彈出的小外星人屍體 [60]，此外沒有任何存活的實體被
發現。政府對殘骸和屍體進行仔細的研究和評估，並於 1947 年
9 月成立了 Operation Majestic-12 小組（簡稱 MJ-12），它是最
高機密的研發部門，直接並僅對美國總統負責。

艾森豪總統的初步簡報指出，類人屍體的特徵不同於智人
（homosapiens），碎片殘骸上有尚未能解釋的奇怪符號。1952
年不明飛行物活動有所增加，斯坦頓·弗里德曼自 1958 年開始
致力研究與調查 UFO 現象，他確信：[61]

一些不明飛行物是由智能生物控制的外星飛船；

飛碟主題代表的水門活動，其中政府中的一小部分人已經知
道這些外星訪客很多年了。

根據安全等級很高、曾在 51 區第 4 分區工作的生物學家
丹·伯瑞斯（Dan Burish）和利佛摩國家實驗室物理學家亞瑟·
紐曼（Arthur Neumann）的說法，在羅斯威爾墮毀的不明飛行物
訪客並非全是外星人，有些來自我們星球的未來，至於這些未來
人是哪年墮毀則並未說明。由於污染、放射性、居住在地下城市
與雜交，他們從當前的人類進化為灰人（Greys）。他們回來的
目的是嘗試去改變歷史進程，並將地球置於更有利的時間軸上。
他們的飛碟墮毀是由於大功率脈衝雷達打亂了他們的導航系統，
而造成了事故。後來軍方意識到了這一點，遂將雷達用作擊落其
他 UFO 的武器。他們的任務產生災難性錯誤，不僅是因為他們

墮毀了，還因為他們攜帶了一個像小盒子的裝置，這是他們在時間和空間上定向的唯一手段，可以使他們回到家中並返回自己的時代。當該裝置因墮毀而損壞，再也回不去了。洛斯阿拉莫斯的科學家後來發現，該裝置其實就是時間機器。超級計算機的運算程序能夠分析該設備，他們發現該設備上的顯示屏幕映出飛碟墮毀前的場景。後來經過更多的計算機分析，他們能夠對設備進行逆向工程，並開發出可以查看過去和未來的時間機器。[62]

暫不提伯瑞斯與紐曼的「未來人」說法是否可信，這畢竟是難以查證之事。且說上文提到科羅納第一場址曾發現一名活的外星人，其發現過程頗為戲劇性，在考古團隊發現該場址後，將其上報至林肯郡警長辦公室，一名副警長第二天到達失事現場，並傳喚了一名州警前去，他倆發現一個活的外星實體（後來稱為Ebe1）藏在一塊巨石後面，此外還有 5 具高度腐爛的外星人屍體。該實體得到了水，但拒絕了食物，他後來被轉移到洛斯阿拉莫斯國家實驗室。[63]

據布蘭頓 [64]，自 1947 年以來總計先後有 3 個活的外星人（EBE1，EBE2，EBE3）被關押在墨西哥州洛斯阿拉莫斯名為 YY-11 的設施中，加州莫哈韋（Mojave）愛德華茲空軍基地（Edwards AFB）是唯一具有電磁安全防護的其他設施，而此種電磁防護的功能是在防止外星人逃出。《羅斯威爾事件，1980》的作者威廉・摩爾擁有兩個新聞記者採訪一位與 MJ-12 相關的軍官之錄像帶，錄像中軍官回答了有關 MJ-12 的歷史和掩飾、飛碟回收以及存活外星人的問題。該軍官說，EBE 聲稱他們創造了基督。EBE 具有一種記錄設備，可以記錄地球的所有歷史，且可以用三維度全息圖（hologram）的形式顯示。此全息圖可以被拍攝，但它在電影膠片或錄像帶上的顯示不會太清楚。據

稱，全息圖上出現有基督在橄欖山上被釘死在十字架的影像。此外，據稱，存在的另一個錄像帶是對 EBE 的採訪，由於 EBE 進行心靈感應式通訊，故由一位空軍上校充當口譯員。就在 1987 年 10 月股市崩盤之前，包括威廉·摩爾在內的幾個新聞從業人員都被邀請到華盛頓特區，拍攝受訪中的 EBE，當局並計劃將影片發行給公眾，但後來由於市場崩盤，事情遂延擱下來。

關於自 1947 年至 1950 年期間在內華達州墮毀的外星航天器。其墮毀數量與墮毀地點一直存在爭議，下文將以聯邦調查局（FBI）於 1950 年 3 月 22 日（星球三）發佈的信息為基礎，重新解讀這個問題。FBI 的信息見

http://vault.fbi.gov/unexplained-phenomenon

1950 年 FBI 國外反情報部門（FCI）正在調查不明飛行物現象，該年 FBI 收到了美國空軍情報局的機密通報，簡報中美國空軍報告說，1947 年 7 月新墨西哥州可能發生了二艘飛碟墮毀事故，美國陸軍/空軍在該州發現了三處可能的墮毀地點：

A–地點位於羅斯威爾以北約 40 哩處；

B–地點位於科羅納東南約 10 哩處；

C–地點位於新墨西哥州西部聖奧古斯丁平原（Plains of San Agustin）以南的蕭山（Shaw Mountain）附近，這個場址是由一些牧場工人於 1949 年發現的。

比較美國空軍提供的以上三處墮毀地點及前文的三處地點並不完全吻合，例如蕭山與佩洛納峰兩者之間約有 9.8 哩的距離；而前文提到的墮毀場址之一是在科羅納的西南方，並非美國空軍提到的東南方。A 與 B 兩地點最初被認為是來自兩飛行器互撞，但美國空軍後來確定該兩不同地點的碎片與外星人遺體是來自同一飛行器，它因解體而散處於兩處不同地點。

　　1947 年科羅納東部的一位牧場主沿著 247 號州際公路發現了羅斯威爾飛行器的另一些碎片，直到 1954 年這項資訊尚未完整記錄在美國空軍的報告內。1957 年美國空軍發佈了一份高度機密的報告，其中詳細介紹了新墨西哥州的所有墮機地點。這份報告再次證實了 1950 年 FBI 發佈的信息，即羅斯威爾飛行器僅有一個墮機現場，但卻有兩處不同的碎片場址（即前述的 A 與 B 地點）。此外，美國空軍認為，兩艘飛行器在羅斯威爾的北部上空相撞，其中第一艘飛行器破裂解體，其部分機體碎片墮落在羅斯威爾以北地區（這是第一個碎片場址，也是第一處墮機現場），另一些機體碎片散落在科羅納東南（這是第二個碎片場址）。第二艘飛行器向西墮落到蕭山以北的地區（這是第二處墮機現場）。第一艘飛行器在墮毀數天後被發現，第二艘飛行器的墮機場址直到 1949 年才被發現，這兩處墮機場址（B 與 C 場址）都回收了外星人屍體，其中第二處墮機現場於 1949 年發現的外星人屍體已經高度腐敗。[65]

　　第一艘墮毀外星飛行器先被運到羅斯威爾，然後再被運到俄州的萊特空軍基地。1949 年回收的第二艘外星飛行器被運到新墨西哥州阿爾伯克基（Albuquerque）的柯特蘭菲爾德（Kirtland Field），在這裡它被做了仔細的檢查，後來它被轉運到洛斯阿拉莫斯國家實驗室，在這裡科學家對它再度進行了澈底與高度詳細的檢查。美國空軍比較羅斯威爾和科羅納的這兩艘墮毀飛船，並確定這只是一艘飛船。後來，他們使用 1957 年發現的飛行器完全重建了外星飛行器。第二艘飛行器雖受到了嚴重破壞，但除了掉落在墜機地點一哩以內的小碎片外，它是完整的一件飛行器。

　　儘管外星人屍體嚴重腐爛，但美國空軍和武裝部隊病理研究所仍能夠確定，**這兩艘飛行器的外星人遺體都來自同一外星物種，他們被歸類為非人類**，但卻是呼吸空氣的生命形式。從外形看，他們除了眼睛、耳朵和嘴巴外，沒有人類的任何類似特徵。若仔細看，即使連眼睛也與人眼有區別，他們的眼睛有兩層不同眼皮，這可能是因為他們的家鄉星球非常明亮（因有兩個太陽）之故。除此，他們的內部器官與皮膚、大腦及血液也不同於人類。[66]

　　至於羅斯威爾飛船的實際墮毀日期，國防情報局（DIA）的ANONYMOUS III 提供了以下信息：[67]

　　基於在飛船內發現的外星人時間設備，及隨後在 1990 年代由洛斯阿拉莫斯國家實驗室的科學家對其進行解碼後的新資訊，以及美國陸軍在新墨西哥州記錄到的雷達資料，他們推測出 1947 年 6 月 14 日（星期六）的墮毀日期。然而 90 年代中期洛斯阿拉莫斯的一組科學家確定概略的墮毀日期為 1947 年 6 月 12 日（星期四）至 7 月 1 日（星期二）左右。在考慮以上這組間隔近 20 日的答案時，應想到的一點是 Ebel 直到 1952 年還活著，他是一個最重要的關鍵證人。Ebel 被美國陸軍救援隊所發現，同時被發現的還有飛行器，這個場址是不同於馬塞爾少校與布拉扎爾發現碎片的場址。

　　上文提到的外星人時間設備究竟是什麼？1995 年洛斯阿拉莫斯實驗室在一份高度機密的文件中報告說，兩艘外星飛行器都擁有我們的科學家能夠將其轉化為我們的時間段之「時間設備」。羅斯威爾飛行器中發現的時間設備直到那時才被知悉是與時間有關的裝置。洛斯阿拉莫斯的科學家使用一台超級計算機對該設備進行了分析，發現該設備的顯示屏幕出現一段飛行器墮毀

前的時間記錄。他們發現，使用在飛行器中同時發現的外星人「能源裝置」（美國政府（USG）代號：水晶矩形（Crystal Rectangle，簡稱 CR））可以開啟時間裝置，並能以埃本人語言觀看不同的顯示或讀數。根據他們對埃本人語言的了解程度，他們能夠將每段時間顯示序列確定為埃本人日曆的固定日期。[68] 他們在超級計算機上花了數個月的時間來將它，翻譯成帶有羅馬日期的時間表，**最後他們確定羅斯威爾墮機事故發生在 1947 年 6 月中旬**。據此，他們便可以翻譯蕭山附近發現的第二艘飛行器的時間裝置。他們確定第二艘飛船與第一艘飛船是在同一天墮毀。儘管科學家難以決定確切的墮毀日期和時間，但他們確實從外星人記錄的信息中確定了其飛船上時間裝置停止動作的時間點。[69]

　　根據這些數據，洛斯阿拉莫斯的科學家得出的結論認為，兩艘飛船在新墨西哥州沙漠上空相撞，並在同一日期墮毀，第二艘飛船在墮毀前曾飛行更長距離。1947 年發現的第一個墮毀場址有 5 個死亡外星人及一個存活外星人。這些屍體先被裝在從羅斯威爾火車站取得的乾冰中，然後送到萊特菲爾德，以深凍方式保存，後來再轉運到具有冷凍系統的洛斯阿拉莫斯國家實驗室，在那裡製作了專門裝屍體的容器使屍體維持在冷凍狀態，以便進行研究。1949 年發現的第二個墮毀場址有 4 個死亡外星人，它們在過去 2 年來一直在沙漠中處於高度腐爛狀態，遺體被運送到桑迪亞基地（Sandia Base）[70]，最後轉送到洛斯阿拉莫斯國家實驗室。所有遺體最終被送到萊特·帕特森空軍基地的藍屋，該基地之所以被選中，是因它已經具備分析和支持逆向工程外星技術的設施和人員。

　　此處值得一提的是，若無能源裝置（CR），這兩艘墮毀的外星飛行器內的任何東西都無法啟動。原因是我們的電氣系統無

法使兩艘飛行器內的任何電氣設備啟動。有關外星能源裝置的詳細介紹見《外星人傳奇》第二部。此外，上文提到 1947 年羅斯威爾墜機事件中有一位存活的外星人，這位幸運兒是誰？從何處來？來此何幹？§3.1 已對他的為人略作介紹，此邊再做一些補充。這位美國軍情當局稱為 Ebe1 的外星人，他來自距地球 38.3 光年的澤塔網狀星系（Zeta Reticulum）的 Serpo 行星，其母星的名稱與位置等資訊是由 EBE1 向美國軍情當局提供的，他屬於埃本（Eben）種族，他活到 1952 年。死前，他提供軍方人員有關從現場取回的、來自兩艘墜毀飛行器內部裝備的充分解釋，其中有一項是通訊裝置，EBE1 藉著該項裝置與其母星聯繫，並由此引出一段精彩故事（見《外星人傳奇》第二部）。

不明飛行物的所有回收情形都向杜魯門總統報告，總統隨後與當時的國防部長詹姆斯・福雷斯特簽署了一份備忘錄，於 1947 年 9 月 24 日授權創建由當時的科學研究與發展辦公室主任範納瓦爾・布希（Vannevar Bush）博士領導的 「威嚴十二行動」（Operation Majestic Twelve，簡稱 MJ-12）小組（詳情見 §1.8）。MJ-12 是由 12 人（後來擴張至 19 人）組成的祕密小組，成員來自武裝部隊和情報界及科學界。[71] 所有成員（只有一個人例外）肯定擁有最高的安全許可，這意味著他們將可以接觸到最敏感的國家安全事務，而這是非常重要的，原因是美國政府將不明飛行物範疇視為是絕密事情。理查德・赫爾姆斯（Richard Helms）後來擔任 MJ-12 顧問，他也是《紅皮書》（Red Book）的特約編輯。關於 MJ-12 的進一步確認是 1951 年 11 月 21 日從加拿大運輸部高級無線電工程師威爾伯特・史密斯（Wilbert Smith）致加拿大運輸部的最高機密備忘錄，內容涉及

一個由範納瓦爾‧布希領導的美國小組，祕密研究飛碟技術，其保密級別高於氫彈計劃。

史密斯於 1950 年 12 月成立了磁鐵計劃（Project Magnet），旨在收集有關 UFO 的證據，並將任何回收的證據應用於實際工程和技術。該計劃的正式活動（受政府資助）一直持續到 1954 年中旬，而非正式活動（沒有政府資助）直到他於 1962 年去世才停止。史密斯最終得到的結論（1952 年 6 月的初步報告）是，UFO 可能起源於地外星系，並可能通過操縱磁力來飛行。

為何有關 UFO 的任何物事都被政府當成頭等機密大事看待？其中一個重要原因是，UFO 本身及其內部的任何部件其製作技術都極可能大大超越人類現行科技水平，政府絕對不願此等物件及相關技術外泄。下文且以羅斯威爾墮機內的文物為例，對其特殊性略作說明。

## 3.4 羅斯威爾墮機文物的第一手觀察

且說羅斯威爾墮機後，傑西父子曾分別描述他倆所目睹的來自飛船的碎片及其他殘骸細節，但他倆所見只是攤在廚房地板上的一小部分，且當時的時間緊迫，午夜稍過，馬塞爾少校即匆忙趕回基地述職。再說，小傑西當時年僅 11 歲，當他出書回顧前塵往事時，時間上已超過羅斯威爾事件的發生時間半世紀，且當時事件主人翁馬塞爾少校早已亡故，故關於墮機殘骸的描述無法說到骨子裡。現根據五角大樓陸軍研發部門外國技術處（FTD）前負責人菲律普‧科索上校（退休）的第一手觀察，重新解讀羅

斯威爾墜機文物。解讀之前先費點篇幅了解科索的背景，然後才
會理解他的解說實具有相當權威性。

1915 年 5 月 22 日出生於賓州的科索在 1942 年加入陸軍
後，曾在駐歐洲陸軍情報局任職，成為駐羅馬的美國反情報總隊
隊長。朝鮮戰爭（1950-1953）期間，科索在道格拉斯‧麥克阿
瑟（Douglas MacArthur）將軍領導下，擔任遠東司令部情報部
特別計劃處處長，其主要職責之一是追蹤北朝鮮戰俘營
（Prisoner of War, 簡稱 POW）的敵對戰俘。科索負責調查在每
個營地舉行的美國和其他聯合國戰俘的估計人數與待遇。戰後科
索在艾森豪威爾總統的國家安全委員會任職 4 年（1953-
1957）。1961 年他成為亞瑟‧特魯多中將的特別助理，並任五
角大樓陸軍研發部門外國技術處（FTD）負責人。在這個職位
上，他將採用從俄羅斯、德國和其他外國來源獲得的技術產品，
並讓美國公司對該技術進行逆向工程。就是這個職位讓科索有最
大的方便去檢視羅斯威爾事件的遺物。

在科索 21 年的軍事生涯（1942-1963）之後，他擔任軍事分
析師。在其軍事生涯期間他曾親眼目睹了 1947 年羅斯威爾墜機
事件中 5 具死去的外星人遺骸和一艘保存在空軍基地的不明飛行
物飛船。在德國服役期間他還看到不明飛行物在雷達幕中以每小
時 4000 哩的速度飛行。在研發部門工作時他獲悉了各種從墜機
事故的外星飛船碎片衍生的技術，他的工作是將這些技術轉移給
種子行業（seed industry），並告知後者，它們是來自地球上的
其他國家。[72]

科索後來在威廉‧伯恩斯（William J. Birnes）幫助下編寫
的《羅斯威爾之後的日子》一書，在他去世前一年（1997）由火
箭出版社（Rocket Books）以回憶錄方式出版。該書聲稱，1947

年一艘外星飛船在新墨西哥州羅斯威爾附近墮毀，後來被美國政府回收，政府隨後試圖掩蓋所有外星證據。書中並透露，一個祕密的政府計劃是在中央情報局第一任局長羅斯科·希連科特（Roscoe H. Hillenkoetter, 1897-1982）將軍的領導下組建的，其任務之一是收集有關地外技術的所有信息，並掩飾了飛碟存在的任何相關信息。科索聲稱，他被分配到這一個祕密政府計劃，該計劃提供了從墮毀的航空器中回收的一些材料給合約企業（提供時沒有說明這些材料的來源），以便讓後者對它們進行逆向工程，而成果則供企業使用。

至於如何避免外界懷疑美國軍方為何擁有此等超高科技，關於這一點科索在其書中有具體的描述，他說：「沒有什麼與眾不同，因為我們永遠不會啟動以前合同中尚未啟動的任何事情。」又說：「我們將讓與我們簽約的公司自己去申請專利。」顯然，如果合約公司擁有專利，美國軍方將可對技術進行澈底的逆向工程，而軍方絕對不會告訴與它合作的公司關於技術的來源。就全世界而言，專利的歷史就是發明的歷史，因此外界將會認為此等驚人科技只是合約公司的發明。[73] 據科索的說法（見其 1997 年的著作），這些墮機殘骸的逆向工程間接導致了加速粒子束設備、光纖（fiber optics）、激光器（lasers）、集成電路芯片（integrated circuit chips）和凱夫拉爾（Kevlar）材料的發展。書中科索也聲稱，戰略防禦計劃（SDI）或 星際大戰（star wars）是為了實現電子制導系統對來襲的敵方彈頭發揮其破壞力，以及使敵方航天器（包括外星飛船）失靈。

《羅斯威爾之後的日子》發行時本包含了曾任參議院司法委員會主席（1981-1987）及參議院臨時主席與武裝委員會主席（1995-1999）的南卡羅萊納州元老參議員斯特羅姆·瑟蒙德

（Strom Thurmond, 1902-2003）所寫的前言，科索曾任過這位參議員的助理。最初瑟蒙德認為，該書只是一本通俗的回憶錄，因此前言沒有提及 UFO，但後來他得知書的內容後，便要求撤回其所寫的前言。對此，他說：「我知道並無如此的「掩飾」，而且不相信它（指 UFO）的存在。」[74] 這位參議員甚至於聲稱，他的推薦文是為另一本書而寫的，因此他的前言已從後來的版本中刪除。可能由於此故，2001 年《衛報》（The Guardian）將科索的書列入「十大文學騙局」名單。筆者以為，這樣的批評簡直是言重了，事實上科索在其職位上對羅斯威爾殘骸的第一手觀察確實具有相當價值，至於該殘物的逆向工程之成果及應用則尚待商榷。值得注意的是，《衛報》的批評簡直全盤否定科索的書，我懷疑該批評的背後可能摻雜影子政府的黑手。科索於 1998 年 7 月 16 日死於心臟病，去世多年之後，其書對 UFO 研究者及愛好者仍具有重大影像力。

言歸正傳，除了軍事生涯的早期曾目睹外星人屍體外，後來擔任外國技術處負責人的科索還看到了什麼？根據其本人的回憶，首先提到的是細小、清晰與柔性的玻璃狀電線，它們通過一種灰色的線束纏繞在一起，就好像它們是進入連接點的電纜一般。它們是細絲，比銅線細。當科索將線束束縛在辦公桌上的燈光下時，他看到詭異的光芒穿過它們，仿佛它們在傳導微弱的光線並將其分解成不同的顏色。科索也注意到，他將各條細絲來回彎曲，它不會折斷，並且它能夠沿其長度方向傳導光束，它顯然是某種類型的金屬絲。[75]

其次是一種薄的、兩吋左右的灰色餅乾狀晶片，它看起來像塑膠材料，但表面上幾乎看不到凸起/蝕刻過的細小線路圖。當將它放在放大鏡底下看時，這是一種科索從未見過的電路。最引

起科索感興趣的是關於一份伴隨著兩件像皮膚一樣薄的橢圓形目鏡的文件敘述。據該文件，沃爾特·里德（Walter Reed）醫院的病理學家說，這些目鏡反射現有光線，在看起來完全黑暗的環境中進行反射，以便照亮並增強黑暗中的圖像，這使得佩戴者能夠分辨出形狀。

文件稱，對其中一具生物遺體進行解剖的沃爾特·里德醫院的病理學家曾嘗試透過目鏡觀察在病理實驗室附近走廊上行走的一兩個哨兵和醫務人員。這些影像，根據其移動方式呈現出綠色與橙色發光，但只能看到其外形。當他們彼此靠近時他們的形體融合為一，同時也可看到桌上物體、牆壁及傢具輪廓。這些文物中有一塊暗淡、灰色的箔狀布樣的東西，你無法將它折疊、彎曲、撕裂或捲起，一旦這樣做了會立刻回到其原始形狀而不會有任何折痕。它是一種超韌性的金屬纖維，當科索嘗試用剪刀切割它時，它從手上滑開，纖維中沒有留下任何割痕。如果嘗試拉伸它，它會彈回去，且所有線程（threads）似乎都朝一個方向移動。當科索嘗試從橫向而非縱向拉伸它時，似乎纖維已經重新定向到他拉入的方向。它不可能是布料，但顯然也非金屬，科索認為，它是用金屬絲與布料混合編織而成的組合，具有織物的懸垂性和延展性以及金屬的強度和抵抗力。[76]

另有一個短而粗像是手電筒的裝置，它帶有根本不像電池的獨立電源，萊特菲爾德的科學家檢視過它後說，當他們將鉛筆狀的手電筒對準牆壁時，他們可以看到一小圈紅色的光，但卻看不到實際的光束從手電筒中射出。且當他們將物體通過光源前方時，它會打斷光束，由於光束是如此強烈，物體會開始冒煙。他們把玩這小設備多次之後，終於理解它是一個像噴燈之類的外星人的切割設備。科索說，當他後來讀到切割牛的軍方報告中提

到，切除了所有器官而沒有對周圍細胞組織造成任何可見的創傷時，他意識到羅斯威爾檔案中的光束割炬實際上是一種外科手術工具，就像手術刀，它被外星人用在牲畜的醫學實驗。其次的另一項「頭帶」是所有設備中最奇特的，它兩側都有電子信號拾取裝置，它似乎是一項適合所有人尺寸的全能頭盔，但對人類沒有任何作用，可能它像腦電圖一樣，能拾取腦電波並繪製成圖表，科學家甚至無法確定如何插入電源或其電源是什麼東西。[77]

除了飛行器內的部件，科索根據屍檢報告，對外星生物實體也做了一番貼切的描述，試看下文說明。

## 3.5 外星生物實體真貌

科索在其書中說，如果他自己沒有親眼讀過沃爾特・里德陸軍醫院的醫檢報告，及看到 1947 年陸軍提供的照片和素描，他將會聲稱，這類生物的描述純屬科幻小說。根據醫療報告和輔助照片，科索認為該生物非常適合長距離的太空旅行。原因是根據醫檢報告，它的新陳代謝（或生物時鐘）非常緩慢，其巨大的心肺功能證明了這一點。醫療報告上寫著，更大的心臟意味著，通過更原始及顯然容量減小的循環系統來驅動稀薄與乳狀及幾乎是淋巴樣的液體，比一般人類的心臟需要較少的博動。結果生物時鐘的跳動比人類慢，並且可能使該生物在較短的生物時間內可以比人類旅行更長的距離。[78]

在沃爾特・里德的病理學家動手解剖時，該生物的心臟已經呈現高度腐爛，似乎是我們的空氣對這種生物的器官造成毒害。若考慮從航天器墜毀到生物屍體抵達沃爾特・里德這之間的時

間，該生物器官的腐爛速度較人類器官快得多。儘管第 509 沃克菲爾德（Walker Field）[79] 的醫務人員很快地讓屍體浸泡成為液體維護狀態，然而沃爾特·里德的病理學家卻因高度腐爛之故而無法決定該生物的心臟結構，只能猜測它有著被動的儲血作用，並且起到了抽肌肉的作用，其工作方式與四腔人類心臟不同。

醫療報告又說，外星人的心臟似乎具有內隔膜狀的肌肉，其工作強度不如人類的心臟肌肉，其所以如此是因為這些生物本就生活在縮小的重力場環境。這種生物的大肺部佔據的胸腔百分比遠大於人類肺部。就像駱駝的駝峰存脂肪的道理一樣，這種生物也在其大肺中儲存了呼吸到的任何空氣，其肺部的運作方式類似於駱駝的駝峰或我們的水肺潛水箱，它能將空氣緩慢釋放到身體的系統中。因此之故，維持這種生物生存所需的透氣性（breathable atmosphere）大大降低，從而減少了航行中必須攜帶大量空氣的需求。

科索說，由於生物身體的特殊結構，也許我們正在與專門為長途旅行設計的實體打交道。又說，如果我們相信心臟和肺部似乎是專為長途旅行而透過生物工程專門設計的東西，那麼生物的骨骼組織也是如此。儘管處於高度分解狀態，但對陸軍醫檢人員而言，該生物的骨頭看起來像纖維，實際上它比肋骨、胸骨、鎖骨和骨盆等類似的人類骨骼還要細薄。病理學家推測，生物的骨骼比人類骨骼更柔軟，並且具有與減震器的功能相關的彈性，人類骨骼若處在這些外星實體必須定期承受的壓力環境下，較脆的人體骨骼可能更容易破碎。但是由於具有靈活的骨骼框架，這些實體很適合潛在的衝擊和極端的物理創傷，並且可以承受類似環境中會傷害人類太空旅行者的骨折。[80]

　　羅斯威爾現場的軍事回收小組報告說，墜機後仍然存活的兩個生物難以呼吸我們的空氣，其原因究竟是因為他們突然不受保護地從自己的飛行器中摔出，進入我們的重力圈？還是我們的大氣本身是否對他們有毒？這一切都不得而知。我們也不知道那位在撞擊事故後不久死亡的生物是因為撞擊致死，或因其他原因而導致呼吸困難及最後死亡。體檢醫師的報告沒有提及有毒氣體或他認為供生物自然呼吸的那種氣體。以上這種情形加上躲在大石後被發現的生物其身上並無佩帶輔助呼吸裝備，筆者因此推測，此外星實體與我們一樣，都呼吸相同的空氣成分。

　　萊特的軍事分析家認為，羅斯威爾的飛船是一艘偵查船或檢視船，它配備有能夠穿透我們夜間環境或利用不同物體的溫差來創建視覺圖表的裝置，這使得其乘員能夠在黑暗中獲得導航及觀察。並且它也可以躲避美國軍方的攔截器並隨意出現在軍方的雷達屏幕上。此外，萊特・菲爾德檢查飛船的人也發現其內部完全沒有食物準備設備，也沒有存儲任何食品和處理乘員廢物排泄的裝備。雖然這艘羅斯威爾飛船並非是去其他星球旅行，而是在地球上空航行，它若非在地球陸表上有基地，就是在太空中駐有母艦。但即使是如此，難道外星人都不須準備食物和處理排泄物嗎？

　　不同的醫學分析師對這些生物究竟是由什麼組成以及如何維持其生存的原因有很多猜測。這些生物看起來像是人類的小號版本，他們約僅 4 呎高。儘管醫生無法弄清楚這些實體的基本人體化學如何運作，但他們確定後者不包含新的基本元素。特別令人感興趣的是他們身上可以用作血液但也能調節身體功能的液體，它們就像腺體分泌物對人體的作用一樣。在這些生物實體中，血液系統和淋巴系統相結合。如果營養和廢物的交換發生在他們的

身體系統中，由於其身體結構缺乏消化或廢物系統之故，這種交換只能通過其皮膚或體外所穿的保護層進行。

　　醫學報告顯示，這些生物被包裹在一件連身的保護套中，它就像連身衣或外表皮膚般，其中的原子排列在一起，從而提供了極大的拉伸強度和柔韌性，並當然提供了完美的緊身防護效果，醫生從未見過這樣的東西。防護服中纖維的縱向排列也促使醫學分析師建議，防護服可能能夠保護穿戴者免受低能輻射線的傷害，該低能宇宙線通常會轟擊太空旅行中的任何飛行器。這種生物的內部器官顯得如此脆弱和龐大，以致於沃爾特·里德的醫學分析家認為，如果沒有這種防護服，該生物實體將很容易受到不斷的能量粒子轟擊而造成累積的物理創傷，其效果類似於在微波爐裡烘過一般。如果飛船內部的粒子轟擊足夠嚴重到像淋浴般，由此產生的熱能會將實體完全燒燬。[81]

　　此外，此種生物的內層皮膚則是一薄層脂肪組織，沃爾特·里德的醫生過去從未見過類似之物，而且它是完全可滲透的，就好像它能源源不斷地通過血液/淋巴系統的組合來交換化學物質一樣。這是生物在旅途中養育自己的方式嗎？及這是生物處理本身廢物的方式嗎？起初很小的嘴巴和缺乏人體消化系統的事實，著實讓醫生很覺困惑，因為他們不知道生物是如何維持其生命的。但是如果生物能自己處理從皮膚中釋放出來的化學物質，就可能解釋以上的困惑，也可以解釋飛船內未發現廢物處理及食物準備設施與食物的疑惑。科索猜測（他將此寫進呈給特魯多將軍的報告中），這些生物不是實際的生命形式，只是一種具有人類外形的機器人，因此不需要食物或廢物處理設施。

　　此外，來自萊特·菲爾德工程師們的另一種說法是，如果這艘飛船是一艘小型偵察船，並且與其母艦相距不遠，那就不需要

食物準備設施。這些生物的新陳代謝慢，意味著他們可以依賴某種形式的軍用預包裝食品，因此可以在離開母艦後的一段長時間內生存，直到返回基地。不管萊特‧菲爾德的工程師們或沃爾特‧里德的醫檢人員都沒有解釋，為何飛船內缺乏廢物處理裝備的問題，他們也沒有解釋這些生物的排泄物是如何處理。因此之故，科索在致特魯多將軍的報告中猜測這些生物是人形機器人。並且他閱讀到的皮膚分析聽起來更像是室內植物的表皮，而非人類的皮膚，而這也可以做為這些生物缺乏食物或排泄物處理裝備的另一種解釋。[82]

在對生物進行初步和後來的屍體解剖期間，大部分注意力都集中在其大腦的大小、性質和解剖結構上。現場證人的第一手描述則說，他們從垂死生物那裡感受到了他的苦難和巨大的痛苦。沒有人聽過這種生物發出任何聲音，因此陸軍情報人員認為，任何印象都必須通過某種類型的移情投射（empathic projection）或心靈感應來建立。但是目擊者說，他們的腦海裡沒有聽到任何話語，只有在分享或預期的印象比一句話簡短但意境複雜得多的情況下，他們才會得到共鳴。此情況下他們不僅能夠與生物分享痛苦的感覺，而且能夠感受到其深沉的悲傷，仿佛它在哀悼那些在飛行事故中喪生的其他人。

醫檢人員認為，與人腦相比外星人的頭腦尺寸過大，而與生物的小身材不成比例的外星人大腦有四個截然不同的部分，對醫生而言，外星人的顱骨更像人類的顎軟骨。這些已死的生物當其大腦被從柔軟的海棉狀顱骨中移出之際，他們的身體已經開始腐爛。假設 1947 年當這些生物被醫檢時還活著，但當時的醫療技術卻缺乏超聲波掃描，因此醫生無法評估他們在報告中所稱的顱骨或「球體」的性質。因此儘管人們對生物大腦進行了廣泛猜

測，例如思想投射或精神動力等，但沒有任何確鑿的證據可佐證，而且關於真實科學數據的報導也很少。[83]

以上關於生物的身體特徵描述是科索根據沃爾特‧里德陸軍醫院[84]的屍檢報告而得到，更詳細與可靠的說明可能須要貝塞斯達海軍醫學中心（Bethesda Naval Medical Center at Bethesda, MD）[85]的屍體解剖報告。關於這點，科索解釋，他從未設法獲得海軍從特溫將軍那裡收到的針對外星人屍體的貝塞斯達屍檢副本，因此他只有根據手邊持有的沃爾特‧里德陸軍醫院的報告來提供外星實體的解析與說明信息。除此，前文提到，1947 年 7 月羅斯威爾事件中有一存活的外星人，美國陸軍（或 MJ-12）為這些外星種族指定代碼為「外星生物實體」（EBEs）。因此科學家範納瓦爾‧布希博士建議，為存活生物命名為 Ebe1，下文就來談談這名存活外星人的概況，這項資料是由美國軍情局（DIA）特工匿名 II（Anonymous II）提供：[86]

Ebe1 是在內華達州靠近羅斯威爾的科羅納墮毀場址被發現，他是一名機械師，被發現時有輕微受傷，但稍後迅速復原。他能通過圖片與陸軍人員交流，他被安置在羅斯威爾陸軍機場的隔離室。1947 年 9 月他被轉移到柯特蘭‧菲爾德（Kirtland Field），並再次被隔離在醫療部門。當這段時間裡，Ebe1 與頂尖的軍事語言學家一起工作，後者可以通過向前者展示照片來彼此交流，他們後來開發了符號來傳遞單詞（words），最終 Ebe1 能夠利用這些符號來傳達他的需求。

Ebe1 能夠吃一些簡單的食物，如麵包、水果、麵食、沙拉和奶酪，吃肉則會嘔吐。眾多醫生和科學家對 Ebe1 進行了檢查，他們採集了他的皮膚樣本及檢查了其體液，並對他進行了 X 光檢查。他們發現 Ebe1 是男性，具有一個主要器官，可充當其

心臟和肺部，也就是說其心肺合併為一。注意，這種說法與前述科索的說法似乎有些不同，科索將 EBE 的心與肺分開解說，且未說它們是合併為一的器官。科索並說到 EBE 沒有消化和廢物系統。

柯特蘭‧菲爾德的醫檢人員發現，Ebel 有一個簡單的消化系統。一個器官充當胃，另一個器官充當腸，他們找不到肝臟、胰腺或膽囊。顯然 Ebel 的胃充當了所有這些器官，或者他只是不需要它們。Ebel 的手、胳膊和腿上有腺體。他的腺體會在某些時候擴大，科學家們無法弄清楚這些腺體有何作用。Ebel 身高 4 呎 3 吋，體重 60 磅，他的體重從未改變（按：這可能是新陳代謝異常緩慢的緣故），但其身高卻有改變，在冬季 Ebel 的身高會增加大約 1 吋。他的身體通過某種方式產生熱量，而科學家無法確定何種方式。

Ebel 穿著一件連體緊身衣，那套衣服是他保持正確體溫所需要的，它是用彈性材料製成的，既保暖又禦寒。Ebel 的體溫為 101 度，幾乎沒有變化。給他提供了毯子，但他很少使用它。他的血液是淡紅色的，含有類似人類的細胞，如紅細胞和白細胞，其血液還含有科學家無法識別的許多東西。Ebel 的身體不須要大量的水分或流體，他能透過分解食物來提取維持其適當水平所需的水分。他的身體能以某種方式來確定所需的正確液體量，並消除剩餘的未使用液體。

Ebel 總是很鎮定，友善且非常體貼。他從不興奮、粗魯、也不會生氣。他非常社交，即使他聽不懂周圍人的談話。他喜歡與他人打交道，並了解到握住人類的手是一種普遍的社會習慣。他的性情很溫順，甚至當科學家在戳他和檢查他時，他似乎也能理解和配合，他總是願意交流和試圖交流。他很快學會了符號系

統，並最終以非常簡單的方式學習了我們的語言。1950 年 Ebel 被轉移到洛斯阿拉莫斯國家實驗室為他創建的特別設施，它是一間三居室公寓，他的經紀人於 1949 年被分配到此公寓與他同住，照料他的生活起居，他倆成為交情莫逆的夥伴，彼此都不想分開。

Ebel 的喉嚨缺少聲帶，因此他不會說我們的語言（事實上埃本人彼此間通過音調進行交流）。一位才華橫溢的醫生開發了一種能植入 Ebel 喉嚨的設備，使他可以說英語。儘管發音粗糙，但他能夠說簡單的句子，並最終通過英語與其經紀人溝通。在 Ebel 整個觀察期中都伴隨著醫療問題，他的身上出現了皮疹，這使他很感困擾。嘗試了幾種不同藥物，皮疹終於消失了，但又有了咳嗽問題，它似乎與食物過敏有關，最終咳嗽消失了，但卻感喉嚨痛。就這樣，Ebel 不斷有健康問題出現，他最後於 1952 年死於洛斯阿拉莫斯。

在 Ebel 的存活期間，軍方人員向他顯示了在羅斯威爾墜毀現場回收的物品，他教會前者如何利用通信和能源設備。軍方人員還在飛行器內找到了一個醫療套件，其中裝有小型可注射管。Ebel 不知道套件內每個物品的用途，但他解釋說這些物品是對付受傷用的。科學家進行了實驗，確定每根注射管內都含有化學物質。由於不知道它們的用途是什麼，且擔心注射後弊大於利，故不敢冒然將此等物質用於 Ebel 身上。

以上信息是由匿名–II 提供，而匿名–I 則提供以下的信息：[87]

「Ebel 說過，他們向 Serpo 母星發出求救信號，但距離最近的救援飛行器至少須要 9 個月才能到達地球。Ebel 於 1952 年去世，1964 年在新墨西哥州的一次會議上，他的遺體及其他乘員的遺體被送回給埃本人。墜毀的埃本人飛船就停放在俄亥俄

州，然後移轉到內華達州，我相信它仍在內華達州測試站。」至於 Ebe1 死亡的原因，據中情局老特工「管理人」（Caretaker）的說詞，軍事醫生認為他是因自然原因而死亡，因此無法真正說明 Ebe1 為何死亡。

其實早在 1951 年末 Ebe1 就生病，醫務人員無法確定其病因，也無法知道他過去的病史。軍方曾邀請了幾位專家來研究他的病情，這些專家包括醫生、植物學家和昆蟲學家等。其中植物學家吉列爾莫・門多薩（Guillermo Mendoza）博士被帶進來，試圖幫助 Ebe1 恢復健康。門多薩博士為挽救 Ebe1，他一直工作到 1952 年 6 月 2 日 Ebe1 死亡為止。電影《ET》是關於 Ebe1 的改編故事。為了挽救 Ebe1 及企圖繼續從他那裡獲得先進的技術信息，軍方於 1952 年初開始在廣闊的太空中廣播求救信息，該信息沒有得到回覆，[88] 但被稱為 SIGMA 的計劃則繼續努力進行著。[89]

筆者認為，埃本人的平均壽命約 350–400（地球）年，[90] 而 Ebe1 能參與遠航地球的任務則他應屬於青壯年紀，但為何會在這個階段自然死亡？按說，UFO 墮毀於羅斯威爾時他只受輕傷，但經過治療後身體已經復原，後來他雖曾感染過一些小疾，但都非致命問題，且經過治療後都痊癒。因此我認為 Ebe1 的死亡絕非所謂「自然死亡」那麼簡單，它可能與下面兩點因素有關：

（1）美國軍情當局的刑求

筆者曾看過《藍皮書計劃/計劃編號 220675/1964 年 6 月 9 日機密影片/空中技術情報中心》發行的錄影帶，影片中中情局人員正在審訊一名自稱來自人類未來的外星人，這外星人的長相與

高度很像小灰人。當審訊時其雙臂似乎遭上方懸吊的鏈子拷住，而回答若稍不稱意，審訊者就威脅將以電擊或其他酷刑伺候。[91] 我無法判定此錄影帶的真實性，但 CIA 會以酷刑對待人犯的可能性絕對是存在的，過去 CIA 在關塔那摩灣拘留營（Guantanamo Bay detention camp）內對恐怖分子使用水刑即是一個例子。此外，科里‧古德也證實美國祕密太空計劃——太陽能守望者（Solar Warden）對未獲許可擅自侵入地球周遭的外星人加以審訊及酷刑對待（見《外星人傳奇（第二部）》）。另據比爾‧庫珀，Ebel 在最初遭審訊時傾向於說謊，並且在被囚禁的最初一年多他只會對審訊者提出的問題提供所需的答案。那些會導致不良回答的問題沒有得到答案。在被囚禁的第二年的某個時候，他開始變得較開放。[92] 因此在受審訊的最初一年多期間，可能的殘酷刑求將使 Ebel 的身體與心理條件變差。

（2）強烈的思鄉情緒可能降低生存意志

　　Ebel 離鄉 39 光年之遙，他的感情雖然不常外露，但看他待人接物的親和與理性，他完全是一個有感情的人，只不過更為理性罷了。驟然之間他從九重天摔到地上，與同志及親人完全分離，環繞在他周圍的是一群奇怪且較低等進化的人類生物，他的心靈如何能驟然適應，這時強烈的思鄉感必然油然而生，這樣的念頭久之將使其憂鬱感增加，並降低其生存意志。

　　在 Ebel 活著的 5 年期間（1947-1952），他幫助美國軍方逐步學習從兩個墮毀場址中回收的所有裝備。Ebel 向他們展示了某些部件（如通信設備）的工作原理，他還向他們展示了各種其他設備的工作方式。Ebel 確實解釋了他在宇宙中的住處，其恆星系稱為澤塔網罟星座（Zeta Reticuli），距地球 38.42 光年，

Ebe1 的行星位於該雙恆星系統內。與網罟座相較,半人馬座
（Constellation Centaurus）中最亮的恆星——半人馬座阿爾法
（Alpha Centauri）距地球僅 4.3 光年,它也是三個主要外星聯盟
之一——仙女座聯盟（Andromedan Federation）的加盟者之一的
家園。

上文提到的「三個主要外星聯盟」,讀者想必一頭霧水,此
際略做點介紹。[93] 根據邁克爾‧沃爾夫博士的《天堂守望者——
三部曲》,銀河系有三個主要外星聯盟,它們分別是:

1）企業集團（The Corporate Collective）- 由類人生物
（humanoids）、爬蟲人生物（reptiloids）及阿什塔爾族（Ashtar
collective）等族類聯合組成,總部設在 Altair Aquila。參加聯盟
的星球包括 Sirius（天狼星）-B,大角星人（Arcturus）,又稱北
歐人的艾爾德巴蘭人（Aldebaran）,Zeta I Reticuli（灰人）,
Bernard's Star（橘色人）及 Boots Centaurus 等。其中爬蟲人生物
是指爬蟲類人形生物（Reptilian Humanoid）或蜥蜴人（Lizard
people）或大型爬蟲類的德拉科人（Saurians Draconians）。

2）仙女座聯合會（Andromedan Federation）-大部分由人形
生物組成,總部位於 Taygeta Pleiades。參加聯盟的星球包括
Vega Lyra,Iumma,Procyon,Tau Ceti,Alpha Centauri 及
Epsilon Eridani 等。

3）德拉科尼亞帝國（Draconian Empire）-大部分由爬蟲人
生物組成,總部設在 Alpha Draconis,參加聯盟的星球包括
Epsilon Bootes,Zeta II Reticuli（埃本人）,Polaris,Rigel Orion
（矮灰人）,Bellatrix Orion（遺傳爬蟲類-昆蟲類混合種族）,
及 Capella 等。

以上這個外星聯盟系統的澄清有助於了解為何杜爾塞地下基地（Dulce Base）內常發現埃本人與爬蟲人及矮灰人共事，並因此導致埃本人參與殘害人類的誤解說法。關於埃本人飛船是如何穿越 38.42 光年的空間到達地球這件事將留待《外星人傳奇（第二部）》做交待，下文繼續介紹外星航天器的相關問題。

## 3.6 外星航天器真貌

1947 年 7 月新墨西哥州羅斯威爾附近墮毀飛行器內有一條看起來像頭帶（headbands）的裝備，它非裝飾物，但卻提供外星人大腦運作的證據。它是透過某種非常先進的強化過程，將類似於腦電圖儀或測謊儀上的電導體或傳感器嵌入到一種柔性塑料中而形成。外星人將頭帶環繞在耳朵上方的顱骨周圍，萊特・非爾德空軍材料指揮部的工程師們認為，它可能是某種通訊設備，就像是二戰期間飛行員佩戴的喉嚨式麥克風。然而它無按扭與開關，也沒有電線與被認為是控制面板的東西，因此，沒有人知道如何打開或關閉它。此外，該頭帶並沒有可調節長短的裝置，但它卻有足夠的彈性可以適應生物頭骨的大小尺寸。

在對頭帶的描述中，有關人員報告了以下感受：當他們將頭帶繞頭旋轉，並將傳感器與頭骨的不同部位接觸時感受到從頭頂的低麻刺感到灼熱的頭痛，以及眼瞼內側短暫的一系列舞動或繽紛色彩。科索因此認為，傳感器可以刺激大腦的不同部位，同時又可與大腦交換信息。這些設備擁有一種非常複雜的機制，可以將大腦內部的電脈衝轉換為特定的命令，這些頭帶設備可能包

含了飛行器導航和推進系統的飛行員介面（interfaces），以及遠程通訊設備。[94]

科索說，起初他不知道，直到他在五角大樓的任職將要結束之際軍方開始開發長期腦電波研究計劃時，他才了解到軍方已擁有的東西及它們如何被開發。該項技術的開發費了很長時間，在羅斯威爾事件 50 年之後，這些設備的最初版本最終成為陸軍一些最先進直升機的導航控制系統的配套產品。第 509 轟炸機聯隊和萊特菲爾德的空軍分析師與工程師也因墮毀的航天器內缺少傳統的控制和推進系統而感到困擾。從這點看，似乎使飛船飛行並指導飛行的關鍵不僅在於飛船本身，同時也在於飛行員與飛船之間的關係，這是一種完全革命性的制導飛行概念，其中飛行員就是該系統的一部分。

科索認為，在飛行員的腦海中產生的電子波與飛船的方向控制裝置之間的直接相互作用，可以使飛船導航。腦電信號由作為介面的頭帶設備執行解釋和傳輸。根據科索的信息，美國軍方逆向工程外星飛船的行動早在羅斯威爾飛船墮毀後不久即展開。關於外星人屍體與墮毀飛船的下落，陸軍退休上校菲律普·科索提供了一些線索，他說特溫將軍（Lt. Gen. Nathan P. Twining）擁有貝塞斯達屍檢報告，而他自己只有陸軍報告的副本。（解剖屍體之外的）其餘屍體最初存放在萊特·菲爾德，然後它們被分散到各個不同的軍種服務部門之間。當空軍成為該服務部門的一個獨立分支時，存在 於萊特的其餘屍體連同航天器，一起被送到加州的諾頓空軍基地（Norton AFB），在那裡空軍開始進行實驗以複製飛行器的技術。實驗是在諾頓進行，最後是在內華達州的內利斯空軍基地（Nellis AFB）專門研發隱身（stealth）技術的格魯姆湖（Groom Lake）場址進行。最初的羅斯威爾航天器

留在諾頓，空軍和 CIA 在那兒保留了一座外星人技術博物館，這是羅斯威爾航天器的最後安息之處。[95] 值得注意的是，根據前國防承包商埃德加‧羅斯柴爾德‧富奇（Edgar Rothshild Fouche）轉述其友人前國家安全局戰術偵察工程評估小組（TREAT）成員杰拉德（Jerald）的信息，目前對所有外星人的控制、研究、逆向工程和對地球外生物實體（EBE）的分析已轉移到稱為「國防高級研究中心」（Defense Advanced Research Center, 簡稱 DARC）的超級祕密實驗室。[96]

多年來工程師試圖使飛船的推進和導航系統適應美國軍方的技術水平，仿製外星飛船的實驗一直持續進行著，這種情況一直持續到今天，那些企圖泄露機密的人將立即受到國家保密法的約束，無法透露其所見。因此，儘管有很多知道機密的人，他們至今仍然維持其官方的偽裝，也就是說這些人迄今仍然否認與 UFO 相關的任何事務。科索說，他從未親眼見過停放在諾頓的外星飛船，但是他在外國技術部門工作的那幾年，他的辦公桌上傳了足夠多的報告，因此他知道祕密所在，及它如何被維護。

羅斯威爾飛船其推進系統的運行方式無法從常規的技術來解釋，原因是它沒有原子引擎，沒有火箭，沒有噴氣機，也沒有驅動螺旋槳的推力裝置。美國海陸空三軍的研發都試圖將飛船的驅動系統改編成美國自己的技術，但直到 1960 年代和 1970 年代，都未能使它投入運行。飛行器能夠透過在其周圍移動磁極來控制電磁波的傳播以改變重力場，從而控制或引導類似電荷的排斥力，而非控制或引導其推進系統。一旦意識到這一點，美國主要國防承包商的工程師們就互相競爭，以找出飛船如何保存其電容量，以及操縱飛船的飛行員如何在能量場的波濤中生存的道理。

在諾頓測試的最初幾年中，對航天器及其飛行員的介面性質很快就有了初步發現。空軍發現整艘飛行器的功能就像一個巨型電容器（capacitor），這意思是飛船本身儲存了所需的能量，這些能量不但提供電磁波傳播以升高其自身，它也使飛船能夠從地球的重力場中獲得逃逸速度，並使其後來能夠維持每小時 7000 哩以上的速度。[97] 飛行器內的飛行員不受常規飛機在加速過程中累積的巨大重力影響，因為對於他們而言，重力好像在包裹著飛行器的波浪外側折疊起來，又有點像在颶風眼中飛行一樣。

科索認為，飛行器系統的祕密可以從穿在生物身上的一體式連體工作服中找到。奇怪織物上的縱向排列為此提供了一條線索，即飛行員以某種方式成為電存儲和飛行器本身的一部分，他們不僅駕駛和導航飛行器，還成為飛行器電路的一部分，類似無人自駕般，或飛行器可視為是駕駛員自身身體的延伸，原因是它被綁定到他們的神經系統中。由於這些生物成為控制電波的主要迴路，他們因此能夠在高能電波中長期生存。連體套裝將生物的頭至腳包裹，他們因此受到套裝的保護，而這套裝也使他們能夠與飛行器合而為一，實際上使他們成為（重力）浪潮的一部分。[98]

## 3.7 羅斯威爾墜機物證的探討

1947 年羅斯威爾的外星墜機，多年來外界對此有很多的爭論。因此尋求可以由獨立專家處理、檢查和評估的事物，使得它們成為可以被科學考慮，以及其來源和真實性毋庸置疑的實物證據是很重要的一件事。研究人員湯姆・凱里（Tom Carey）將這種物理形式的證據稱為「聖杯」（Holy Grail）。

物體碰撞證據有四種主要類型：碎片，外星人遺骸，照片和文件。

1. 碎片

墜落在羅斯威爾附近的飛船零散碎片殘骸留下了一個大碎片場。該飛船可能在墜毀前就失去了其建構材料，該材料甚至可能「跳到」其他地點，從而在該處遺留了碎屑。識別出最有可能於 7 月（或 6 月中旬）在新墨西哥州沙漠中部出沒的人以及可能有機會接觸碎片並為個人利益而行竊碎片的人，這些人的類型最可能是：

・牧場主（及其子女）

・考古學家

・地質學家（石油勘探）

・參與運載或處理羅斯威爾遺物的軍人或工人或其他人

迄今所知，可能擁有羅斯威爾金屬碎片的人包括「英雄先生」、邁克爾・沃爾夫博士（由外星朋友贈送）及貨運飛機駕駛員奧利弗・亨德森上尉（見以上內文說明），但實際上到如今沒有一個經認證的羅斯威爾碎片面世。反而，所謂的羅斯威爾碎屑卻有許多「錯誤的開始」：

・1996 年，曾經是超自然現象廣播節目主持人阿特・貝爾（Art Bell）收到並報導了所謂的「阿特的零件」。由琳達・莫爾頓・豪等人吹捧的「零件」是從匿名來源發送的，它們是正方形的金屬件，後來經証明主要是鋁也摻雜其他金屬。

・同樣在 1996 年，一名男子向羅斯威爾國際飛碟博物館和研究中心贈送了一種碎片狀的金屬，具有異常的漩渦狀圖案。後

來發現，碎片實際上是由猶他州珠寶商設計並在他的工作室中製作的。

- 1997 年，羅傑・利爾（Roger Lier）博士和德雷爾・西姆斯（Derell Sims）博士在羅斯威爾 50 週年紀念日舉行了一次新聞發布會，提出了一種藍寶石般的人造物，將由「大學」對其進行外星起源測試。從此以後就沒有消息了。

- 2004 年，一位名叫查克・韋德（Chuck Wade）的新墨西哥州紳士使用金屬探測器發現了一些看似不尋常的埋在沙漠中的金屬材料。儘管該材料確實具有很高的耐熱性（並且無法立即用眼睛識別出），但目前尚缺乏指定和公認的實驗室用來驗證該材料。

- 2011 年，新墨西哥州學校的老師弗蘭克・金伯勒（Frank Kimbler）聲稱在沙漠中發現了 ET 金屬碎片。他聲稱該物質的同位素比率「異常」。但是事實是，如果不使用僅由熱電子儀器製造的極其昂貴和復雜的分析儀，就無法確定此類異常。這些儀器被用來檢查諸如流星之類的同位素的比率，僅能在 NASA 及相關政府機構和極少數大學中找到此等儀器。儘管金伯勒郵寄了一些材料進行某種類型的分析，但後來他聲稱該材料在運輸中神祕地「消失了」。今天，人們對他的材料的興趣和討論減少了。

　　對於任何被認為是外星起源的碎片或工程材料，將需要滿足以下條件之一：

- 它由地球或科學未知的元素組成
- 它由已知元素組成，但以非地球同位素比率出現
- 合金化或形成材料所需的過程是科學未知的

・在地球材料中找不到該材料表現出的物理特性，這是科學所
未知的。

2. 照片

照片的來源可能是羅斯威爾陸軍航空兵基地及/或其他基地
的分配來清理碎屑現場的軍人或其他來源。遺憾的是，迄今尚未
有任何經驗證的照片面世。

3.外星人遺骸

與羅斯威爾墮毀事故有關的物體，人物或場景的印刷品或幻
燈片形式的圖片或圖像將是令人大開眼界的證據。這樣的膠片可
以是黑白的或彩色的。真實的外星人屍體或羅斯威爾碎片場中的
取回操作的圖像將是非常令人信服的。也許在可能存在的所有物
理證據類型中，對這種類型（直到最近的努力）的研究最少，它
也可能是最富有成果的一種。照相機在 1940 年代後期對普通百
姓並不陌生，其中包括牧場主。如果您要出去看一個掉落的飛
碟，如果有的話，一定會抓住相機。那時可能在沙漠中的專業人
士（例如考古學家或地質學家）將配備攝像機來記錄他們的發
現，或者也許是一名軍人祕密地拍攝了這些圖像。遺憾的是迄
今尚未出現這一類物證。

4.個人文件

個人文件，例如 1947 年 6 月及 7 月以來的日記以及與羅斯
威爾空難有關的條目，可能由鄰近的牧場主或其子女，相關的軍
人或其家屬，或相關的民事機構的成員（如消防部門或警長辦公

室）留下。類似的文件證據包括信件和書面信函或保存的印刷材料等。

兩份已確認的文件：

1）以下的歷史個人文件被確認存在：新墨西哥州林肯縣警官喬治・威爾科克斯（George Wilcox）（牧場主麥克・布拉澤爾（Mack Brazel）帶著墜機碎屑向他報案）的妻子名叫伊涅茲（Inez）。伊涅茲撰寫了一部回憶錄，內容涉及羅斯威爾墜機事故。她稱它為「縣監獄四年」，她的家人說，她寫這本書的想法是想要在全國性雜誌上發表。現在它存在羅斯威爾歷史學會。該回憶錄說：

「有一天，小鎮北部的一位牧場主帶來了他所謂的「飛碟」。在美國各地，有許多報導稱他們見過飛碟。謠言千差萬別……威爾科克斯先生打電話給沃克（Walker）空軍基地總部（當時是羅斯威爾陸軍機場（the Roswell Army Air Field，簡稱 RAAF）），並報告了發現的消息。在幾乎掛斷電話之前，一名警官走進來。威爾科克斯迅速將物體裝到卡車上，這是任何人最後一次看到的東西……但是，拿起看起來可疑的飛碟的警官勸告威爾科克斯先生盡可能少講這個問題，並將所有電話轉給沃克空軍基地。一個祕密妥善保管的……。」

2）其他出現的文件包括記者弗蘭克・喬伊斯（Frank Joyce）的文件。喬伊斯於 1947 年在羅斯威爾曾是 KGFL 廣播電台的新聞記者。喬伊斯還與牧場主馬克・布拉澤爾進行了交談，後者是碎屑場的最初發現人。喬伊斯堅持認為，布拉澤爾對他講的故事與布拉澤爾在軍方強迫後在媒體上公開發表的故事截然不同。墜機事件發生時，喬伊斯有種感覺，事故可能被掩蓋或以某種方式「遺忘了」。因此，喬伊斯做了一件非常不尋常的事情：

　　他收集了電台收到的有關墮毀事故的 UPI 和新聞服務電傳打字，它們是通過電線機（wire machine）傳來的。喬伊斯保留了這些原始的電傳打字稿，並在數十年後向研究人員展示了這些電傳打字稿，以提供記錄，說明重要的事情確實在那一天發生了。[99]

　　上文提到，1947 年發現的科羅納場址有 5 個死亡外星人及一個存活外星人，美國軍方透過此唯一存活的外星人作為中介，促成 Serpo 計劃的產生，並終於實現與外星的人員交流。Serpo 計劃的成功得來匪易，期間涉及許多不足為外人道的語言溝通問題（Ebel 死於 1952 年，之後雙方仍然繼續就交流計劃進行溝通）。可能是因溝通的不良或其他因素，Ebel 死後的次年再次發生疑似與交流計劃有關的飛碟墮毀事件，詳情見下文。

## 3.8 金曼墮機與 Serpo 計劃的可能關聯

　　1953 年 5 月 21 日一艘不明飛行物據稱在亞利桑那州金曼空軍基地（Kingman AFB）（現在的金曼機場）東北方 8 哩處墮毀。在此之前，亞利桑那州至少發生了 6 次 UFO 墮毀事件，據 UFO 研究人員與《在亞利桑那州的不明飛行物：大峽谷州外星人遭遇的真實歷史》（UFO Over Arizona: A True History of Extraterrestrial Encounters in the Grand Canyon State, 2016）一書作者普雷斯頓・丹尼特（Preston Dennett）說，金曼墮毀是美國驗證最好的 UFO 墮毀之一，絕對是前十名。墮毀當時，政府官員派遣了一支由 40 名科學家組成的信息小組前往墮毀現場進行調查。他說：「該物體被描述為金屬的、寬 30 呎、高 3 呎半、

橢圓形、帶有舷窗。裡面有 2 至 4 個 4 呎高的人形生物，根據大多數消息來源，他們有大眼睛，穿著金屬服，已死亡。」[100]

丹尼特說，該物體（飛行器）被迅速鏟起並帶到內華達州 51 區空軍基地或俄亥俄州的萊特・帕特森空軍基地。在協助災後恢復的科學家中一位名叫亞瑟・斯坦西爾（Arthur G. Stancil）的工程師說：「顯然，這個物體不是由我們知道的任何東西建造的，它更像是淚滴狀雪茄……像流線型的雪茄。」[101] 冶金學家倫納德・斯通菲爾德（Leonard Stringfield）也在現場，他花了兩天時間分析飛行器和材料後得出結論：「該物體不是在地球上建造的。」 著名的 UFO 研究員雷蒙德・福勒（Raymond Fowler）於 1973 年首次披露了該事件的細節，但其實早在 1964 年 UFO 研究人員理查德・霍爾（Richard Hall）早就知道了該事件。福勒說，他的資訊來自工程師弗里茨・沃納（Fritz Werner），後來沃納被確定為是本名亞瑟・斯坦西爾的一名工程師。

斯坦西爾於 1949 年畢業於俄亥俄州大，最初是在俄亥俄州代頓的萊特帕特森空軍基地的空軍材料司令部任職，當時的職務是作為一名測試空軍飛機發動機的機械工程師。當時被懷疑領導外星飛船逆向工程團隊的埃里克・王（Eric Wang）博士，也同時領導了斯坦西爾所在的特殊研究辦公室的裝置部門。斯坦西爾於 70 年代初在麻薩諸塞州薩德伯里（Sudbury）的雷神（Raytheon）公司工作，從事航空電子系統的研究。雖然他可能在過去某個時候為王博士工作過，但關於他是否進一步參與外星技術的逆向工程則尚無定論。

上文提到的王博士，從姓名看一般人可能以為他是中國裔，但其實不是，此人在美國軍方逆向工程納粹德國的圓盤飛行器方面居重要角色，後文章節中還會再提起他，此際對其出身背景先

略作一介紹。王博士是維也納技術學院的奧地利裔畢業生,他也
是開發飛碟概念及在 1941 年發展德國飛碟計劃的維克多‧紹伯
格(Victor Schauberger)的密友。1943 年至 1952 年他在辛辛那
提大學從事結構和冶金教學工作。王博士應該檢查了一些回收的
墮毀飛碟,並將其與德國 V-7 計劃中測試過的航空器比較,發
現回收的飛船與本國航空器在本質上有所不同。1949 年他成為
萊特‧帕特森特殊研究系主任。在任職期間他長時間與來自「海
軍研究辦公室」的科學家及與範納瓦爾‧布希博士和來自「研究
與發展委員會」的其他人合作。後來王博士將其研究從萊特‧帕
特森轉移到新墨西哥州阿爾伯克基(Albuquerque, NM)的柯特
蘭空軍基地,他去世於 1960 年 12 月 4 日。

再回頭說斯坦西爾,他是金曼事件的目擊證人,為了證實他
以下說法的真實性,他簽署了一份法律宣誓書,它被刊登在由雷
蒙德‧福勒發行的 1976 年 4 月號《不明飛行物雜誌》。以下是
斯坦西爾的一些個人來歷及他的自述(我因轉述,故使用第三人
稱):[102]

「斯坦西爾曾在一家擁有內華達州核電站政府合同的公司工
作,他的老闆於 1953 年 5 月 21 日召見了他,並派遣他出了一次
祕密任務,同行的還有其他 15 位專家。他們被軍方空運飛往亞
利桑那州鳳凰城,之後眾人被安置在一輛車窗被塗黑的公共汽車
上,並被帶到了鳳凰城西北方約四個小時車程的一處地點。推測
該地點據稱位於亞利桑那州金曼市東南方附近。公共汽車上擠滿
了專家乘客,斯坦西爾不認識任何一個人,也不便向他人詢問,
因為每個人都被告知不要互相交流。當到達祕密目的地時已經是
深夜,兩個軍用聚光燈照亮了眼前的沙漠場景。

斯坦西爾驚訝地看到一艘盤狀航天器嵌入沙子中，瑞安·伍德（Ryan S. Wood）撰寫的《瑪吉奇人的眼睛：地球的遭遇外星技術》（Majic Eyes Only：Earth's Encounters with Extraterrestrial Technology, 2005）顯示，撞擊時該飛船嵌入沙漠中 20 吋。

他估計其直徑約為 30 呎，軍事人員包圍了這艘像鋁製的飛船。他推測，這艘飛船是由於內部爆炸或被軍用火箭擊中而墜落的。破洞很容易看到，就位在飛船側面。在飛船旁邊是一個由軍警看守的帳篷，這時一位專家走進了飛船內部，當時 1.5 呎 x3.5 呎艙口打開，露出橢圓形內部機艙，其中有兩個可旋轉座椅和許多儀表及顯示面板，他看見裡面有一具 4 呎高「人形生物」的小屍體，其臉上的膚色是深棕色的。他斷言外星人戴著一頂骷髏帽和穿著一件銀色外套，這件外套似乎是無縫的。

斯坦西爾的職責是計算飛船的速度，他測量並研究墮毀現場後得出結論：該飛船是以每小時 1200 哩的速度撞擊地面，但飛船表面沒有凹痕、痕跡或刮痕，飛船呈橢圓形，看起來像是兩個深深的碟子彼此倒置。此後，調查人員小組的緊張氣氛開始放鬆一些，他開始從分配給該「非記錄」任務的其他人員口中了解細節。他被告知飛船內有一個小房間和一些很小的椅子，斯坦西爾本人並沒有去研究這未知的航天器。很快，眾人的調查被叫停，成員被召喚離開該地區。回到公共汽車上，準備回到鳳凰城時所有參與任務的成員都被責令簽署「官方機密」法案，並被警告不要與任何人討論他們所看到的任何事情。在將墜機事件帶給其他UFO 團體之前，福勒對斯坦西爾進行了徹底的背景調查，並對他的真實性和人格完整感到滿意。隨著福勒對斯坦西爾工作領域和職業的深入了解，他對後者的工作能力也毫無疑問地信服。

亞利桑那墜機事件的有效性得到了以下的進一步確認：賴特・帕特森空軍基地的工作人員聲稱曾經目睹了亞利桑那州一個「墜機地點」的屍體輸送。這些目擊者聲稱看到了「三個裝在乾冰中的小屍體」。據報導，這些生物高約 4 呎，頭部較大，膚色為褐色。輸送時間與斯坦西爾提出的事件時間完全吻合。不幸的是，工作人員無法公開其名字。福勒堅定地認為，事件發生後的幾年中，還有其他幾位證人挺身而出，但由於缺乏其他事實和其他證詞，讓這案子看來有些空乏。」

當時的公眾對金曼事件一無所知，事件也因此掩蓋了很多年。儘管 UFO 研究人員理查德・霍爾早在 1964 年就知道了這一事件，但事件的細節直到 1973 年才首次由雷蒙德・福勒洩露出來。專欄作家弗蘭克・斯卡利（Frank Scully）的書——《飛碟背後》（Behind the Flying Saucers, 2016）也再次提到了金曼墮毀事件，這使得其他研究人員很快地找到了其他證人。[103]

金曼事件並沒有因斯坦西爾等人的離開事發現場而結束，反而引來了更多的猜測，其中之一是該事件與 Serpo 計劃之間的可能關聯。為何會有這種不可思議的說法？首先 2006 年 8 月，承載原始 Serpo 計劃披露的 Serpo 網址發佈了一篇文章，它是一份兩頁機密備忘錄的攝影文件，備忘錄日期為 1995 年 3 月 24 日，發送人員的身分不明。在這份打字的副本中，內中文件提到了「落在亞利桑那州的飛行器」的字樣，它並且提供了有關金曼墮毀及被回收的引人入勝的內部細節，可以說它是對斯坦西爾報導中所稱的一艘外星飛船在 1953 年於金曼附近墮毀事件的證實。這份文件事實上是作為對與埃本人的長期關係如何發展，以及逆向工程計劃如何開展的解釋的一部分，它與斯坦西爾報導的差異

在於它提到飛船共承載 4 個外星實體，其中 2 個殘廢，2 個狀況良好，只是有些困惑，而斯坦西爾則沒有提到活口。

文件的作者聲稱，知道另一艘外星飛船正在積極監視墮毀飛船的回收，儘管當時我們的人員還不知道這一點。推測這飛船當時是錯過了其目的地，因降落到一處不適當地點而墮毀，該回收的飛船最終被帶到內華達州測試地點（即 51 區）。因此可以合理地認為，該飛船原先預定的降落地點是墮毀地點西北方 200 哩之遙的 51 區。[104]

這個會合點（51 區）預先被安排的可能性說明了，為什麼回收人員如此迅速地到達離會合點不太遠的墮毀處。顯然，回收小組一直在整個亞利桑那州——內華達州地區保持警惕那些預計可能會發生的各種不幸事件，而這也意味著事件前後，軍方一直與外星人有著直接聯繫。金曼外星人最後被帶到洛斯阿拉莫斯國家實驗室，進行醫療照顧。這意味著他們也是埃本族類。[105] 美國軍方與埃本人之間因金曼事件而促成了雙方的合作關係，約莫在 1953 年 11 月，軍方在外星人協助下以回收的金曼飛船為模型，開始在 51 區啟動其開發反重力飛船的逆向工程計劃。[106]

上文提到的 51 區又稱格魯姆湖（Groom Lake），位於內華達州南部，在拉斯維加斯西北方偏北 83 哩。它是美國空軍（USAF）高度機密飛行器與武器的測試和訓練場址所在，其周邊地區則是一處受歡迎的旅遊勝地。過去 51 區並沒有如此負盛名，自從 80 年代初鮑勃·拉扎爾（Bob Lazar, 1959-）曝光外星飛行器與逆向工程的業務機密後，該區頓時熱絡起來，迄今歷久不衰，但拉扎爾卻從此交了霉運，不僅丟了 51 區的工作及此後找事諸多不順，且日後生活處處受到監視。下文且來探索逆向工

程相關的一些課題，並看看拉扎爾是如何曝光 51 區（及 S-4 設施）的驚天祕密。

# 註解

1. Joseph Montoya and the Roswell Alien Bodies，By Billy Booth, About.com Guide

   http://ufos.about.com/od/ufocrashes/a/montoya1.htm

2. Ibid.

3. Release #36: The UNtold Story of EBE #1 at Roswell

   http://www.serpo.org/release36.php

4. 英國人在拼寫灰色（或灰人）時使用「Grey」，而美國人在拼寫灰色（或灰人）時使用「Gray」，兩者的拼寫法都屬正確。Branton, The Dulce Book, Chapter 31（p.353），Confessions of an FBI "X-File" Agent. http://www.thewatcherfiles.com/dulce book.htm, Accessed on 6/2/2019

5. Joe Lesearne, Zeta 2 Reticuli:Home System of the Greys. Edited by Ken Wright. Gravitywarpdrive.com/Zeta_2_Reticuli.htm – accessed on 5/30/2020

6. LINDA LACINA, How Betty and Barney Hill's Alien Abduction Story Defined the Genre：Their account, recovered with the help of hypnosis, detailed extensive medical exams, including a crude pregnancy test. UPDATED: JAN 15, 2020；original: Dec 13, 2019

   希爾夫婦的綁架故事見以下網址：

   https://www.history.com/news/first-alien-abduction-account-barney-betty-hill

貝蒂‧希爾受催眠的真實錄像見

https://youtu.be/SmDxXcRCkN4（8/14/2020 accessed）

7. 有關 Zeta 2 Reticulum 4 的基本數據見：

Joe LeSearne（Edited by Kerf Wright），ZETA 2 RETICULI: Home System of the Greys？

https://www.gravitywarpdrive.com/Zeta_2_Reticuli.htm

8. 萊特‧帕特森的外國技術處（FTD）在 1992 年改名為國家航空航天情報中心（National Air and Space Intelligence Center，簡稱 NASIC），它也是藍屋（Blue Room）的備案辦公室，它一直負責分析羅斯威爾的 UFO 墮毀碎片，其明確使命為「收集和分析有關航空和航天領域當前和預計威脅的特殊性全國情報」。

見 Anthony Bragalia， Opening The Door To 'The Blue Room' - Where UFO Debris is Hidden，

https://www.theufochronicles.com/2012/06/opening-door-to-blue-room-where-ufo.html

9. 「影子政府」的解釋見第 10 章第 1 節內文。

10. Chris Stone, The Revelations of Dr. Michael Wolf on… The UFO Cover Up and ET Reality, Oct. 2000.

https://www.bibliotecapleyades.net/sociopolitica/esp_sociopol_mj12_4_1.htm

11. 馬塞爾少校的兒子小傑西‧馬塞爾（Jesse Marcel, Jr.）認為，羅斯威爾墮機是發生在 1947 年 6 月中旬，而家住科羅納附近的牧場領班威廉‧布拉澤爾（William 「Mac」 Brazel）則是在 6 月 14 日或其左右發現大量的「碎片」。

（Marcel, Jesse Jr., and Marcel, Linda. The Roswell Legacy:

The untold story of the first militaryofficer at the 1947 crash site. Career Press（Pompton Plains, NJ）, 2009, p.20）

12. 布蘭頓提供了關於橙色 ET 的另種信息。據報導，橙色 ET 是類人生物，有紅色、莖狀的頭髮，並且在某些情況下它們可能受到了爬虫人（reptilian）多種遺傳基因的基因篡改和插補，使其成為準雜交人種。橙色 ET 具有外部生殖器官，並且顯然能夠與其他「類人生物」種族交配，它們來自距地球 5.9 光年的伯納德星系（Bernards Star System），在某些罕見的情況下，它們的面部毛髮與鬍鬚等也很常見。總之，橙色雜交種比其他雜交種更像「類人生物」。（Branton, The Dulce Book, Chapter 27:

Dulce And The Secret Files of A U.S.Intelligence Worker. p.282.）

13. Chris Stone, 2000, Op. Cit.

14. Release 32, http://www.serpo.org/release32.php

15. 所謂「桑蒂利影片」是企業家雷·桑蒂利（Ray Santilli）於 1995 年所發佈的一部長達 17 分鐘的羅斯威爾黑白屍檢電影（Roswell Autopsy Footage），它描繪了美國軍方對外星人進行的祕密屍體解剖過程，因而引起全球關注。電影膠片據稱是由一位退休並希望保持匿名的軍事攝影師提供給他的。但 2006 年桑蒂利承認這部電影並非真實電影，而是他於 1992 年觀看過的鏡頭（footage）的上演重建（staged reconstruction）。他雖聲稱電影中嵌入了幾幅原始圖像，但他從未具體說明究竟哪些是原始圖像，而所謂屍檢的原始膠卷的存在則從未得到獨立驗證。後來得知，桑蒂利屍檢影片是電影製作人斯皮羅斯·馬拉斯（Spyros Melaris）帶領團

隊，在倫敦北部卡姆登市（Camden）當時女友的房屋中拍
攝的黑白相間的膠片，它使用的道具是填塞內臟的泡沫外星
人雕塑。

16. Chris Stone, 2000, op. cit.

17.傑西回憶，後來他與其父交談撞擊地點時曾聽到父親說，碎
片物質從撞擊點開始往外擴散，散布成一片長 3/4 哩及寬 200
呎至 300 呎的三角形區域。至於碎屑量，其數量應不會少，
因軍方必須使用大型貨櫃運輸機──C-54 Skymaster 運載。駕
駛員亨德森上尉（Cap. Henderson）的家屬後來在受訪時曾透
露，亨德森事實上可能看到過外星人屍體。

（Marcel, Jesse Jr., and Marcel, Linda., op. cit., p.61）

18.「Interview with W.W.「Mac」 Brazel 」，Roswell Daily
Chronicle, July 9, 1947

http://www.roswellfiles.com/Witnesses/brazel.htm

19. 傑西說，他清楚記得，其父在提到這些碎片時用了「飛碟」
（flying saucer）這個字眼。

（Ibid.）

20. Marcel, Jesse Jr., and Marcel, Linda., op. cit., p.54

21. Ibid., p.61

22.「Roswell author who said he handled UFO crash debris dies at
76」，

Associated Press in Helena，published on Wed 28 Aug 2013
14.53 EDT

https://www.theguardian.com/world/2013/aug/28/roswell-jesse-
marcel-dies

23. Marcel, Jesse Jr., and Marcel, Linda., op. cit., p.56

24. Ibid., p.59

25. 以上碎片先運到福特沃思空軍基地的說法是根據小傑西的回憶（Ibid., p.65）。若是根據科索，「羅斯威爾墮機之後，第509 轟炸機聯隊的比爾‧布蘭查德上校令人將外星飛船的碎片裝箱，用專車運到布利斯堡（Fort Bliss），由雷米將軍的屬下決定碎片的最終處置方式」。（Corso, Philip J., Col（Ret.）and Birnes, William J., The Day After Roswell. Gallery Books（New York, NY），1997, p.61）

布利斯堡與福特沃思空軍基地兩地相距約 600 哩，如果碎片須由雷米本人檢視，則應運至福特沃思空軍基地，而非布利斯堡。原因是雷米於 1947 年 1 月擔任第八空軍的臨時準將，他同時也是當時被稱為福特沃思（Ford Worth）陸軍機場的卡斯韋爾空軍基地（Carswell AFB）的指揮官。他是當年晚些時候為羅斯威爾不明飛行物事件中墜毀飛船的性質作出改變的關鍵人物。1947 年 7 月 8 日，他當時手裡拿著電傳拍下了著名的照片，UFO 學家們認為，這可能證實了他的掩蓋。這張照片雖經過了很多分析，但得出的結論卻很少。（https://en.wikipedia.org/wiki/Roger_M._Ramey）

科索提到碎片運到布利斯堡之事，若有此事，則表示從羅斯威爾運到福特沃思陸軍機場的碎片並非唯一的一批。

26. 1924 年，代頓市購買了 4,500 英畝（1,821 公頃）的土地，這是 Fairfield Air Depot 於 1917 年租賃給威爾伯‧萊特菲爾德的一部分，另外在西南部的蒙哥馬利縣（現為河濱（Riverside）的一部分）又增加了 750 英畝（300 公頃）的土地 。為了紀念兩個萊特兄弟，合併後的地區被命名為萊特菲爾德（Wright Field）。

27. Corso and Birnes, op. cit., pp.61-64

28. 前情報官馬塞爾於 1986 年去世，享年 79 歲。

29.Leonard H. Stringfield, 《Situation Red, the UFO Seige！》，Doubleday Publishing（New York, NY）, 1977

30. 不明飛行物互助網路（Mutual UFO Network，縮寫為MUFON）是位於美國的非營利組織，由研究所謂的不明飛行物目擊事件的平民志願者組成。它是同類組織中歷史最悠久與規模最大的組織之一，在全球擁有 4000 多個成員，在超過 43 個國家和美國 50 個州都設有分會和派駐代表。

31. Klass, Philip J., The Real Roswell Crashed-Saucer Coverup. Prometheus Books（Amherst, New York）, 1997, p.25

32. Kasten, Len. The Secret History of Extraterrestrials: Advanced Technology and the Coming New Race. Bear & Company（Rochester, Vermont）, 2010, p.51

33.從羅斯威爾（德州）往南到布利斯堡（德州）約 201.1 哩（車程 3 小時 26 分鐘）；從布利斯堡（德州）到萊利堡（堪薩斯州）約 824.2 哩（車程 13 小時 27 分鐘）；從萊利堡（堪薩斯州）往東到萊特帕特森（俄州）約 740 哩（車程 11 小時 18 分鐘）。

34.Corso and Birnes, op. cit., pp.32-35

35. 「六指頭」的說法是根據科索的原著（頁 34），其上寫的是「six-fingered hands」，這句話我的理解它是「每隻手各有 6 根手指頭」。然而根據 ROSWELL ALIEN REVERSE ENGINEERING TO HUMAN TECHNOLOGY ✪ Engineering Channel HD

https://www.youtube.com/watch?v=nkuYzRtTeTY

162

midAccessed on 11/10/2020

以上的錄影專門介紹科索的個人生平，特別是他涉及外星人與逆向工程的情節，該錄影提到科索看到的是四指外星人屍體。此外，再根據科索目睹到生物屍體時同時看到的陸軍情報文件（科索原著頁 35），它描述該生物屍體是 1947 年 7月 6 日那週早些時候墮毀在新墨西哥州羅斯威爾的一艘飛船上的乘員，該次事件後來經查明包含兩艘互撞的飛船，軍情局的信息指出，兩艘飛船屬於同一外星族類（見本章後文），他們都是四指的埃本人。但邁克爾‧沃爾夫博士卻認為，該次事件中有一艘飛船是來自六指橙色人，令一艘是來自四指灰人。因此若據沃爾夫博士的說法，科索的目擊應該無誤，他當時看到的可能是六指橙色人。然而若據軍情局的信息，則無法解釋科索的目睹。一般在正常情況下，文件有可能裝錯木箱，但科索卻不可能將四指看成六指，故我認為科索看到的應是六指外星人，而非四指外星人。應注意的是，羅斯威爾事件僅有四個外星人屍體（即僅須用四個木箱就夠），但 1947 年 7 月 6 日星期日下午送達堪薩斯州萊利堡陸軍基地的木箱同一梯次的卡車竟多達三十多個，可見由卡車裝載的生物屍體可能包括 5 月 31 日及 7 月 6 日或稍早不同墮毀日期的外星人屍體，其中可能包括六指橙色人，而科索正巧就看到了它。

mid36. Klass, 1997, op. cit., pp.69-73

37. Kevin D. Randle and Donald R. Schmitt, The Truth about the UFO Crash at Roswell, M. Evans & Company（Lanham MD），1994

38. Corso and Birnes, 1997, op. cit., pp.97-98

mid**外星人傳奇（首部）**
不明飛行物與逆向工程

39. BRIEFING OFFICER: ADM. ROSCOE H. HILLENKOETTER
（MJ-1） http://luforu.org/eisenhower-briefing/

40. Ibid.

41. Carey, Thomas J. and Donald R. Schmitt. Inside the Real Area 51: The Secret History of Wright-Patterson, New Page Books （Pompton Plains, N.J.）, 2013, p.81

42. Anthony Bragalia,Deep Secrets of a UFO Think Tank Exposed, originally published July 2009, copyright 2020.
https://www.ufoexplorations.com/deep-secrets-of-ufo-think-tank

43.1975 年 3 月 28 日參議員戈德沃特在致施洛莫・阿農 （Schlomo Arnon）的信中提到，約在 10 或 12 年前他試圖 進入萊特・帕特森的「藍屋」，但被李梅將軍拒絕。

44.Carey and Schmitt, op. cit., p.85

45.Anthony Bragalia, Opening the Door to 'The Blue Room' -Where UFO Debris is Hidden, June 14, 2012
https://www.theufochronicles.com/2012/06/opening-door-to-blue-room-where-ufo.html

46. Ibid.

47. Ibid.

48. Carey and Schmitt, op. cit., pp.90-91

49. Carey and Schmitt, op. cit., p.165

50.1991 年 7 月 9 日薩福宣誓書及 1991 年 8 月 14 日瑪麗宣誓 書，見 Karl T. Pflock, Roswell in Perspective, Fund for UFO Research, 1994；also in
http://www.roswellproof.com/henderson.html

1991 年 5 月 1 日約翰‧克羅姆施羅德宣誓書見 Kevin Randle, Roswell UFO Crash

Update, 1995, Global Communications；also in

http://www.roswellproof.com/henderson.html

51. 約翰‧克羅姆施羅德宣誓書（同上）。

52. John Tiffany, personal interview, 1989. 轉引自 Carey and Schmitt , op. cit., p.166

53. Carey and Schmitt, op. cit., p.169

54. Whitley Strieber, The Goldwater UFO Files and the Mystery of the Cover-Up, March 6, 2012

https://www.unknowncountry.com/whitleys-journal/the-goldwater-ufo-files-and-the-mystery-of-the-cover-up/

55. Arthur Exon, telephone interviews, 1990, 1991, 1994；personal interview conducted with Gen. Exon at his retirement village in Irvine, California, 2000. 轉引自 Carey and Schmitt, op. cit., pp.168-169

56. Whitley Strieber，March 6, 2012，op. cit.

57. Kevin D. Randle and Donald R. Schmitt, The Truth about UFO Crash at Roswell, M. Evans and Company（Lanham MD），1994. 轉引自 Carey and Schmitt, op. cit., p.169

58. Carey and Schmitt, op. cit., p.261，Chapter 13, Notes 15

59. Carey and Schmitt, op. cit., p.170

60. Friedman, Stanton T., MSc. Top Secret/MAJIC, Marlowe & Company（New York, NY），1997, p.21

61. Friedman, op. cit., p.23

62. Dorsey III, Herbert G. Secret Science and The Secret Space Program. Hebert G. Dorset III Publishing, 2015, pp.87-88

63. Transcript Released Detailing CIA Briefing President Reagan On Alien Encounters. http://serpo.org/release27a.php

64. Branton（aka Bruce Alan Walton）. The Dulce Wars: Underground Alien Bases & the Battle for Planet Earth. Inner Light / Global Communications, 1999, pp.30-31

65. Release 35 – The FBI-Roswell UFO Crash Memo Clarified！
http://www.serpo.org/release35.php

66. **Transcript Released Detailing CIA Briefing President Reagan On Alien Encounters.**
https://www.disclose.tv/transcript-released-detailing-cia-briefing-president-reagan-on-alien-encounters-312340
The transcript was originally coming from
http://serpo.org/release27a.php

67. Release 35, op. cit.

68. Ibid.

69. Ibid.

70. 桑迪亞基地於 1971 年被合併入柯特蘭空軍基地（Kirtland AFB）。

71. 1952 年 11 月 19 日 MJ-12 成員——海軍上將（Admiral Roscoe Hillenkoetter）羅斯科・希連科特向艾森豪威爾總統提交了最高機密——MAJIC 初步簡報，這份文件可以找到 MJ-12 的 12 名原始成員名錄，他們的姓名如下：
Vannevar Bush（博士）, Roscoe H. Hillenkoetter（海軍上將）, James V.Forrestal（國防部長）, Nathan F. Twining（將

軍）, Hoyt S.Vandenburg（將軍）, Detlev Bronk（博士）,
Jerome Hunsaker（博士）, Sidney W. Souers（先生）,Gordon
Grey（先生）, Donald Menzel（博士）, Robert M. Montague
（將軍）, Lloyd V. Barkner（博士）（見 BRIEFING
OFFICER: ADM. ROSCOE H. HILLENKOETTER（MJ-1）
http://luforu.org/eisenhower-briefing/）

72. Tron, Roswell Revisited – Colonel Phillip J. Corso,
https://www.ufologyonline.com/2018/09/09/roswell-revisited-
colonel-phillip-j-corso/Also see: https://youtu.be/jAfTY7NuceQ
（Accessed on 12/08/2018）

73. Corso and Birnes, op. cit., p.97

74.William J. Broad, *Senator regrets role in book on aliens*, New
York Times, June 5, 1997, Retrieved on August 1, 2008

75. Corso and Birnes, op. cit., pp.47-48

76. Corso and Birnes, op. cit., p.49

77. Corso and Birnes, op. cit., p.50

78. Corso and Birnes, op. cit., pp.99-100

79. 沃克空軍基地（Walker AFB）是美國空軍的一個封閉基地，
位於新墨西哥州羅斯威爾中央商務區以南 3 哩（5 公里）或
羅斯威爾市以南 8 哩。它是第 509 合成集團，第 6 炸彈聯隊
的總部。

前沃克空軍基地，也稱為羅斯威爾陸軍航空兵基地，它於
1941 年開放作為陸軍航空兵的飛行學校，並在第二次世界大
戰和戰後時期作為羅斯威爾陸軍航空場（Army Air Field）
活躍。在冷戰初期，它成為戰略空中司令部的最大基地。它
也因羅斯威爾 UFO 事件而聞名，該事件發生於 1947 年 7 月

4 日。據稱,「飛盤」在新墨西哥州科羅納基地附近的雷暴天氣中墜毀。直到 1949 年 6 月,陸軍航空兵團一直利用該機場,之後將其轉移到空軍部,此後稱為沃克空軍基 地,越南戰爭期間的資金縮減導致該基地於 1967 年關閉。

https://en.wikipedia.org/wiki/Walker_Air_Force_Base

80. Corso and Birnes, op. cit., p.102

81. Corso and Birnes, op. cit., pp.103-105

82. Corso and Birnes, op. cit., p.105

83. Corso and Birnes, op. cit., p.106

84. 沃爾特‧里德陸軍醫療中心（Walter Reed Army Medical Center,WRAMC）,它成立於 1909 年 5 月 1 日,而於 2011 年 8 月 27 日與馬里蘭州貝塞斯達的國家海軍醫學中心 合併,組成了由三軍組成的沃爾特‧里德國家軍事醫學中心（WRNMMC）。

https://en.wikipedia.org/wiki/Walter_Reed_Army_Medical_Center

85. 它目前的名稱是沃爾特‧里德國家軍事醫學中心（Walter Reed National Military

Medical Center at Bethesda, MD; 簡稱 WRNMMC）

86. The UNtold Story of EBE #1 at Roswell, Project SERPO Release #36.

http://www.serpo.org/release36.php

87. Ibid.

88. Bill Cooper, A Covenant With Death,（Commentary from research Barbara Ann-- File No. 005）

http://galactic2.net/KJOLE/NCCA/cooper.html

89. SIGMA 計劃最初是作為 Gleem 計劃的一部分，它成立於 1954 年，1976 年它成為一個單獨的計劃。其任務是與外星人建立聯繫。1959 年，美國與外星人終於建立了原始的通訊聯繫，該計劃取得了積極的成功。1964 年 4 月 25 日，美國空軍情報人員在新墨西哥州預先安排的地點會見了兩名外星人。接觸持續了大約三個小時。根據 EBE 留給我們的外星人語言，空軍當局設法與兩個外星人交換了基本信息。該計劃後來在新墨西哥州的空軍基地繼續進行。（見 **PROJECT AQUARIUS**，http://www.serpo.org/aquarius.php）

90. 據中情局老特工「管理人」在雷根總統的簡報中稱，埃本人的平均壽命約 350–400 地球年。

    **RELEASE 27a - Reagan Briefing**

    http://www.serpo.org/release27a.php

91. 見 https://youtu.be/Avy6HGv4Ao4 （Accessed on 5/30/2019）

92. Bill Cooper，op.cit.

93. Michael Wolf，The Catchers of Heaven: a Trilogy，CreateSpace Independent Publishing Platform，December 15, 1996.轉引自 The Dulce Book, Chapter 32, Revelations of an MJ-12 Special Studies Group Agent, p.388.

    http://www.thewatcherfiles.com/dulce/chapter32.htm

94. Corso and Birnes, op. cit., p.107

95. Corso and Birnes, op. cit., pp.108-109

96. Edgar Rothschild Fouche，Presentation - International UFO Congress **- Secret Government Technology -** Laughlin, Nevada 1998,

https://www.bibliotecapleyades.net/ciencia/ciencia_extraterrestri altech06.htm Accessed 6/8/19

97. 地球的逃逸速度是 11.2 公里/秒，每小時 7000 哩約相當於 128.3 公里/秒。

98. Corso and Birnes, Op. Cit., p.110

99. Anthony Bragalia, Roswell and The Quest for Physical Evidence, originall published Feb 2013.
    https://www.ufoexplorations.com/roswell-quest-for-physical-evidence

100. Mark Nothaft, Did a UFO crash in Kingman in 1953?
     Published 7:04 a.m. ET Nov. 15, 2016
     https://www.usatoday.com/story/news/local/arizona-contributor/2016/11/15/did-ufo-crash-kingman-1953/93828300/

101. Ibid.

102. UFO Crash in Arizona, 1953
     https://www.ufocasebook.com/Arizona.html

103. Mark Nothaft, op. cit.

104. Kasten, 2010, op. cit., p.76

105. Kasten, 2010, op. cit., p.78

106. Kasten, 2010, op. cit., p.80

# 第四章 51 區與逆向工程

　　51 區（及臨近的 S-4 設施）的逆向工程，首先值得一提的當然是外星及納粹德國的圓盤飛行器。洛克希德臭鼬工程（Lockheed Skunkwork）第二任總監（1975-1991）賓·里奇（Ben Rich, 1925-1995），他曾負責監督隱形戰機 F-117A 夜鷹的發展，去世前他對不明飛行物和外星人的現實做了一些令人震驚的公開聲明：

　　「我們已經有了在星際之間旅行的工具，但這些工具所涉及的技術被鎖定在黑計劃中（按：黑計劃即是不能公開的計劃，詳情見第 10 章），並且須要上帝的行動才能讓他們出頭以受益於人類。你能想像的任何東西，我們都知道怎麼做。」又說：「我們現在有技術將外星人帶回家。不，這不會佔用一個人的一生。方程式中存在錯誤，我們知道它是什麼。我們現在能進行星際旅行。」[1]

　　賓·里奇的聲明反證了反重力飛行器應是逆向工程的重要部分，若非如此，人類哪來星際航行能力？美軍大型三角形反重力飛行器 TR-3B 是當下一件逆向工程的耀眼產品。據黑計劃國防工業一位涉嫌的局內人埃德加·富奇在他與布拉德·斯泰格（Brad Steiger）於 2016 年合著的《外星人的狂喜：抉擇》（Alien Rapture：The Chosen）一書中對 TR-3B 的介紹，他聲稱與一般人想像不同的是 TR-3B 沒有反重力推進系統，僅使用比

費爾德・布朗（Biefeld-Brown）效應來產生強磁場，使自身重量減輕 89%；它並使用核動力推進系統，以產生驚人速度。[2]

逆向工程的第二大項目就是俗稱「金屬橡膠」（Metal Rubber）的開發，它原是 1947 年羅斯威爾不明飛行物墮毀現場的碎片，稍後成為「形狀記憶合金」或「變形金屬」（如 Nitinol）的概念和技術推動力。此種記憶合金可用於未來先進航天器的開發，例如有一天它可能被用作「自我修護的航天器皮膚」的基礎，即它可自我修護。這種材料也可以「自我偽裝」，以使它能混淆旁觀者。[3]

此外，曾任朝鮮戰爭期間道格拉斯・麥克阿瑟將軍的情報官與艾森豪威爾總統國家安全委員會成員，以及 1960 年代初五角大樓陸軍研究與開發部門的外國技術處負責人菲利普・科索上校（退休），在其書《羅斯威爾之後的日子》（1997）中聲稱，他領導了一項超級祕密的逆向工程計劃，該計劃將外星科技播種到 IBM、休斯飛機公司（Hughes Aircraft）、貝爾實驗室和道康寧（Dow Corning）等美國公司。他描述了在羅斯威爾飛行器上發現的設備，以及它們如何成為當今集成電路芯片、光纖、激光、夜視設備、超韌性纖維、隱形飛機技術以及星際大戰「粒子束」裝置的前導技術。[4]

據以上敘述，美國反重力飛行器的逆向工程與測試幾乎都是在 51 區及 S-4 設施進行，而其餘的項目則分別在民營公司與國家實驗室或研究所進行。下文首先敘述反重力飛行器的逆向工程進展，並述說這些一向保密的逆向工程內情究竟是如何曝光的。

## 4.1 51 區與鮑勃・拉扎爾的故事

　　成立於 1955 年的 51 區不會僅僅是為了測試及逆向工程外國或外星飛碟，它的另一個重要用途是測試用於對抗蘇維埃集團的祕密間諜飛機，如在洛克希德公司成立初期的 1950 年代，它與 CIA 簽約，製造 U-2 偵察機，並參與其他我們只能推測的超級祕密實驗。在帕波斯（Papoose）山的另一側，格魯姆湖西南約 10 哩處是帕波斯乾湖，這就是 S-4 設施的所在地，該設施藏身在帕波斯山的內部。地下設施有多個層次，第一層包含祕密飛機和飛碟，它們存放在機庫中，從外面看像是山的一部分。機庫的門開啟後飛機或飛碟可以從山內部飛出來。第二層是用餐和會議區，第三層收容了 MJ-12 人員，第四層安置了外星人。第五層是實驗室，外星人和人類在這裡共同研究各種技術和遺傳學。

　　CIA 對 51 區的安全負全部責任，它對於誰能使用這裡的設施具有完全控制權。CIA 計劃局（Directorate of Plans）擁有資源和人員，有能力將外星技術設施從萊特・帕特森轉移到 S-4，CIA 反情報部門則確保這樣做不會有任何機密洩露。現在已經完全保密了，連美國總統都不知道 51 區發生了什麼，至於 S-4 則外界所知更少。

　　此時讓艾森豪威爾最覺扼腕之事是 MJ-12 與總統的關係，S-4 設施完成之後，MJ-12 辦公室（在 S-4 設施內）與總統辦公室（在華盛頓特區）從此分隔兩處，總統對 MJ-12 的控制權減弱。1958 年艾森豪為了想知道外星人計劃的進展，他召喚一名 CIA 特工（即後文將要提到的斯坦因/庫伯）及其老闆到橢圓形

辦公室會面，當時陪伴艾森豪的人是副總統理查德·尼克松（Richard Nixon）。總統解釋道：

「我們從 51 區和 S-4 召集了 MJ-12 人員，但他們告訴我們，政府對他們的所做所為沒有管轄權……我希望你和你的老闆能飛到那裡。我要你給他們一個私人信息……我要你告訴他們，無論是誰負責的，要他們下週來華盛頓向我報告。如果他們不這樣做，我將下令科羅拉多州的第一軍殺過去，接管基地。我不在乎得到哪種機密材料，我們將把整個機構拆散。」

CIA 特工和他的老闆去了 51 區，轉達了艾森豪威爾的信息，然後他們被允許參觀飛碟，並在 S-4 看到灰人外星人。回到華盛頓特區之後，CIA 特工及其老闆向總統彙報他們在 51 區及 S-4 看到的東西，這次總統是由聯邦調查局局長埃德加·胡佛（J. Edgar Hoover）陪同。CIA 特工發現，當聽完報告後艾森豪威爾的身體明顯地抖動。軍工複合體（Military Industrial Complex, 簡稱 MIC）的祕密部門正在與 CIA 和外星人合作，執行美國總統幾乎無法控制的方案。與艾森豪威爾所擁有的權力相比，後來的總統將更沒有能力去發現 51 區與 S-4 正發生的事情。MJ-12 以及與之合作的公司其行事如此有效率，這已超出美國憲法政府的控制範圍，針對這種情勢，艾森豪威爾在一場離任演講中曾警告 MIC 的危險。[5]

1962 年，51 區開始測試 SR-71（黑鳥）戰略偵察機及 CIA 的 A-12 偵察機，同時許多基於艾爾伯特·愛因斯坦（Albert Einstein）及尼古拉·特斯拉（Nikola Tesla）理論的反重力研究計劃也紛紛啟動。1985 年 51 區開始試飛 F-117A（夜鷹）隱形攻擊機。必須要理解的是，以上這些飛行測試只是為了掩護在絕密的地下地區正在進行的更先進的技術測試與試驗，它們包括由

軍情機構主導的鳳凰計劃（Project Phoenix），及逆向工程擄獲的外星飛船。[6] 一名祕密計劃前僱員埃默里・史密斯（Emery Smith）針對以上做了一些披露，據其描述，他從 1992 年至 1995 年在柯特蘭空軍基地擔任外科急救助手時曾參與一個高度的計劃，當時除了常規的軍事任務外，他還參加了一家公司管理的機密計劃，工作中他檢查了大約 3000 種從非人類實體中提取的組織樣品，他還說他接觸過大約 250 個外星屍體。[7]

他說，他與指揮官在機密計劃中結為朋友，該計劃涉及對地外組織樣品和屍體的醫學檢查，最終指揮官邀請史密斯參觀了保存在柯特蘭空軍基地的一艘捕獲的外星飛行器。關於此點，戴維・威爾科克（David Wilcock）在採訪中向史密斯詢問了何種安全協議得以使他進入存在於柯特蘭空軍基地安全地下室的外星飛行器。史密斯說，「如果您由高權限人士陪同，則一項規定是：在很多時候出於緊急原因，您必須非常快地去某些地方。而且只要陪同您的人士其權限高於您，那麼法律責任和一切⋯⋯的責任就落在那個陪同的人身上。」指揮官最終向史密斯展示了被捕獲的外星飛船，它被安置在地下機庫操作房。在那裡軍方試圖對飛行器進行逆向工程及最終複製它。該飛行器呈菱形，體積不大，可能不超過 18 輪大型半拖車大小。[8]

可能是因史密斯在《宇宙披露》（Cosmic Disclosure）的採訪中吐露太多真相，或者其他原因，他隨後遭到撞車襲擊，並因此進入急診室。此外，他的狗也遭綁架，並被丟棄在公路上。[9]

51 區受著嚴密的監視和電子監控，負責巡邏該區的是瓦肯胡特（Wackenhut）組織，它所擁有的美國人私人檔案數量超過政府以外的任何其他組織。眾所周知，瓦肯胡特的手指在國際上很多頂級餡餅中都佔有一席之地。接近 51 區的邊界時，很少有

人願意在柵欄上圍著的太陽能攝影機、機動巡邏隊和「授權使用致命武力」的威脅性標誌前去冒險。除此，還有許多每隔幾呎就安置一具的電子傳感器，它被用於檢測該區未經授權的無線電傳輸，以及檢測其他能吸收汽車震動的傳感器。[10]

　　51 區的監視設備除了以上一些較傳統的安排，前美國軍事情報員及多本 UFO 類書作者「X 司令」（Commander X）還提出另一種高科技設施，那就是使用小型反重力 UFO 或球狀體來進行監視。一些研究人員報告說，當他們在這些受限制區域內或附近時，這些東西會跟隨他們。X 司令本人在 51 區 和其他地點附近觀察到這些小型監視設施，出於種種顯而易見的理由，他不建議嘗試與它們密切接觸。這些小型機器人飛碟，它們可能有一天會脫離最高機密的保留區，而被應用到控制農村或城市地區的民眾，這種可能性在「非致命武器」的政府報告中已被提及。[11]難以置信的是，51 區不存在實際的政府機構，為了避免受到國會監督及法律對正在進行的事情的嚴密審查，51 區只是私下租給了許多其他情報機構和公司，如 CIA 和海軍情報局與洛克希德（Lockheed）等私營公司。

　　以上提到的種種大皆與 51 區相關，其中的敘述鮮少觸及 S-4 設施，從地裡位置看 51 區與專門從事外星與外國飛行器逆向工程與製造的 S-4 設施是兩個不同的區塊，S-4 設施位在 51 區以南 10 哩處。鮑勃・拉扎爾聲稱，S-4 設施毗鄰帕波斯湖，後者位於格魯姆湖（51 區）以南數哩處。看來 51 區與 S-4 設施在地理位置上應是互為毗鄰，但並非重疊的地理區域，然而在一般的稱呼上，往往將 51 區與 S-4 設施混為一談。

　　S-4 設施的土地產權在 50 年代初原為能源部擁有，在 S-4 設施被創建之前，外星及其他相關技術的研究與逆向工程原在美國

空軍與美國海軍設施進行，如萊特空軍基地與中國湖（China Lake）海軍設施等。S-4 設施出現之後情形改變了，1955 年在羅斯福主政時期，該設施的土地所有權從能源部轉移到 CIA。所有權入手之後，CIA 立即在格魯姆湖興建了間諜飛機設施，它被作為掩護毗鄰帕波斯湖設施的更高等級的 S-4 設施中從事的工作。而洛克希德‧馬丁公司和其他主要的軍事承包商則協助開發了 CIA 的後續間諜飛機 U-2、SR-71 和 OxCart，同時還協助研究與逆向工程了 S-4 設施的外星人和其他先進技術。到了 1958 年 S-4 設施收容了 4 艘被捕獲的納粹飛碟及 3 艘外星飛船。[12]

　　1989 年除少數航空愛好者外，內華達州境外幾乎沒有聽說過一處叫「51 區」的地方，但如今如果您向任何人提起 51 區或格魯姆湖這個名稱，大部分人都會立即知道您說的是何處。不但如此，一些科幻片（如電視節目 X-Files）也經常以這個神祕基地所發生的事情來刻劃其情節，而所有這一切都是由鮑勃‧拉扎爾這個人觸發的。拉扎爾 30 年前在當地電視新聞 KLAS-TV 頻道接受調查記者喬治‧納普（George Knapp）的採訪後，一夕之間成為名人。

　　訪談中，拉扎爾講述了一個關於黑暗神祕的地下實驗室和回收飛碟的聽似荒誕不經的故事，其大意是，當他在靠近 51 區的 S-4 設施工作時，作為一個工程師他視察並研究了一些實際的外星飛碟，而非人類起源的飛碟。此外，他並說政府目前正在該設施與灰人外星人合作。根據拉扎爾的說詞，他目擊過 9 艘飛碟，但並非是在 51 區，而是在 S-4 設施。他說大部分的這些飛碟看起來像是新的，其中有一艘其外表就像比利‧邁耶（Billy Meier）描述的飛碟，另一艘看起來像是被某種彈丸擊中了，它的頂底部各有一個大洞。飛碟的內部看起來像是用蠟澆塗過，然

後冷卻下來的，整件東西就像一個沒有粗糙邊緣的鑄模一樣。飛碟內部放著一把 1 或 1.5 呎高的椅子，好像是為小孩準備的。拉扎爾近距離看過的這 9 艘飛碟，包括他工作過的那艘是不屬於塵世的，絕對是屬於外星人。他無法說出當他在測試過程中見到的安置於較遠處的飛碟，究竟是人造的，還是外星的。[13] 上班時拉扎爾坐飛機到格魯姆湖，先在咖啡館內短暫等候，然後坐進窗戶被塗黑的汽車中被帶到 S-4 設施。

　　X 司令在許多場合遇到過拉扎爾，後者曾談到他在 51 區短暫工作的種種，X 司令認為並沒有理由相信拉扎爾沒有說實話。[14] 拉扎爾的說詞吸引了全世界 UFO 愛好者的高度想像力，也點燃了陰謀論者的火焰，使得他往後的生活陷入正反兩方拉鋸的動盪狀態，而世界則憑空多了幾分外星想像色彩。至於拉扎爾出現在廣播電視的主要目的則是出於保護自己的安全。廣播主持人比利‧古德曼（Billy Goodman）說，拉扎爾、比爾‧庫珀（Bill Cooper）和約翰‧李爾（John Lear）的生命都串在同一條線上，而拉扎爾最好的保護就是媒體，這使他得以生存。另一個目的是去糾正他在以前的廣播中聽到的錯誤信息。

　　以上略談了拉扎爾的一點事跡，然而這位吹濁一江春水的年輕人（現在自然不再年輕了）究竟是何方神聖？原來拉扎爾於1959 年 1 月 26 日出生於佛羅里達州科勒爾‧蓋布爾斯（Coral Gables），他宣稱，1988 至 1989 年他在 S-4 設施任物理學家，其任務是從事外星飛船的逆向工程。拉扎爾在 S-4 設施的工作時間雖然短暫，但他卻有幸看到了一些平常人無法看到的東西。就如邁克爾‧薩拉博士所說的，拉扎爾的 UFO 互助網路（MUFON）朋友圈和其個人心理狀況構成了一個重大的危險信

號，預示著他可能破壞安全協議，並最終成為舉報人
（whistleblower）。[15]

51 區的超級祕密部分稱為「S-4」，根據拉扎爾的陳述，美
國政府就是在那個地方試圖對他認為來自「地球以外的其他地
方」的各種圓盤狀飛船進行逆向工程，其中包括被他稱為「運動
模型」（sport model）的飛碟。當 51 區的熱潮達到最高點時，
模型套件公司——Testors 根據該模型尺寸與形狀，發行了 1/48 比
例的玩具飛碟模型。如今事情雖過去多年了，不管別人是否相
信，拉扎爾仍然沒有改變當初他告訴納普的故事。最重要的是他
從未利用自身的經歷從 UFO 演講中獲利，這一點倒是與其他一
些人不同的，特別是斯坦頓・弗里德曼，後者的每場演講都有收
費。此外，很多人也渴望想聽拉扎爾談談他曾經如何握住由元素
115 製成的小圓球的故事。據拉扎爾說，元素 115 是外星人航天
器反重力引擎的主要燃料來源。或者人們也有興趣聽拉扎爾講述
他如何在早期訓練中被要求閱讀一份備忘錄的摘要，該備忘錄概
述了負責回收墮毀 UFO 的機密計劃。其中包括幾千年來外星人
如何一直在纂改我們物種的遺傳物質，這與 UFO 研究員琳達・
莫爾頓・豪聲稱在空軍特別調查辦公室（AFOSI）閱讀到的內容
非常相似。

51 區的存在最終得到美國政府的承認，它參與最先進機密
飛機的測試計劃一事目前已成為公開記錄，但是神祕的 S-4 設施
的存在仍未獲得官方證實。弗里德曼認為，拉扎爾所說的有關
51 區與 S-4 設施的一切自然需要核實，但首先面臨的就是他個
人可信度的問題，據稱，拉扎爾曾對外宣稱他擁有麻省理工學院
的物理碩士學位和加州理工學院的電子碩士學位，他曾是洛斯阿
拉莫斯國家實驗室的「科學家」，並通過著名的物理學家——已

故的美國氫彈之父愛德華・泰勒博士的推薦，在 51 區非常神祕的 S-4 設施獲得了一份 UFO 逆向工程的工作。[16] 據稱他弄清楚了使用元素 115 的航天器是如何運作的，他能從 500 磅可用物質中抽取少量的元素 115，但後來被偷回去了。

事實上，115 元素的半衰期很短，無法累積磅數。2004 年初美國曾宣佈要通過許多星期時間運行一座巨大的歐洲加速器，來生產元素 115 的 4 個原子。因此，若說 1989 年洛斯阿拉莫斯實驗室已擁有 500 磅的元素 115 實屬不可想像。實際上 1989 年元素 115 仍未被科學家發現，但是到了 2004 年，這種超重元素的第一批原子由俄羅斯科學家成功合成，並且它的存在於 2013 年得到正式確認。元素週期表中的此種新添加物被賦與 Ununpentium 的名稱，其化學符號是 $U_{up}$。元素 115 高度不穩定，只能在衰變成其他元素之前存在一小段時間。拉扎爾堅持說，美國空軍擁有 500 磅元素 115，它們是從自然產生的地方獲得的，例如從超新星（Super nova）爆炸，這意味著它是由外星人交給美國空軍。[17]

拉扎爾的宣稱驚世駭俗，其人生也充滿了許多爭議。弗里德曼調查拉扎爾信用的原因在於，後者釋出的消息有真有假，其中假的部分主要來自他的學歷。根據調查，拉扎爾沒有他宣稱的麻省理工學院畢業文憑，沒有簡歷，沒有成績單，沒有專業組織（如美國物理學會）的會員資格，沒有論文，沒有 MIT 或 Caltech 年鑑的頁面。在和弗里德曼的電話訪談中，拉扎爾還提到了位於北嶺（Northridge）的加州州立大學和在加州聖費爾南多谷（San Fernando Valley）的皮爾斯初級學院（Pierce Junior College）。弗里德曼檢查了以上四所學院，僅皮爾斯學院的職

員說他在 1970 年代末在該校修過電子課程，其他三所學校從未聽說過拉扎爾的名字。[18]

拉扎爾說 1988 年 12 月至 1989 年 4 月期間他在 S-4 工作。洛斯阿拉莫斯國家實驗室（LANL）電話簿中帶有拉扎爾（Lazar）名字的頁面清楚地表明，這些人都屬於能源部和外部承包商柯克·邁耶（Kirk Meyer，或稱 K/M）這兩機構僱員。「K/M」之後接著是拉扎爾的名字，這證明拉扎爾是為 K/M 工作，而不是為 LANL，弗里德曼向 LANL 的人事部門查詢了拉扎爾和一個老同事的名字，他們沒有找到拉扎爾，但卻找到了其老同事。[19] 儘管如此，記者喬治·納普（George Knapp）證實了拉扎爾確實曾在 LANL 工作過，即使時間很短，或即使他不是實驗室的編制員工。納普的證實方法是親自飛到洛斯阿拉莫斯國家實驗室，走訪拉扎爾的前同事，後者證實拉扎爾確實曾在該實驗室工作過，雖然實驗室否認他們曾僱用過他。納普的另一個證實方法是利用他的線人對 51 區的某些物流方面進行了測試，這些是只有駐地人員才能知道（例如自助餐廳在哪裡以及員工如何為他們的食物付款等），拉扎爾通過了所有這些測試。此外，比爾·庫珀則說，通過與勞倫斯·利弗莫爾實驗室（Lawrence Livermore Laboratory）以及另一設施的人交談，他證實了拉扎爾曾在確定地點的物理實驗室工作過。[20]

當拉扎爾在 1980 年代中期宣告破產時，他將自己的職業列為自僱電影製片人。拉扎爾的發自海軍情報部門的 W-2 表格，其總收入少於$1000。弗里德曼認為，從收入看他擁有一個科學家的頭銜最多不會超過一星期，因而判定他無法在一星期之內獲得安全通關（security clearance），而這是非常重要的。根據一名祕密計劃的前僱員埃默里·史密斯的描述，在軍工複合公司經

營的軍事基地,其機密計劃中的權限是基於安全通關,而非等級
(rank)來確定的。意思是您可以是上尉,但卻可能具有與上校
或將軍相同的安全通關。您可以是中士,但卻可能與上尉或上校
相同的安全通關。然而要得到相應機密等級的安全通關,卻非短
短數天可得到。

史密斯的敘述與威廉・湯普金斯(William Tompkins)關於
他在第二次世界大戰期間祕密海軍間諜計劃的工作之描述相似。
當時湯普金斯擔任「飛機研究和信息傳播者」所具有的權威遠超
出他作為二等士官(Petty Officer)的低級軍事職級。再如史蒂
文・格里爾醫生(Dr. Steven Greer)提到,他與前太空人埃德
加・米切爾(Edgar Mitchell)於 1997 年曾被海軍上將托馬斯・
威爾遜(Rear Admiral Thomas Wilson)告知,他(指威爾遜)
被公司律師拒絕參加祕密計劃。威爾遜當時是參謀長聯席會議
(Joint Chiefs of Staff)的情報主管,這生動地說明了「等級」
對於獲取接觸高度機密計劃的重要性是不重要的。[21]

弗里德曼認為拉扎爾不是科學家,他甚至無法回答向他提出
的科學問題。但弗里德曼和所有無法理解拉扎爾故事的人們均不
能否認一個非常重要的事實,即在兩個星期的時間裡,拉扎爾成
功地預測了在格魯姆湖上空有奇異光點以非尋常的方式飛來飛去
的樣子,為此事作證的獨立證人包括他的長期朋友基因・霍夫
(Gene Huff)和約翰・李爾,他們觀察並記錄拉扎爾宣稱的 S-4
飛碟的定期測試情形。拉扎爾說,在 S-4 設施進行的 UFO 實驗
飛行是利用遠端控制或由人類飛行員駕駛的,並非由外星人操
作。

至於拉扎爾是否真正得到過泰勒博士的推薦而獲得 S-4 設施
的工作?這一點倒是最關鍵的,也是須要說清楚的。1988 年當

拉扎爾為南加州的飛兆電子（Fairchild Electronics）工作時，當時他是該公司有史以來最年輕的電氣工程師，由於厭倦了公司的攝影實驗室工作，他開始將簡歷發送給各個政府實驗室或相關人士，企望能找到另一項不同的科學工作。他發送的名單包括愛德華‧泰勒博士，這位最接近總統的科學顧問之一。為何拉扎爾找事竟會想到泰勒博士？1982 年泰勒在洛斯阿拉莫斯國家實驗室（LANL）演講時，拉扎爾因提早到達而在課堂上與泰勒有簡短談話機會。當時泰勒正閱讀著當地報紙刊載的一篇有關拉扎爾的個人報導，附有拉扎爾個人照片的文章出現在 1982 年 6 月 27 日的當地報紙——《洛斯阿拉莫斯監控器》（Los Alamos Monitor）的首頁，文章是由該報作家——特里英格蘭（Terry England）所寫。內容主要描述當拉扎爾駕駛本田（Honda）CRX 進行照片傳送時，他在汽車內安裝噴氣發動機的新鮮事。這個報導讓泰勒對拉扎爾有特殊的印象。

拉扎爾不失時機地利用此機會推銷自己，並與泰勒就噴氣引擎等做了簡短交談。1988 年當拉扎爾寄出工作簡歷後不久，他接到泰勒的電話，電話中泰勒傳給拉扎爾一位住在拉斯維加斯的有力人士的名字。拉扎爾打電話給這位人士並與他交談，不久，一家在內華達州測試站擁有高科技權益的公司——EG&G 的職員打電話給拉扎爾，並為他安排面談。由於資歷大材小用，他雖未得到公司聘用，但不久公司僱用他在「外區」（按：即 51 區）進行推進（propulsion）測試計劃。在公司安全人員丹尼斯‧馬里亞尼（Dennis Mariani）的陪同（或監視）下，拉扎爾到了 51 區。在那裡，他必須簽署保密協議，並同意放棄他的憲法權利。這雖是非法的，但保密作業的行政命令透過羅納德‧雷根（Ronald Reagan）總統的簽名而得以生效。除此，拉扎爾還必

須簽署一項協議，允許他的電話線受監視。他在 LANL 獲得
「Q」通關許可，這是最高機密的平民通行證。之後，他與馬里
亞尼登上一輛車窗有遮光玻璃的公交車，沿著一條崎嶇不平的礫
石路行駛了 20-30 分鐘後，到達了一處靠近帕波斯乾湖床的基地
（即 S-4 設施）。

　　S-4 設施是建築物和機庫的組合區，位置在帕波斯山的一
側，該設施的周遭武裝警衛無所不在。剛抵達 S-4 設施時，拉扎
爾被單獨留置在一間簡報室裡閱讀一些資料。當馬里亞尼關上門
讓拉扎爾一個人呆著時，後者從門後看到一張海報，其上繪有一
艘飛碟盤旋在一處乾燥的湖床上，標題是「他們在這裡」。拉扎
爾打開了資料堆最上面的文件夾，紙夾內含有一疊（8x10 張）
包含 9 種不同飛碟的光面照片，其中就有海報上的一張。

　　拉扎爾在 S-4 設施的工作是基於「待命」（即所謂 on
call），他通常每週或每兩週出門一次，而平時則仍然幹其照片
沖印工作。他對自己在 51 區的工作非常保密，只告訴其妻和朋
友他正在做一些須要許可的工作。[22] 許多人確實懷疑拉扎爾是否
真在 S-4 設施待過？記者喬治‧納普對此給出了答案，1990 年 8
月他發現了拉扎爾的 W–2，該單據顯示拉扎爾在 S-4 基地的五
天非連續性工作的收入（在聯邦及州扣除額後其淨週薪為
$958.11）。拉扎爾在 1988 年 12 月開始工作，在新年之前他進
入基地五次。他的僱員編號是 E-6722MAJ，他的徽章是由 S-4
的安全部門簽發。拉扎爾說他擁有「雄偉」通關證（Majestic
Clearance），它高於 「Q」通關證 48 個級別，徽章的底部顯示
該通關證被允許進入的各個不同區域標幟。[23]

　　在拉扎爾開始為 S-4 工作後不久，發生了一些他不知道的事
情，監視他電話線的人員聽到拉扎爾妻子與她的飛行教練間的祕

密談話，因而知悉她的外遇關係。他們知道，如果拉扎爾無意中發現或其妻自行承認，均將使得他的情緒變得不穩定，也將增加其日後違反安全協議的風險。因此他們讓拉扎爾以有限的基礎參與 S-4 的工作，而且增長了兩次工作之間的間隔，這使得拉扎爾覺得沮喪，也讓他感覺哪裡出了問題。這些因素逐漸導致拉扎爾最後決定將其所見告知外界。

雖然拉扎爾的家事引起了 S-4 當局的疑慮，但真正導致 S-4 當局斷絕與他的工作關係之導火索卻是發生在 1989 年 3 月 22 日（星期三），該日黃昏拉扎爾約了幾個朋友沿格魯姆湖公路（375 號公路）行駛至靠近禁區之處參觀飛碟試飛（拉扎爾本人並沒有在車內）。3 月 29 日（下個星期三）黃昏，拉扎爾與其妻及包括吉姆‧塔格利亞尼（Jim Tagliani）與基因‧霍夫兩位友人，帶了相機與望眼鏡等裝備，一起雇車循原先路線又走一趟，這次他們看到了比上次更精彩的影像，此番飛碟帶著耀眼的光芒朝他們迎面而來，並且非常接近他們。4 月 5 日（再下個星期三）黃昏，這批人（拉扎爾也同行）又循原路去了一次，這一次他們被安全警衛攔住。

以上的三次觀察活動（僅 4 月 5 日的最後一次被偵知）拉扎爾曾參與其中兩次，這已是違反安全協議，並引起安全的重大疑慮，S-4 當局因此推遲了高性能的飛碟測試。在此時刻保安當局已無顧慮，他們向拉扎爾展示了其妻與飛行教練男友的電話通話記錄，其實在此之前後者早已知道該事，前者據此認定拉扎爾情緒不穩定，因此撤消其安全通關，但卻說他可以在 6 到 9 個月內重新申請。在失去妻子和作為一個科學家可能擁有的最重要工作之後，拉扎爾的整顆心幾乎心碎了。由於擔心 S-4 安全當局報復，或者說拉扎爾也想報復對方，他決定以側影（silhouette）方式在

電視上講述 51 區內發生的事，這是他決定與喬治‧納普合作，共同揭露 51 區祕密的原因。[24]

　　文章至此，有關拉扎爾在 S-4 設施的戲劇性情節算是做了交待，但內中並未提及讀者最感興趣的部分——外星人及其航天器，這些東西，據拉扎爾的說詞，他在 S-4 期間皆曾涉及。事情原委如下：[25]

　　上文提到，拉扎爾被聘為逆向工程團隊的成員，他的具體工作是協助對推進系統進行逆向工程設計，以查看它是否可以用地球材料複製。在以後的工作日子中，拉扎爾在實驗室的工作台上，面對著他稱為「運動模型」的飛碟推進系統，他倒吊著自己，通過中央層地板的一個開口，以查看較低層的重力放大器（gravity amplifiers）。除此，他還目睹了同一飛碟的短暫低空測試飛行，他還被告知這飛碟如何扭曲時空以進行星際飛行。

　　S-4 的科學家以團隊為單位來進行工作，明顯地不允許他們在午餐室裡討論其他人正在做的事情。雖然 S-4 當局僅給了這些工程師有限的概述，以滿足他們的好奇心並保持理智。從提供的有限資料中，拉扎爾讀到了有關人類歷史、哲學和神學的部分信息，以及帶來飛碟技術的這些外星人在這些領域所發揮的作用。許多的這類信息讀起來令人震驚，甚至於到了驚駭的地步。這些信息加上飛碟技術和重力推進的可能性，使得 S-4 設施內正在進行的事情成為歷史上最神祕的情節。

　　當拉扎爾在 S-4 的最後一個夜晚，他在武裝警衛護送下走過走廊，沿途被告知眼睛向前看。當他們經過一扇有著數個小方形窗戶的門時，在其眼角之外拉扎爾認為他看到一個體形短小的灰人外星人站在兩個穿著實驗室大衣的男人之間，三個人都面對著某種控制台，背對著門。當他試圖轉頭去實際看一下並確認他的

目擊時，身後的警衛推他向前，並再次告訴他要保持雙眼向前。拉扎爾認為眼前看到的灰人即是在簡報室的報告中提到的灰人外星人。這些灰人外星人在 S-4 設施幹啥？推測協助逆向工程外星飛行器及進行跨物種遺傳研究應是其主要目的。外星飛行器具有星際旅行能力，其內外部件至少涵蓋七大系統，下文且來談談與逆向工程相關的一些事體。

## 4.2 逆向工程漫談

　　1947 年 7 月羅斯威爾事件是有史以來最著名的 UFO 墜機事件。統計從 1941 年至 1989 年期間發生在世界各處的 UFO 墜機，除少數案例例外，大部分幾乎總跟隨著乘員的傷亡。[26] 為何這些飛碟儘管有著先進技術，卻仍發生故障並墜落到地面。原因之一可能與其敏感電子系統當曝露於電子輻射源時發生故障或收到異常信號，從而導致系統故障有關。外星技術可能具有易受攻擊的電子系統，這並非超乎想像，尤其是在其母星球之外的環境運動時。

　　外來航空器其軍事回收的首要目標是檢查該航空器的新創或先進技術，以期通過設計或製造方法來複製該技術，如果這項技術是來自地外世界，則目標就具有更高優先等級。事實上此種外星技術的入侵往往被視為是國家和全球安全的威脅，必須儘快採取行動，提出可能對我們的防禦系統形成有效防禦的對策，逆向工程因此變得勢在必行。將要研究的一些航天器系統包括：[27]

・用於發電的能量或燃料
・推進系統

- 導航系統
- 信息系統
- 生命維持系統
- 通訊系統
- 武器系統

　　除了以上這些系統，航天器的實際材料結構也將被研究。如果外星人被發現穿著飛行服，則其材料與製造方法也將被研究。如果航天器能夠通過高速特技飛行來捍衛自己或使用防禦性盾牌或反制措施，則這些功能的評估將是很重要的。為了更全面地理解外星人的出身和任務，必須進行對外星人的屍體解剖和了解外星人的心理和動機。所有以上對外星人及其技術的研究都必須進行最大限度的保密，以使該項研究成果能發揮獨步世界的成效，而以上這些研究就是透過逆向工程來進行，它是一種對人造對象或外星對象進行解構（deconstructured），以顯示其設計、體系結構或從對象中萃取知識的過程。因此，逆向工程是在缺乏系統的說明與圖表的情況下，研究系統是如何製作的過程。

　　談到逆向工程的人證，前文提到的亞瑟・斯坦西爾與羅伯特・拉扎爾自然是其中的兩名，後者雖然有很多爭議，但他的工作身分得到邁克爾・沃爾夫博士的證實，且他的一些見證說法也得到其他人證實。與拉扎爾相較，菲律普・科索（退休）上校則是一個背景更扎實的證人，他的官方服務記錄是可查訪的公共記錄，從其作為外國技術部門（FTD）主管的經歷看，他自然是最重要的證人之一。1997 年科索與威廉・伯恩斯合著的《羅斯威爾之後的日子》一書甫出版，即在 UFO 圈子造成轟動。據科索的說法，主要任務之一是在收集地外技術所有信息的祕密政府小

組，是在 CIA 第一任局長海軍上將羅斯科‧希連科特（Roscoe H. Hillenloetter, 1897-1982）的領導下組建完成。

科索在其書中講述了他是如何率領陸軍的超級祕密逆向工程計劃，該計劃的目的是將外星技術播種到包括國際商業機器公司（IBM）、休斯飛機公司（Hughes Aircraft）、貝爾實驗室（Bell Labs）和道康寧（Dow Corning）等美國公司，而又不會讓這些民營公司知道技術的真正源頭。科索的此項宣稱似乎非空穴來風，1997 年 12 月新澤西州克蘭福德（Cranford）的美國計算機公司（American Computer Company, 簡稱 ACC）總裁兼執行長 傑克‧舒爾曼（Jack Shulman）博士聲稱，一些美國公司擁有從羅斯威爾墮機地點回收的材料，這些材料經過逆向工程後，獲得堪稱美國科學史上具有重大技術突破意義的專利。

ACC 是科技國際集團（Technology International Group）與北美貝爾（Bell North America）公司集團的一部分。舒爾曼是公司集團的股東之一，他從事計算機行業已有 28 或 29 年。他曾在 IBM 擔任專業服務管理顧問，1975 年他曾為花旗銀行開發了小電腦界第一個窗口（Window）操作系統軟件，1978 年他為時裝技術學院（Fashion Institute of Technology）和簡潔模式公司（Simplicity Patterns）開發個人電腦，後來該個人電腦被 IBM 採用。舒爾曼的個人經歷大約如上述，他特別關注貝爾實驗室公司的晶體管（transistor）專利，他聲稱 ACC 擁有一本 AT&T 的實驗室店主筆記本（Lab Shopkeepers Notebook），他不願意透露該筆記本來源。[28] 根據筆記本上文件記載，貝爾實驗室開發的晶體管，其中最著名的是 Bardeen、Brattain 和 Shockley 等，它們實際上是由其他來源提供給貝爾公司的。更重要的是，當一些研

究人員調查了貝爾開創性的技術奇跡之前，有關晶體管歷史的所有版本與貝爾實驗室的後來版本之間沒有明顯的發展點。[29]

　　在理查德‧博伊蘭博士的採訪中，沃爾夫博士證實了科索上校所做披露的真實性。科索指出，LED（發光二極管）和超導體是來自羅斯威爾的眾多技術之一，從 1947 年到 1952 年去世為止，美國一直擁有一個名為「外星生物實體」（EBE）的灰人外星人（Gray），政府科學家首先使用象形文字與他進行交流。關於科索書中的外星人威脅語調，沃爾夫博士評論道，共同作者威廉‧伯恩斯對科索的手稿進行了反外星人的掩飾，但科索本人並不認為外星人是具有敵意的入侵者。在羅斯威爾飛碟失事的幾個月內，美國陸軍航空兵成為空軍的獨立兵種。1947 年 9 月通過《國家安全法》的部分原因是因為政府認為 UFO 所需的非凡保密性，緊接著，就在同一日，中央情報局也跟著成立了。

　　最後，科索描述了在羅斯威爾飛船內發現的設備，以及它們如何成為當今集成電路芯片、光纖、激光器（鐳射）、夜視設備、超韌性纖維（例如 kevlar 材料）等設備的先驅以及其他機密發現，例如可以將人的思想轉化為能控制機械運作的信號之精神設備、隱形飛機技術和星際大戰中使用的粒子束裝備。科索的以上宣稱未能得到獨立核實，實際上許多技術的發展其真實歷史並不支持其主張。[30] 科索還討論了塑造地緣政治政策和事件中外星人技術所佔的地位，並述及外星技術如何幫助美國在太空方面超越俄羅斯人及最終導致冷戰結束。此外，科索也認為外星科技激發了包括戰略防禦計劃（Strategic Defense Initiative, 簡稱 SDI）與地平線計劃（在月球上建立軍事基地）的啟動。科索還說，羅斯威爾事件中被擄獲的 UFOs 被保留在諾頓、愛德華茲和 51 區的內利斯空軍基地。

雖然有許多 UFO 研究人員發現科索在不同時間的的差異陳述，並因而不採信他的證詞作為逆向工程的驗證，這些人中包括美國新聞記者和 UFO 研究員菲利普・克拉斯（Philip J. Klass, 1919-2005）對科索的質疑。克拉斯是 UFO 的懷疑論者，同時遭他質疑的人尚包括羅伯特・迪恩（Robert O. Dean, 1929-2018）以及史蒂芬・格里爾（Stephen M. Greer，1955-）等人。[31] 如果批評科索的人是對的，它不但不會否定逆向工程的可能性，卻反而強調了人們企圖探索該領域真相的重要性。

S-4 設施對外星飛船逆向工程的重要人證除以上諸人外，尚有化名斯坦因/庫珀的 CIA 前特工與美國前副總統迪克・錢尼（Dick Cheney）及其他人，且看下回分曉。

## 4.3 逆向工程外星飛行器

上文說到 1947 年在羅斯威爾墜毀的外星飛行器與外星人屍體被運到萊特・帕特森空軍基地，該基地是一個滿佈地下祕密倉庫、隧道和多層機庫的迷宮。在地面上，新澆築的混凝土封閉了入口，並重新鋪上了地板。一些前基地指揮官曾告訴《真實的 51 區內部》作者，有些區域甚至對他們來說都是禁止進入的。[32] 羅伯特・柯林斯（Robert Collins）是退休的前空軍情報官員，他曾在萊特・帕特森基地的外國技術處（FTD）工作，他詳細描述了藏在該基地的地下迷宮概況，其中包括許多可供後人使用的隧道和倉庫。

生前持有最高祕密加密安全許可的海軍退伍軍人小羅伯特・馬歇爾（Robert L. Marshall Jr.），在 1996 年簽署並經過公證的

誓詞中曾說，他的父親和祖父都曾於 1940 年代和 1950 年代在萊特·帕特森空軍基地工作。根據小馬歇爾的說法，他的父親曾在其祖父的監督下擔任鋼鐵工人，而祖父則負責建立一個四層地下設施，其中包括地面機庫，該機庫與該地區的其他機庫相對應。他說，機庫下面有祕密門、通風口和各種祕密隔間。又說，「萊特·帕特森空軍基地接受來自 1947 年羅斯威爾事件的飛船，它被安置在較低層次的機庫之一。我的父親被叫進綜合大樓來調整其中一扇門。他在臨終前對我說，在那個特定時間他看到了一艘在他看來是相對較小的圓形飛船的殘骸。他無法詳細說明，因為他被安置在某種懸掛於天花板上的塑料遮蓋的後面。」[33]

　　「當我的父親在地下設施所在的區域時，且當他經過其中一條走廊之際，他看到一個羅斯威爾事件的小生物。引用他的話『它不是綠色或紫色，它只是一個小生物』。」[34] 基於父親與祖父多年來對他的陳述，小羅伯特·馬歇爾相信，「顯然，該地下設施在羅斯威爾事件發生之前就已經存在，並在有著最高機密等級的測試中心進行作業，因此是羅斯威爾殘骸掩護的最好地點。」《真實的 51 區內部》作者倆認為，小羅伯特·馬歇爾的父親與祖父是在 23 號機庫工作，該機庫位於 18 號樓（Building 18）的綜合樓層內，它就位於 18A 樓和 18F 樓之間。此外，建於 1934 年的 23 號樓（Building 23），最初原是用作為飛機及其零件的靜態測試設施，後來在萊特·菲爾德的歷史區進行了重建，作為研究和開發的實驗室，更具體地說它是做為新的高級熱研究實驗室。23 號樓與 18 號樓這兩棟大樓之間築有空中步道相連通。羅斯威爾的殘骸（包含 4 具外星人屍體）最初是先在 23 號機庫落腳，它們留在那裡直到一條合適的地下通道建好後，才被轉移到 18 號樓的倉庫進行永久儲存。[35]

屍體解剖很可能是在基地 B 區（29 號樓）的航空醫療設施內進行，之後，屍體被送回 18F 樓（由於其冷藏能力）。除非在 23 號機庫中進行分析和測試，否則殘骸會被存放在 18 號樓的倉庫中。

1960 年代和 1970 年代，曾任外國技術處七年主管的喬治・溫布倫納上校（Col. George Weinbrenner），在 2010 年離世前對一位可信賴的朋友說：「我們在猶他州有 5 個外星人（存儲）」。據推測，他指的是猶他州西部杜格威（Dugway）試驗場的一處設施，存儲該處的任何地外物體與生物，據稱已被移走。[36] 不但如此，連存放在萊特・帕特森空軍基地的 1947 年墮毀外星人飛船和屍體也於 1955 年被轉移到 51 區與 S-4 設施。為何被轉移？略說明如下：

早在 1954 年艾森豪威爾總統即簽署了一道行政命令，以開發稱為 U-2 的高空偵察機。CIA 與空軍需要新間諜飛機計劃的試驗場，而內華達州南部沙漠地區的 51 區剛好符合測試所需的所有標準。U-2 於 1955 年 8 月 1 日首次試飛後，UFO 的第一個故事和報導就開始在新聞和廣播中流傳，接著該地區的飛行員報告了許多目擊事件。當時一般飛機的飛行高度通常不高於 10,000 呎，但 U-2 偵察機卻達到令人難以置信的 74,000 呎及每小時 500 哩航速。看到飛機以這樣的高度和速度飛行，難免引起許多遊客的猜測，而這些 UFO 的報導有助於分散人們對基地真正的絕密活動的注意力。此時負責的軍情當局考慮到逆向工程納粹技術與地外技術的萊特・帕特森空軍基地，其工程作業若在基地內處理，必因遭國會與政府監督而致機密外泄，為了不受國會與政府監督，1955 年艾森豪威爾將所有有關逆向工程的行動移交並簽署給了中央情報局，然後從萊特・帕特森轉移到內華達州又稱夢

境（Dreamland）或格魯姆湖（Groom Lake）的 51 區測試場。CIA 負責保密措施，並決定誰能進入該區，MJ-12 將使用 S-4 設施來處理地外逆向工程，並利用 CIA 做為控制設施的代理機構。

如前文所述，51 區的建設於 1955 年在 CIA 的授權下開始，它的地下基地是一個龐大的城市，規模與羅德島一樣大，這個規模還在增長，12 哩外並有一個姊妹基地 S-4，及另一個叫印第安‧斯普林斯（Indian Springs）的基地。51 區的地下基地僱用了數百名平民和軍事人員，並且至少有 8 個正在進行的黑計劃，以及每年 20 億美元的預算。外面有嚴密的保安，裡面有戒嚴，並由精英衛隊巡邏。一些科學家可一次在基地住 6 個月，他們的臥室只是基本的裝置，而 ET 則居住在自己設計的精美公寓中。地下基地內有大型購物中心及軍事風格的商店和休閒區，這包括游泳池、體育館和籃球場，食物也很棒。[37]

以下是 51 區地下基地（包括 S-4 設施）內其中稱為 S-2 複合體的地下分佈概況（數目字代表層次，數字越多，層次越深）：[38]

1.管理

2.訪客（即外星人）收容

3.訪客飛行器的開放式倉儲和工作場所

4.危險物質（HAZMAT）密閉室

5.推進系統測試和 APS 實驗站

6.訪客飛行器的第二收容間

7.保險櫃──訪客禮物的存放地點

8.訪客高能設備的存放地點

9.至少在 1995 年以前沒有使用

有時 S-2 被稱為 8 級設施，訪客所在樓層通常不算為一層。1950 年代中期 51 區及 S-4 設施的興建導致了許多維爾/納粹（Virl/Nazi）及外星飛碟從代頓的萊特·帕特森空軍基地轉移到該處。S-4 設施的主要目標是研究並逆向工程捕獲的維爾和納粹飛碟以及外星飛船。CIA 特工斯坦因/庫珀（Stein/Kewper）說，他目睹了該設施中的三艘外星飛船，它們據稱是從新墨西哥州被回收的。鮑勃·拉扎爾聲稱自己於 1989 年曾在 S-4 設施短暫工作過。他說，他看見 9 艘飛碟，並被要求在其中一艘使用反物質做為推進系統燃料的飛碟上工作。拉扎爾由美國海軍的一個情報機構付款，從而有助於確認海軍直接參與了研究外星技術的逆向工程。

S-4 設施被描述為「博物館」，表明它旨在存儲已被取代的先進飛碟技術。維爾協會和納粹 SS 飛碟開發的反重力原理是基於電引力（electrogravitics）和高頻旋轉等離子（plasma）電路，這導致電引力推進技術的發展，納粹因而獲得了驚人的超音速大氣速度，如今這套技術早被美國軍方透過逆向工程而獲得。早在創建 S-4 之前，美國空軍和美國海軍機密設施（如萊特·帕特森空軍基地和中國湖海軍基地）早已針對地外和相關技術的逆向工程進行研究。如今由於 S-4 的創建，大部分的此類研究都轉移到 S-4。1958 年 S-4 容納了 4 艘被擄獲的納粹飛碟及 3 艘外星飛船。前 CIA 特工使用「斯坦因」（Stein）或「庫珀」（Kewper）或「匿名」（anonymous）等假名挺身而出，透露他看到了一些可追溯到 1920 年代初的維爾飛碟資訊。

斯坦因/庫珀說，1958 年他在 CIA 長官和其他三名 CIA 特工的陪同下，看到了 4 艘納粹飛碟，其中 2 艘是維爾飛碟。他又說「在 51 區我們看到的前兩艘飛碟看上去幾乎是相同的，它們體

形較小，不像後排的飛碟那麼大。51 區的吉姆上校提到，前 2 艘飛碟是維爾飛碟。我們問他，『維爾飛碟』是什麼？上校說它們是 1920 年代和 1930 年代在德國製造的外國飛碟。」

「最後的飛碟很大號，吉姆上校說，那是一艘建於 1938 年的德國二戰飛船，由於下方裝上槍，因此被抬高在看台上，德國人稱之為『死亡射線』，它與其他兩艘體形較小的維爾飛碟有著不同形狀，而且其顏色較深，其頂部較大，豎立在碟子上方 10 或 12 呎處，直徑為 50 或 60 呎。」

據上文描述，斯坦因/庫珀的證詞證實了回形針行動（Paperclip Operation）已經找到並運回了 4 艘納粹圓形飛船，較小的前兩艘是維爾協會的早期原型，其他較大的兩艘則是蓋世太保頭子納粹黨衛軍（Schutzstaffel 或簡稱 SS）領導人海因里希‧希姆萊（Heinrich Himmler, 1900-1945）與 SS 司令官漢斯‧卡姆勒（Hans Kammler, 1901-1945）為武裝飛碟所做的失敗努力的結果。最初存放維爾和納粹飛碟的地點很可能是美國陸軍航空兵在俄亥俄州代頓的設施。

S-4 設施逆向工程的重要人證除以上諸人外，尚有一位意想不到的人物——前小布希政府的副總統——迪克‧錢尼，但與上文許多證人不同的是，錢尼並未對外公佈或承認他的目擊。事情的原委如下：[39]

1991 年 4 月錢尼曾被帶到內華達州一個偏僻地區的祕密地下設施內，該地區與內利斯空軍基地相鄰。錢尼到那兒的目的是查看捕獲的飛碟和外星人屍體。同年 10 月該設施的一名前保安員通過視頻作證，他有文件與照片，證明他曾在那稱為 S-4 的設施工作過。這名警衛名為德里克‧軒尼詩（Derek Hennessy），他在美國空軍退役上校 溫德爾‧史蒂文斯（Wendelle Stevens）

及其同事吉姆・考克斯（Gem Cox）的採訪中作證時，使用康納・奧萊恩（Connor O'Ryan）的假名。

奧萊恩聲稱，他曾在海豹突擊隊（Navy SEAL）工作 8 或 9 年，並進行過各種祕密暗殺活動，他說其中有 18 次任務是經 CIA 或其他機構批准的暗殺行動。在奧萊恩 1991 年軍事服務的最後 9 個月中，他在偏遠的 S-4 設施的第二層工作。S-4 當局在第一層和第二層僱用了大約 75 名人員。他又說他知道該設施的另外二層，但從未獲准進入其內（指第三或第四層內部）。他說大約有 12-15 人在第三及第四層工作，他的主要職責是保護電梯，這須要一個指紋及一個視網膜掃描才能打開電梯門。

奧萊恩說，第二層機庫設施總共有 10 座機庫灣（Hangar bays），它們被用來存放從各個墮機地點回收的 7 艘飛碟。機庫設施就像是「博物館」，它旨在存儲已被取代的先進外星技術。他透露如何將一艘或多艘飛碟從地下層提升到地面進行飛行測試。只有當俄羅斯或其他間諜衛星從頭頂飛過後才進行測試。當檢測到衛星時，所有測試將停止。奧萊恩還描述了 7 根各裝有一具外星生物實體（EBE）的玻璃管子，這些 EBE 通常稱為灰人（Gray）。生物學家會定期檢查管子內流體以維持適當溫度，並混合管內流體以保持屍體不腐敗。除了向兩位目擊者展示照片外，奧萊恩在他的錄音採訪中還繪製了描述設施的圖片。

奧萊恩還說，錢尼訪問的那一天，大約是在冷戰結束時美國關閉軍事基地的同一時候，當時錢尼是在其他三名官員的陪同下及在兩名基地安全官員的護送下，參訪了 S-4 設施的逆向工程。他參觀了 S-4 設施的前兩層，看到了飛碟和 7 具小灰人屍體。超級計算機和照片分析專家吉姆・迪萊托索（Jim Dilettoso）讓奧萊恩在他的住所住了一個月，他說奧萊恩展示了自己與吉姆・考

克斯倆據稱在 S-4 設施內拍攝的一些照片，他見到了看起來像是外星人的交通工具和玻璃管中外星人的屍體照片，據稱錢尼站在 S-4 設施內的陽台上，看著下方的飛碟和外星人屍體，而據稱奧萊恩當時正在當值。迪萊托索還承認，國家安全局前局長已退休的鮑比·雷·英曼海軍上將（Admiral Bobby Ray Inman）是與錢尼合影的官員之一。

奧萊恩的證詞其可信度如何？其個人的工作經歷已由溫德爾·史蒂文斯獲得的 W-2 證實。史蒂文斯的 FBI 聯繫人已檢查並確認了控制號（45851）、僱主識別證號（95-6593572）和僱主狀態 ID（2464423P）。根據與 FBI 的聯繫，奧萊恩參與了 FBI 與海軍情報部門的各種祕密任務後，已被「取消編程並重新編程」（deprogrammed and reprogrammed），這使得其 W-2 與其他識別編號可以被調查以進行獨立確認。

迪萊托索還描述了一個奇怪的事件，這使他改變了最初對奧萊恩故事的懷疑態度。原來當奧萊恩參加 1991 年的感恩節聚會時，迪萊托索在牧場的前門內發現了一個包裹，他以為它是寄給自己的。當稍後打開它時，發現一截割斷的手指及一張威脅性的紙片，上頭寫著要奧萊恩歸還照片和 S-4 的其他證據。這個事情加上其他奇怪事件，迪萊托索認為有一個神祕的人正在密切監視他們，因此決定讓奧萊恩搬離他的住所。

以上所提是由一位化名奧萊恩的 S-4 設施前警衛所目睹的，涉及前副總統迪克·錢尼與設施內外星飛行器及外星人的不可思議的描述。除奧萊恩外，另一位有力的逆向工程證人也於 2000 年接著浮現，該年 10 月史蒂文·格里爾醫生於視頻採訪了一位海軍陸戰隊老兵與戰鬥機飛行員，曾在二戰後期參戰及參與韓戰的比爾·烏豪斯（Bill Uhouse）。[40] 這段視頻證實了自 1953 年

開始外星科學家在 51 區協助美國軍方開發反重力飛行器,視頻中烏豪斯使用該年在亞利桑那州金曼附近墮毀的外星飛行器為模型。以下是與烏豪斯生平有關的一些介紹:[41]

比爾・烏豪斯是一位退休的飛行模擬器機械工程師,專門研究航空電子,他曾在海軍陸戰隊服役 10 年,軍階至上尉。在二戰後期和韓戰期間,他擔任戰鬥機飛行員。他最令人驚訝的說法涉及他從 1954 年開始的從事飛行模擬器(flight simulators)的工作,當時他在萊特・帕特森空軍基地擔任非軍職的平民 4 年,工作內容是在各種改裝飛機上進行實驗性飛行測試。烏豪斯聲稱,自己是一個團隊成員,該團隊從事飛行模擬器的培訓,以訓練人類飛行員駕駛外星飛船。他說,在萊特・帕特森服役期間的某一天,有一個人走近他(烏豪斯不願提其姓名),企圖確定他是否想在新的創意設備上工作,這個設備是一個飛盤模擬器。他們選擇了包括烏豪斯在內的數個人,然後將烏豪斯分配給模擬器製造商——A-Link Aviation。當時他們正在建造所謂的 C-11B 和 F-102 及 B-47 等仿真器,他們希望烏豪斯等被選中的人在真正開始從事飛盤模擬器工作之前獲得經驗。

關於這些飛盤模擬器的設計可有一段典故:據烏豪斯,原先外星人將他們的思想投射到一個思想放大板上,該信號放大板通過光纖將信號傳遞給航空電子控制系統。烏豪斯說外星人為我們的飛行員設計了飛行模擬器,原因是我們的飛行員難以控制外星人的航空電子設備。比爾與一位外星科學家一起在洛斯阿拉莫斯實驗室工作,設計一套使用我們自己的航空電子技術的模擬器。他說,通用電氣(GE)為美國的飛碟製造反動力發動機,西屋公司(Westinghouse)提供了核反應堆來為發動機提供動力。[42]

在接下來的 30 年中烏豪斯為國防承包商在異國飛機的飛行模擬器以及實際的飛盤擔任反重力推進系統工程師。就像拉扎爾的故事一樣，烏豪斯的主張具有明顯的內部一致性，範圍僅限於他實際看到的事物，並無明顯的個人動機。他作證說，他測試的第一艘飛船是 1953 年於亞利桑那州金曼市墮毀的飛船。該飛船被帶到當時剛剛建造的 51 區，飛船的 4 名倖存 ET 乘員（兩名殘疾，兩名情況較良好）則被帶到洛斯阿拉莫斯實驗室。當時飛船被裝上拖車，拖到拉斯維加斯北部的內華達州試驗場，據說埃本人正與美國的軍事科學家與工程師一起從事各種計劃。烏豪斯稱，1953 年不存在與 EBE 的語言介面，因此創建了一系列符號來測試其反應。有些符號看起來像字母，有些則是幾何形狀，埃本人指向的第一個符號看起來像「J」，另一個看起來像桿子的「慣性棒」。因此，人類稱埃本人為「J-Rod」。

在國防情報局工作的微生物學家丹·伯奇（Dan Burch）首先報導了這個故事。丹表示，他曾在 51 區格魯姆湖的基地跑道區工作。丹聲稱政府要求他從被捕的外星人身上採集組織樣本，在丹從事該計劃的兩年中，他和外星人 J-Rod 成為了朋友。J-Rod 通過所謂的「共享意識」與丹進行了交流，J-Rod 向他講述了許多有關其所來自的文明和過去的故事。J-Rod 說他的種族在數千年前就居住在地球上，但由於全球自然災害，他們被迫離開了地球。J-Rod 聲稱，灰人想回地球與人類建立聯繫，並通過人類 DNA 來修補其族類的某些遺傳變異。

丹的上述說詞雖然奇怪，但還不怪誕，以下的故事就更離奇與難以相信了。丹聲稱，自己救了 J-Rod，方法是將他帶到埃及的 Abydos，然後通過自然的「星際之門」（stargate），將 J-Rod 送回其母星。WWF 著名摔角手、演員、作家與海軍海豹突

擊隊員及成功的政治家傑西‧文圖拉（Jesse Ventura），出於實際原因對 51 區產生了濃厚興趣。他曾會見在該設施工作的前工作人員邁克爾‧施拉特（Michael Schratt）。後者表示該基地沒有外星人，並聲稱 51 區擁有各種實驗技術，這些技術比目前使用的任何技術至少提前 50 年。總之，51 區充滿了各種傳說，而說故事的每個人似乎僅是看到了神祕面紗的一角。[43]

言歸正傳，金曼墮機後 4 名 ET 被安置在洛斯阿拉莫斯實驗室的一處特別設施，軍方安排天體物理學家及一般科學家與 ET 們接觸，並問他們問題。烏豪斯聽到的故事是僅有一名 ET 與美國科學家對談，其餘三名 ET 未與任何人談話。一些人以為「這些 ET」是透過心靈感應與人類溝通或彼此溝通，其實不然，他們仍然是用說話和交談與對方溝通。[44]值得一提的是，烏豪斯口中的「這些 ET」指的是埃本人，他們有自己的語言，且不靠心靈感應來溝通信息。但 ET 的族類尚有其他，有些與人類彼此間須靠心靈感應來溝通，例如威廉‧米爾斯‧湯普金斯（William Mills Tompkins）在北歐型外星人（Nordics）的幫助下（透過心靈感應），協助美國海軍設計了太空飛行器。

此外，邁克爾‧沃爾夫博士在理查德‧博伊蘭（Richard Boylan）博士的採訪中證實，空軍特種部隊突擊計劃（UFO 回收部門）的前負責人史蒂夫‧威爾遜上校（Col. Steve Wilson）和空軍技術警官/國安局（NSA）分析師 丹‧謝爾曼（Dan Sherman）倆是分配給國安局部門，專門進行與 ET 進行心靈感應的人。[45]沃爾夫博士還提供了有關現代飛碟時代開始時間的修正說法，「第一艘 UFO 於 1941 年降落，墮入聖地牙哥以西的海域後、被海軍回收。」從那以後，美國海軍就一直在 UFO 領域中居於領導地位。

　　如前文所述，烏豪斯的專長是駕駛艙的控制和艙內儀器的操作，他了解重力場以及訓練人們體驗反重力所需要的東西，實際上他和一名稱為「J-Rod」的 ET 會見了數次，後者的皮膚略帶粉紅色，但有點粗糙。ET 幫助物理學家和工程師進行了飛船的工程設計，並協助了解如何控制外星人的飛船。基本上外星人一般只提供工程和科學建議，並不做太細節性的指導。烏豪斯進一步說，在過去的 40 年左右時間裡，不包括模擬器在內，我們曾製造了各種尺寸（可能有 2 或 3 打）的實際飛行器。[46]

　　比較 1953 年墜毀的這艘 ET 飛船與其他 ET 擁有的飛船，前者的設計較為簡單。作為飛碟模擬器的前者沒有反應堆（reactor）。烏豪斯等人使用 6 個大容量電容器（每個電容器充電 100 萬伏特）來操作飛碟模擬器，這是有史以來所製作過的最大電容器，有些特殊的電容器能持續 30 分鐘，因此能使模擬器產生運作。模擬器沒有安全帶，而實際上的外星飛行器也沒有安全帶，因為當您將該飛行器顛倒飛行時，沒有像普通飛機那樣有顛倒的感覺，您只是感覺不到。原因是飛船內部您擁有自己的引力場，因此雖然您上下顛倒著飛，但您會感覺像是正面朝上飛。模擬器內沒有任何窗戶，我們能看見外圍景物的唯一方法是使用攝像頭或視頻類型的設備。[47]烏豪斯於 2009 年去世，以上的陳述是 2000 年以來對他的全部公開採訪。

　　以下是軍情局（DIA）特工──匿名所提供的與逆向工程不明飛行物相關的重要日期：[48]

1. 1957 年：首次測試羅斯威爾捕獲物的推進系統，測試是在 8 區 3C 單元進行的。

2. 1961 年：首次在 29 區 1B 單元測試修理過的羅斯威爾飛船的飛行狀況。

3. 1962 年：洛斯阿拉莫斯實驗室在 18 區 3Z 單元對羅斯威爾飛船進行輻射測試。

4. 1964 年：發生在 7 區 19S 單元，由安置在羅斯威爾飛船的實驗推進系統引起的爆炸。

5. 1968 年：在 29 區 1B 單元，羅斯威爾飛船首次成功飛行（採用美國推進系統；舊的核推進系統）

6. 1970 年：在 25 區 8B 單元，由「訪客」的推進系統引起的爆炸。

7. 1970 年：為 EBE-2 在 15 區 11 單元設置了家。

8. 1987 年：在 6 區、12 區和 26 區開始建造新的地下測試設施。

9. 1991 年：開始在 23 區（水星）、14 區、20 區和 19 區增建測試設施。所有的支持設施都被用於「外星人研究設施」（Alien Research Facility, 簡稱 ARF）和「國防高級研究局」（Defense Advance Research Agency,簡稱 DARA）之用。

10. 1994 年：外星人研究設施（ARF）的首批人員從格魯姆湖遷移到 11 區。

11. 1996 年：克林頓總統訪問外星人研究設施。

12. 1998 年：將所有外星人研究設施轉移到內華達州測試場（NTS）。

13. 2001 年：開始測試新的訪客推進系統。

14. 2002 年：開始測試「Gleam 計劃」、「Delta 計劃」、「Adam 計劃」、「KRISPA 計劃」及「Orion 計劃」。

15. 2004 年：格魯姆湖設施完成了向 NTS 的最後轉移。

16. 2006 年：帕波斯湖設施完成了向 NTS 的最後轉移。

17. 2008 年：在 13 區新建的訪客登陸平台即將完成，這一切都是為了規劃中的 2009 年 11 月，當下一次外星人訪問美國並於 NTS 登陸時之用。

以上略述外星飛行器的逆向工程梗概，但外星科技的研究與收割並不止於對其飛行器與推進系統的研究與逆向工程，其他領域（例如外星材料）的奇異特質（如馬塞爾少校及其兒子傑西口中的奇怪紙箔物質的特性）也大大引起政府與軍方的興趣，這方面的研究進展且待下回分曉。但且慢，在進入下章前，有件事值得一提的是，1947 年 6 月墮毀的羅斯威爾飛船並沒有發動機或推進系統，國防承包商們如何對它進行逆向工程呢？且看下面說詞：

比爾·恩尼斯中士（Sgt. Bill C. Ennis）從 1947 年起就是萊特菲爾德（後來的萊特·帕特森）的噴氣推進工程師，他在墜毀的飛船被運到萊特時就看到了它。他也是駐紮在初次使用該飛機的機庫的一名飛行工程師。起初他誤導了研究人員湯姆·凱里（Tom Carey）和唐·史密特（Don Schmitt），他說「什麼都沒有發生」，而這只是「一個氣象氣球」。但在很多年之後他意識到自己對真理和歷史的義務，終於告訴他倆這一信息，即他在基地時確實看到了飛船，但是儘管他看了整個東西，但他看不到發動機或推進系統。他說：「這些年來，我仍然不知道它是如何飛行的」。並非只有恩尼斯指出飛船缺乏電力系統。那些說自己看過這艘飛船的人從來沒有提到他們曾經看過船上的「發動機」或推進系統。如果沒有它，那麼承包商正在研究什麼？如果無法辨別能源系統、發動機、燃料或推進系統，那麼飛船是如何運動的？

　　國防情報局（DIA）前局長（1999 年至 2002 年）海軍上將湯姆·威爾遜（Tom Wilson），據稱，2002 年 9 月 16 日，在從 DIA 退休四個月之後與著名的天體物理學家——國防部顧問埃里克·戴維斯博士（Dr. Eric W. Davis）進行了對話。對話全文見 https://imgur.com/a/ggIFTfQ（Accessed on 1/13/2021）。

　　這份對話資料洩漏給了不明飛行物作者格蘭特·卡梅隆（Grant Cameron）等研究人員，後來出現在網上，由於威爾遜與戴維斯拒絕置評，故對話的真實性尚未得到確認。對話中，威爾遜談到國防承包商的努力時說，他們「多年來一直試圖理解和利用該技術，但收效甚微或沒有成功。」

　　儘管諸多訊息早已指出，美國在多年前即對外星飛船進行逆向工程，但兩位著名的未來學家阿爾文·托夫勒（Alvin Toffler）和亞瑟·克拉克爵士（Sir Arthur C.Clarke）提供了他們的見解，說明為何不可能對來自另一個世界和時間的這種飛行器進行逆向工程：

　　已故的阿爾文·托夫勒（Alvin Toffler）是 1970 年開創性著作《未來衝擊》（Future Shock）的作者。在他逝世前的幾年，安東尼·布拉加利亞和托夫勒有一封簡短的電子郵件往來。他們討論了 ET、接觸、以及（假設）捕獲的外星飛船的逆向工程。托夫勒認為，「外星人與人類之間的技術鴻溝必然非常非常大，就像一隻狗試圖理解廣義相對論。」他提到，因為我們是人類，所以我們有人類的局限性。這些人為限制不適用於外星人。它們的局限性明顯小於我們的局限性。托夫勒此前曾暗示，我們「吸收」如此復雜的信息和見解的能力很可能存在某些文化甚至生物學的限制。[49]

　　如果外星飛船結合了傳聞中的任何一種思維機接口（Mind-Machine Interface），即如果「思維」在這種星際運輸中起任何作用，那麼我們將永遠無法揭開其運作方式的祕密，更不用說實際製造這些系統了。如果意識與工程系統相接，我們的意識就無法使飛行器運動，原因是 我們的大腦和思維過程必定與外星人完全不同。

　　安東尼・布拉加利亞認為：迄今大膽宣稱成功進行逆向工程的人只有鮑勃・拉扎爾，理查德・多蒂和科里・古德等被指控的欺詐行為。他們說的是功能齊全，完整無缺的外星人飛行器，它們是由人類悄悄進行反向工程和建造的。這些人造的、外星人構想的飛行器能夠操縱空間、時間和維度，並保持這種幻想。常識告訴我們，如果這種非凡的星際飛船實際上是人造的，那麼商業公司會為這種技術做任何事情。它將以我們無法想像的方式徹底改變人類的運輸和貨物的運送方式。如果軍方有這種事情，我們將贏得所有戰爭，並且永遠不用擔心衝突。從表面上看，現在能夠完全重建也許是幾十萬年後的東西的想法是站不住腳的。如果我們真的能像外星人一樣飛行，那麼 NASA 太空計劃就是一個「掩護計劃」，這將導致人員傷亡和納稅人錢財的浪費。[50]

# 註解

1.Arjun Walia, June 23, 2015

2nd Director Of Lockheed Skunkwork's Shocking Comments About UFO Technology

https://www.collective-evolution.com/2015/06/23/2nd-director-of-lockheed-skunkworks- shocking-comments-about-ufo-technology/

2.THE STRANGE WORLD OF BACK ENGINEERED UFO TECHNOLOGY，August 3, 2009

http://www.realityuncovered.net/blog/2009/08/the-strange-world-of-back-engineered-ufo-technology/

3.Anthony Bragalia, The Bragalia Files, 7-31-2011

https://www.theufochronicles.com/2011/08/roswells-memory-metal-air-force.html

4.Tim Swartz, 1997, Technology of the Gods,

http://www.stealthskater.com/Documents/Swartz_1.doc [pdf]

5. Michael E. Sala, Ph.D., Kennedy's Last Stand：Eisenhower, UFOs, MJ-12 & JFK's Assassination, Exopolitics Institute, 2013.

6. Commander X. Incredible Technologies of the New World Order: UFOs-Tesla-Area 51, Abelard Productions, Inc., Special Limited Edition, 1997, p.28

7. Michael Salla, Security Protocols in Classified Extraterrestrial Projects, POSTED IN FEATURED, SCIENCE AND TECHNOLOGY, JUNE 30, 2018

https://www.exopolitics.org/security-protocols-in-classified-extraterrestrial-projects/

8. Ibid.

9. ET Autopsy Insider Emery Smith Hit With Massive Attack After Coming Forward, Posted by David Wilcock, Dec 29, 2017 https://divinecosmos.com/davids-blog/1224-emery-smith/

10. Commander X, op. cit., p.29

11. Commander X, op. cit., p.39

12. Salla, Michael E., Ph.D., Insiders Reveal Secret Space Programs & Extraterrestrial Alliances, Exopolitics Institute（Pahoa, HI）, 2015, pp.184-185

13. Commander X, op. cit., pp.36-37

14. Commander X, op. cit., p.32

15. Michael Salla，JUNE 30, 2018, op. cit.

16. 邁克爾・沃爾夫博士確認愛德華・泰勒博士推薦物理學家羅伯特・拉扎爾擔任 51 區以南 S-4 祕密基地的職位，拉扎爾在該基地對外星飛船的推進系統進行了反向工程。（Richard Boylan, Inside Revelations on the UFO Cover-Up, Nexus Magazine, Volume 5, Number 3（April - May 1998）http://www.ufoevidence.org/documents/doc1861.htm

17. Red Pill Junkie, The Sport Model is Now a Classic: Robert Lazar, 'Area 51 Insider', 25 years Later, May 17th, 2014 https://www.dailygrail.com/2014/05/the-sport-model-is-now-a-classic-robert-lazar-area-51-insider-25-years-later/

18. Stanton T. Friedman, The Bob Lazar Fraud, December 1997（Updated January 2011）

http://www.stantonfriedman.com/index.php?ptp=articles&fdt=20 11.01.07

19. Ibid.

20. Commander X, op. cit., p.34

21. Michael Salla，JUNE 30, 2018, op. cit.

22. Gene Huff, The Lazar Synopsis, posted to alt.conspiracy.area51, March 12, 1995

http://www.otherhand.org/home-page/area-51-and-other-strange-places/bluefire-main/bluefire/the-bob-lazar-corner/the-lazar-synopsis/

Accessed 7/13/2019

23. Ibid.

24. Ibid.

25. Ibid.

26. 從 1897 年到 1989 年根據鳳凰城基金會（Phoenix foundation）的研究，被發現的 UFO 墮機及回收的乘員屍體清單如下（資料見

http://www.angelfire.com/journal/alienseek/ufocrash.html, accessed on 11/11/2020）：

（不具乘員屍體的清單是筆者加入）

1897 April 17 – Aurora, Texas – 1 body

1941 -  Cape Girardeau,  Missouri

 1946 –   Spitzbergen, Norway

1947 May 31- Socorro, NM

1947 July 4 Roswell, NM – 4 bodies

1947 July 5 – Plains of San Augustin, NM

1947 July 31 – Maury Island, Tacoma

1947 August 13 –   New Mexico Desert

1947 October – Paradise Valley, AZ

1948 February 13 – Aztec, NM – 12 bodies

1948 April – 12 mi. outside Aztec, NM

1948 March 25 – White Sands, NM

1948 7/8 July – Mexico, south of Laredo – 1 body

1948 August – Laredo, Texas

1949 – Roswell, NM – one living ET（關於「1949 年 one living ET」的資料可能不正確，見本書第 3 章）

1949 Aug 19 – Death Valley, CA

1950 January – Mojave Desert, CA

1950 Sept 10 – Albuquerque, NM – 3 bodies

1950 Dec 6 – El Indio/Guerrero area, Tex/Mex border

1952 June – Spitzbergen, Norway – two bodies

1952 Aug 14 – Ely, NV – 16 bodies

1953 – Brady, Montana – humanoid bodies

1953 April 18 – S. W. Arizona – No bodies

1953 20/21st May –  Kingman, AZ – 1 body

1953 June 19 – Laredo TX – 4 bodeis

1953 July 10 – Johofnisburg S. Africa – 5 bodies

1953 October 13 – Dutton, Montana – 4 bodies

1955 May 5 – Brighton, England – 4 bodies

1957 July 18 – Carlsbad, New Mexico – 4 bodies

1959 – Frdynia, Poland – 1 humanoid body

1960 March - New Paltz, NY - 當地執法當局在飛行器外面捕獲了一個小的人形生物，而兩名副駕駛則逃脫了。外星人被移交給中央情報局，並在 28 天後死亡。

1961 – Timmensdorfer, Germany – 12 Bodies

1962 June 12 – Holloman, AFB, New Mexico – 2 Bodies

1964 Nov 10 – Ft. Riley, Kansas – 9 Bodies

1966 Oct 27 – N.W. Arizona – 1 Body

1966-1968 – 5 Crashes IN/KY/OH/ area – 3 Bodies and Disc Intact

1972 July 18 – Morroco Sahara Desert – 3 Bodies

1973 July 10 – NW Arizona – 5 Bodies

1974 Aug 25 – Chihuahua, Mexico – Bodies and Disc intact

1976 May 12 – Australian Desert – 4 Bodies

1977 June 22 – NW Arizona – 5 Bodies

1977 April 5 – SW Ohio – 11 Bodies

1977 Aug 17 – Tobasco, Mexico – 2 Bodies

1978 May – Bolivia – No Bodies

1988 Nov – Afghanistan – 7 Bodies

1989 May –South Africa – 2 ET Living

1989 June –South Africa – 2 ET Living Disc Intact

1989 July – Siberia –9 ET Living

27. Authororbman, Reverse Engineering and Alien Astronautics. Posted on Sept 30, 2013, http://www.thinkaboutit-aliens.com/reverse-engineering-alien-astronautics/

28. 傑克・舒爾曼博士在其刊載於 1999 年 6-7 月的一篇文章雖隱
    藏了關鍵人的姓名，但曾詳細提到店主筆記本的出處。
    （Jack Shulman, Reverse Engineering Roswell UFO
    Technology, Nexus Magazine, Vol 6, Number 4（June-July
    1999））
    https://sites.google.com/site/alientechnologymkh/reverse-
    engineering）

29. Ibid.

30. Richard Boylan, Inside Revelations on the UFO Cover-Up, Nexus
    Magazine, Vol. 5, Number 3（April-May 1998）
    http://www.ufoevidence.org/documents/doc1861.htm
    此外，並參見：
    ROSWELL ALIEN REVERSE ENGINEERING TO HUMAN
    TECHNOLOGY ✪ Engineering Channel HD
    https://www.youtube.com/watch?v=nkuYzRtTeTY
    Accessed on 11/10/2020

31. The Strange World of Back Engineered UFO Technology, August
    3, 2009
    http://www.realityuncovered.net/blog/2009/08/the-strange-world-
    of-back-engineered-ufo-technology/

32. Carey, Thomas J. and Donald R. Schmitt. Inside the Real Area
    51: The Secret History of Wright-Patterson, New Page Books
    （Pompton Plains, N.J.）, 2013, p.43

33. Robert Marshall, signed and notarized Affidavit, July 8, 1996

34. Ibid.

35. Carey, Thomas J. and Donald R. Schmitt, op. cit., pp.44–48

36. Carey, Thomas J. and Donald R. Schmitt, op. cit., p.49

37. Chris Stone, The Revelations of Dr. Michael Wolf on… The UFO Cover Up and ET Reality, Oct. 2000.

https://www.bibliotecapleyades.net/sociopolitica/esp_sociopol_m j12_4_1.htm

38. 這是根據化名「匿名」（Anonymous）的 DIA 特工於 12/15/2005 傳給維克多‧馬丁內斯（Victor Martinez）的電子郵件所透露的資訊。見 http://www.serpo.org/release23.php

Release 23: The 'Gate 3' Incident（updated）

A Special Report by Victor Martinez

39. Michael Salla, The truth about Aliens and UFOs: Cheney taken inside S-4 to view flying saucers & EBE bodies, April 6, 2013

https://www.facebook.com/238240472899332/photos/cheney-taken-inside-s-4-to-view-flying-saucers-ebe-bodiesby-michael-sallaaround-/515292411860802/

40. Re-Engineering an ET Craft, https://youtu.be/VxA-Y4enohQ Accessed on 1/1/2020

For more information, visit http://www.SiriusDisclosure.com.

41. 部分資料參考 Kasten, Len. Secret Journey To Planet Serpo: A True Story of Interplanetary Travel, Bear & Company（Rochester, VT）, 2013, pp.265-270

42. Authororbman, Reverse Engineering and Alien Astronautics. Posted on Sept 30, 2013, http://www.thinkaboutit-aliens.com/reverse-engineering-alien-astronautics/

43. Area 51 History: Secrets Unveiled，

https://www.arcadiapublishing.com/navigation/community/arcadia-and-thp-blog/november-2017/area-51-history-secrets-unveiled

44. Kasten, Len., op. cit., p.266

45. Richard Boylan, April-May 1998，op. cit.

46. Kasten, Len., op. cit., p.269

47. Kasten, Len., op. cit., p.267

48. Posting Nineteen, August 21, 2006, serpo.org

49.Anthony Bragalia, Roswell UFO Cannot be Reverse–Engineered, Defense Contractors Take Millions Knowing Task Is Impossible. Originally published August 2019.

https://www.ufoexplorations.com/roswell-ufo-not-reverse-engineered

50. Ibid.

# 第五章 記憶金屬的開發

　　下文要談的「記憶金屬」據稱是源自羅斯威爾的墮毀外星飛船，它雖經巴特爾研究所與美國宇航局（NASA）的多年研發，也確實有產品應世，但就如前章所言，我們「吸收」如此復雜的信息和見解的能力很可能存在某些文化甚至生物學的限制。因此，極可能目前的記憶金屬產品尚處於外星人的「玩具」水平。

## 5.1 記憶金屬的發展概況

　　1947 年羅斯威爾飛碟失事現場發現的金屬碎片成了當今「形狀記憶合金」或「變形金屬」（如鎳鈦諾）的概念和技術推動力。這樣的說法乍聽似乎很聳動，但根據不列顛百科全書，1947 年後，鈦從實驗室的好奇心變成了重要的結構金屬。又據蘭德公司（Rand Corporation）1962 年的摘要《鈦十年》（The Titanium Decade），我們理解到：「從生產能力的角度來看，鈦工業的規模遠遠超出生產飛機時實際使用的材料所需的水平。1948-1958 年這段時間幾乎涉及了所有成本。」在 1947 年之後的幾年中，美國政府在鈦研究方面花費了驚人的 25 億美元（以今日美元計算）。[1]

　　上文提到的蘭德公司，它是由道格拉斯飛機公司（Douglas Aircraft）的首席執行官唐納德・道格拉斯（Donald Douglas）

（也是麻省理工學院杰羅姆・漢斯貝克（Jerome Hunsaker）博士的學生）以及兩個傑出軍官（見下文）首先構想出來的。這些軍官隨身攜帶了重要的「不明飛行物歷史」，因此，從成立開始，蘭德的員工就對飛碟這碼事瞭如指掌。1946 年美國陸軍航空兵成立蘭德，當時稱為蘭德研究與發展計劃（Project Research and Development），如今已註冊為非營利組織。它由政府合同，大學合作者和「私人捐助者」提供資金。

蘭德公司的幕僚是曾任美國空軍發展司令的柯蒂斯・李梅少將（Major General Curtis LeMay）和號稱「現代美國空軍之父」的哈普・阿諾德將軍（General Hap Arnold）。兩人中李梅對飛碟現象特表關注。不僅如此，他本人還是 1947 年羅斯威爾飛碟墜毀碎片的守護者。在李梅 1965 年的傳記《李梅的使命》（Mission with LeMay）中，他很少談論不明飛行物，原因是政府對 UFO 有所掩蓋，李梅對此當然打折扣。但是後來在傳記中發現他用簡短而有說服力的說法來掩飾了這一點，他說道：「對此沒有疑問：這些是我們無法與研究人員已知的任何自然現象聯繫在一起的東西。」

至於五星級的哈普・阿諾德將軍，傳說中他早在 1943 年即在調查不明飛行物。對位於阿拉巴馬州蒙哥馬利市（Montgomery）麥克斯維空軍基地（Maxwell AFB）內 166 號盒子中的阿諾德將軍自 1943 年起的論文進行了詳細分析，發現這些論文評估了 B-17 飛行員報告的許多「小而發光的銀色圓盤」。這些所謂「Foo 戰士」（Foo fighters）是一種異常的空中「光球」現象，由飛行員在 1940 年代的歐洲戰鬥中報導並拍攝到，而哈普・阿諾德則密切參與了這些令人困惑現象的研究。[2]

　　1948 年 5 月，蘭德與道格拉斯飛機公司分離，成為獨力的運營實體。蘭德最早的政府報告中有一份被神祕地發佈為《實驗性環繞世界的太空船的初步設計》（Preliminary Design of an Experimental World-Circling Spaceship）。蘭德的主要代理商客戶包括 CIA 和國防高級研究計劃局（Defense Advanced Research Projects Agency，DARPA）。總部位於加州聖塔莫尼卡，此智囊團在全球設有分支機構。蘭德的既定使命是「通過客觀的研究和分析來幫助改善政策和決策。」它的工作是「為了美利堅合眾國的公共福利和安全」而進行的。蘭德僱用了 30 多位諾貝爾獲獎者。擁有 2000 名從物理學到經濟學背景員工的智囊團向美國政府提供高級信息和評估。更深入的審查表明，蘭德在美國空軍的武器開發、情報收集和分析以及敏感地下設施的設計等領域執行了研究工作。蘭德並密切參與了美國政府的高度機密——不明飛行物研究，包括唐納德·道格拉斯在內的蘭德創始人們則擁有飛碟的祕密信息。

　　最高層級政府官員高度重視蘭德，該組織被認為是開展不明飛行物現象工作的理想選擇。人們認為，「宇宙飛船」具有「與眾不同的特徵」，蘭德公司的工作人員將特別適合提供有關方面的技術信息，並且他們可以找到有關「身分不明的空中物體」的進一步的科學線索。根據歷史研究小組「Project 1947」找到的 1948 年 10 月 12 日寫成的空軍正式文件，該文件的主題標題是《蘭德計劃的研究要求》，直接發給美國空軍參謀長。該文件的作者是美國代理情報局局長克林格曼（W. R. Clingerman），此人與美國空軍對飛碟現象的早期官方研究「計劃標誌」（Project Sign）有關。克林格曼尋求美國空軍參謀長的批准：「要求批准附件中所述的特殊研究，並授權蘭德公司建立優先研究順序。」

　　克林格曼（Clingerman）在文件的下一段中解釋說，他希望蘭德公司：「協助收集與可能代表太空飛船或太空飛船測試飛行器的不明航空物體有關的信息，以及包括以下方面的區別性設計和性能參數的技術信息，它們被認為是必要的。」他補充說：「讓蘭德提供『進一步的科學線索，可能有助於蘭德科學人員對其進行發現和鑑定』。」[3]

　　蘭德的執行副總裁是邁克爾‧里奇（Michael D. Rich）。邁克爾‧里奇也是蘭德國家安全研究部總監，他的父親是航空天才賓傑明‧里奇（Benjamin Rich）。賓傑明擔任洛克希德高級航空總裁，他負責監督洛克希德超機密部門——臭鼬工廠，並領導了隱形轟炸機的研製，他被公認是「隱身技術之父」。賓‧里奇在去世之前，就不明飛行物的現實和性質發表了一些極具啟發性的談話。在給他的朋友和同事約翰‧安德魯斯（John Andrews）的一封信中，他答覆了安德魯斯對 UFO 現象的觀察。安德魯斯曾寫信給里奇，他說：「我堅信人造飛碟。我傾向於相信也有外星飛碟。」

　　里奇在一封手寫的信中回復安德魯斯：「是的，我是這兩個類別的信徒。」安德魯斯是法醫插畫家和航空模型製作者，在他去世之前曾表示，里奇進一步私下解釋說：「有兩種類型的UFO，一種是我們製造的，另一種是「他們」製造的」。里奇告訴安德魯斯，他擔心不應告訴公眾。但是里奇又告訴安德魯斯，他最近對此改變了主意，那些「與此主題打交道的人，對公民而言，可能比對外星訪客本身的問題更大。」就在他去世之前，安德魯斯說里奇向他證實，「多項物品」是在 1947 年羅斯威爾墜機事故中被回收的。里奇還對同事約翰‧古道爾（John Goodall）表示：「我們在 51 區的事情使您和世界上最聰明的人

在未來的 30-40 年甚至都無法想像。」實際上，里奇在他逝世之前就給了許多關於外星人現實的線索和暗示。[4]

話說回頭，在羅斯威爾事件發生時正領導空軍情報部門的喬治·舒爾根將軍（Gen. George Schulgen）在羅斯威爾飛碟墜毀僅四個月後，在一份寫給選擇性的圈內人的祕密備忘錄中提到 UFO 的潛在結構時稱，它們很可能是「複合結構」（composite construction）。而一些曾目擊羅斯威爾墜機碎片的人則聲稱，它們「像金屬和塑料（聚合物）一樣」。舒爾根將軍在 1947 年的同一份備忘錄中特別提到 UFO 材料是「透過不同尋常的製造方法製造出來的」。[5]而美國宇航局（NASA）的變形材料（morphing materials）計劃總監安娜·麥克高恩（Anna McGowan）博士則說，必須特別注意「加工（processing）和製造（fabrication）」此類材料時面臨的極端挑戰。

安娜·麥克高恩是 NASA 的前變形項目經理及長期僱員和航空航天科學家。她是普渡大學的畢業生，領導了 NASA 蘭利航空研究局（Langley's Aeronautics Research Directorate）的變形項目的兩項工作。她曾擔任美國國防部高級研究計劃局（Defense Advanced Research Projects Agency，簡稱 DARPA）變形飛機系統計劃的 NASA 負責人，該計劃預計測試兩種先進變形概念的飛行器。她還領導了一個富有遠見的項目，該項目每年投入 3500 萬美元，吸引了 90 多名研究人員參與開發和評估先進技術，以實現未來飛行器的高效、多點與對變形的適應性。[6]

已故的亞瑟·埃克森將軍（Arthur Exon）是 1960 年代萊特·帕特森空軍基地的基地指揮官，當時他在錄音帶上向研究人員凱文·蘭德爾（Kevin D. Randle）透露了有關羅斯威爾殘骸的信息。他告訴蘭德爾，他了解一些 UFO 碎片是「由鈦和他們知

道的另一種金屬組成的，加工方式有所不同。」鈦是形狀記憶合金（例如鎳鈦諾）所基於的關鍵金屬。他說，已經進行了一系列測試，關於這方面的報告「仍然存在」。[7] 以上這兩位羅斯威爾涉及墮毀殘骸的將軍所說的這種「特殊材料製造」與「異常加工」難道是基於太空的嗎？

證詞和文件（包括 FBI 備忘錄）顯示羅斯威爾的墜機材料已被運送到萊特菲爾德。安東尼・布拉加利亞在其六篇文章中證明，墮毀事故發生後的幾個月中，萊特與巴特爾紀念研究所簽約，以研究記憶金屬並開發獨特的鈦合金相圖或「配方」來製造合金。在接下來的 20 年中。萊特與其他組織贊助了記憶金屬研究。另據了解，萊特・帕特森空軍研究實驗室（Wright-Patterson Air Force Research Lab，簡稱 AFRL）已開發了由記憶金屬（鎳鈦諾）組成的航天器組件，並將這些獨特的變形系統發射到太空中。萊特・帕特森的 AFRL 幾十年來一直致力於開發基於記憶金屬的航天器系統。從羅斯威爾事件製造出記憶金屬的基本依據是，至少曾在三個未曾討論過的發射航天器上，三次證明了這一技術的優勢：[8]

• MIghtSat / FalconSat 是 AFRL 開發的小型航天衛星飛行器，用於測試太空中成像、通信和航天器「總線組件」（bus components）的先進技術。於 2000 年啟動，任務為期兩年，經過深入的技術文獻搜索，揭示了在太空中釋放的 MightSat 帶有記憶金屬裝置。該設備稱為「AFRL 形狀記憶合金釋放裝置」，其首字母縮寫為 SMARD（或 Shape Memory Alloy Release Device）。

• 1997 年 7 月，萊特 AFRL 開發的輕型柔性太陽能電池陣列（Lightweight Flexible Solar Array，簡稱 LFSA）投入太空。

可找到「形狀記憶合金鉸鏈」（Shape Memory Alloy Hinge）設計的技術參考，以及 AFRL 與 NASA，DARPA 和洛克希德・馬丁共同創建的記憶金屬設備。它摻入了非常薄的鎳鈦諾片。這些條帶可作為超柔韌性的裝置，在該裝置上，飛行器的附加部件可以轉動、樞轉（pivot）與擺動或互鎖。

　　・萊特目前在太空中執行的記憶金屬任務是羅塞塔登陸艇（Rosetta Landing Craft）。萊特的研究實驗室與歐洲航天局（European Space Agency）合作研製了一種航天器，其任務是率先在彗星上運行並著陸。在文獻中已經發現，追逐彗星的飛行器配備有「形狀記憶氣體釋放機構」（Shape Memory Gas Release Mechanism），它是一種專門的記憶金屬閥。

　　話說回來，埃克森將軍提到的一系列測試報告反映了巴特爾紀念研究所（Battelle Memorial Institute）的工作，這個研究所成立於 1929 年，它至今仍是主要的研究和國防承包組織。根據公司網址（www.battelle.org）所載，它是美國一家進行研發、管理實驗室、設計和製造產品，並為包括跨國公司、小型初創企業及政府機構在內的客戶提供關鍵服務的大型機構。它監督或共同管理著八所美國國家實驗室的 27,000 多名員工，這些國家實驗室包括布魯克海文（Brookhaven）、愛達荷（Idaho）、勞倫斯・利弗莫爾（Lawrence Livermore）、洛斯・阿拉莫斯（Los Alamos）、橡樹嶺（Oak Ridge）與西北太平洋（Pacific Northwest）等及國家生物防禦分析與對策中心（National Biodefense Analysis & Countermeasures Center）與國家可再生能源實驗室（National Renewable Energy Laboratory）。巴特爾是在政府擁有的承包商營運（GOCO）治理模式下，做為國家實驗室的共同經理。

　　以上這些實驗室在國家安全、環境、能源、健康和運輸以及健康和生命科學領域進行前導研究，並為 800 多個聯邦、州和地方政府機構提供服務。目前巴特爾總共監督著二萬多名員工，每年進行數十億美元的研發，其許多高度機密的研究設施都參與了與軍方有關的發展計劃。巴特爾與軍方的密切聯繫始於第二次世界大戰，由於該研究所在冶金方面的專業知識，它被要求為曼哈頓計劃開發精製鈾，並協助原子彈製造，因此它成為世界上領先的核研究家族之一，從而在核推進領域居於領導地位，這導致了 1948 年第一艘核潛艇「鸚鵡螺」（Nautilus）的研製。1950 年代初期，巴特爾在哥倫布（Columbus）市附近佔地 10 英畝的土地上建造了世界上第一座核研究設施，它包含反應堆、關鍵的組裝能力和熱室（hot cells）。

　　巴特爾的創新史具有傳奇色彩，它開發了靜電複印技術，獲得了兩千多項美國專利，並獲得了無數的獎項和引用。鑑於研究所在金屬領域擁有深厚的專業知識以及戰時的隸屬關係，當 1947 年外星飛船在羅斯威爾附近的新墨西哥州沙漠墮毀，在邁克‧布拉澤爾的牧場上散佈著類似金屬的碎片時，再加上巴特爾曾參加過曼哈頓計劃，它知道如何保守機密，這就足以解釋為何陸軍航空兵會求助於巴特爾分析碎片。前文提到羅斯威爾回收的航天器零件立即被運往俄亥俄州代頓的萊特‧帕特森空軍基地，該基地就位於哥倫布市附近（相距約 100 哩）。實際上，由於與巴特爾的距離很近，陸軍航空兵很可能在最初階段即將其外國技術處（FTD）全部設在萊特‧帕特森。

　　根據萊特‧帕特森空軍基地的祕密合同，巴特爾研究所在 1940 年代後期對羅斯威爾碎片進行了分析，這些碎片被確認為是屬於地球外的。美國宇航局對金屬變形研究非常感興趣，美國

海軍實驗室（弗雷德里克・王（Frederick Wang）博士也是共同發明人）的鎳鈦諾形狀記憶合金的「正式共同發明人」威廉・布勒（William Buehler）在其授權的《口述史》中說，在他的「發現」之後，NASA 獨立保留了巴特爾，以便對鎳鈦諾進行進一步的表徵研究。[9]

多年來 NASA 蘭利研究中心（Langley Research Center,簡稱 LaRC）變形計劃團隊一直在測試具有非同尋常特性的材料，這些材料包括能夠按指令彎曲與感知壓力，當置於磁場中時能從液態物質轉變為固態物質以及具有形狀記憶能力的聚合物。使用的主要形狀記憶材料是諸如鎳鈦諾（Nitinol）之類的合金，該合金具有鋼的剛性（stiffness），但在加熱時可以恢復到其先前的形狀，原因是原始形狀已被「訓練」到合金中。[10]

令人難以置信的是，科學團隊一直在研究可以進行自我診斷和自我修復的「本能」（intrinsically smart）材料。通過在分子水平上理解這些材料的特性，將開發出「設計師智能」材料，以備將來在許多領域（至少包括航空航天）中應用。過去在科幻電影中看到的場景，如 1991 年發行的《Terminator 2 – Judgment Day》中與阿諾・施瓦辛格（Arnold Schwarzenegger）演對手戲的羅伯特・帕特里克（Robert Patrick），後者飾演的反派終結者其全身是由液態金屬組成，能隨心意改變形狀，當子彈射入其體內後材料能將它逼出體外，不但如此，其身體且有自我愈合能力。LaRC 計劃經理安娜・麥克高恩說，NASA 蘭利中心所做的工作基本上就是剖析該材料來解答「它是如何做到的？」這個問題。通過這樣做，我們實際上可以在分子水平上對這些材料進行計算建模，一旦了解了材料在該分子層次的行為，便可以創建設計師的「智能」材料。[11]

如今 NASA 計劃將這種材料應用於其開發的最具革命性和
技術最先進的飛行器中，如 NASA 位於維吉尼亞州的蘭利研究
中心，其材料卓越中心（Center for Excellence in Materials）正在
大力發展變形飛機，期望有一天可以用做可自我修復的「自癒航
天器皮膚」的基礎。這種變形使飛行器可以「記住」先前的配
置。當材料變形時，飛船的形狀可以更改以最適合其穿越的環
境，這種材料可讓飛機和航天器進行自我偽裝，以迷惑旁觀者。
甚至更令人難以置信的是，使用鎳鈦諾發動機時記憶金屬本身可
能掌握具有潛在無限能量的「自由能」與星際推進的線索，這將
使人類具有進一步探索外太空及進行星際遠航的能力。為何記憶
金屬能做到此地步？原因在於變形是宇宙運輸的關鍵，只有飛船
材料具有能在晶體和分子水平或甚至晶界（interdimensional）水
平上自行改變和重組的能力，飛船才能在變化中的宇宙環境具有
出色的適應性。然而飛船雖然會更改狀態，卻仍會「記住」其原
始形狀。[12]

為了進一步理解變形材料在航天器的應用，NASA 在太空進
行材料科學和工程實驗已有悠久歷史，其中許多研究仍處於機密
狀態。有理由相信，1990 年代 NASA 將鎳鈦諾帶入太空進行祕
密實驗，外太空的失重和無重力環境可能揭示了「奇怪的製造和
加工」線索，以及對材料如何變形及為何能夠變形的見解。下文
且來談談，當年馬塞爾少校口中的奇怪箔紙片是如何演變成如今
的所謂「記憶金屬」？

## 5.2 從外國技術處到巴特爾研究所

　　第二次世界大戰的結果，雖然造就了美國許多專門研究各種軍事技術的國家實驗室，但只有一個機構將逆向工程外國技術納入其專業知識範圍，這就是在內森・特溫將軍指揮下總部設在萊特・菲爾德的航空材料司令部（Air Material Command, 簡稱AMC）。AMC 由兩個獨立但相關的部門組成，它們是 T-2 情報部門與 T-3 工程部門。1961 年 T-2 部門改組為外國技術處（FTD），此時的 51 區只不過是內華達州地圖上的一個點，該地點在二戰期間被用作炮兵靶場。直到 1950 年代中期，它才被開發成為間諜飛機與隱身技術的超級祕密測試設施，而直到1980 年代後期它作為外星飛碟儲存庫的聲名才開始傳播開來。

　　本質上，位於俄亥俄州代頓的萊特・菲爾德其外國技術處負責將從空難中擄獲或回收的所有外國設計的武器和設備進行分解和分析，當二戰期間，這些是德國、日本和意大利設計的飛機；當冷戰期間，這些幾乎全部是俄羅斯設計的飛機。隨著 1947 年夏天外星飛碟的到來，任何回收的殘骸、外星人遺骸或從他們那裡獲得的物理證據肯定會被視為「外國技術」，並被送到外國技術處進行解剖。當戰爭時期，進行此類分析的目的是在了解敵方技術的主要特徵，以便否定或超越其固有能力，並最終打敗它。

　　在某些情況下，外國技術處將對被捕獲或失事的飛行器進行逆向工程，以便更好地了解其工作原理。這類逆向工程的最著名也是最有諷刺意味的例子是，在二戰期間俄國人偶然擁有了兩架美國 B-29 轟炸機，這些轟炸機是在 1944 年轟炸日本之後因一些緣故緊急迫降在蘇聯領土的。經過長久談判之後，俄羅斯人終於

釋放了美國駕駛員，但卻扣著 B-29 轟炸機不放，後來他們艱難地進行了部分零件拆卸，當時俄羅斯人沒有轟炸機，僅有戰鬥機。

戰後，曾被邀請觀看俄羅斯戰後第一次「五一」遊行的外國軍事專家，在節目的最後當觀看蘇聯最新的軍事裝備展示時，有數架極為類似美國 B-29 轟炸機的飛機從頭頂掠過，他們以為這是美製轟炸機，但怎麼可能？實際上它們是俄羅斯製造的圖波列夫（Tupolev）TU-4 重型轟炸機——美國 B-29 的完整複製品。

1947 年 7 月的第二個星期當羅斯威爾的殘骸抵達萊特‧菲爾德後，它迅速進入 23 號機庫。前文（第 4 章）曾提到，23 號機庫是二戰期間針對敵機的故障、分析和逆向工程的所在地，羅斯威爾殘骸當然不例外地被送往該處，該殘骸的大部分都是小塊。飛碟在墮落到沙漠地面之前顯然已在空中爆炸過，而飛碟內唯一完整的部分（內艙或逃生艙）被從羅斯威爾空運到萊特‧菲爾德時已是數個月之後的事了，這些殘骸包含四種主要類型：[13]

1. 薄、硬、輕的鋁色金屬片，當受外力時它們不會彎曲，也不會受到損害。

2. 薄的工字樑結構，上面帶有奇怪的符號或浮雕文字。

3. 細小的電線——類似今天的單絲電線。

4. 數片薄、輕、鋁色、布狀金屬碎片，可以在手掌上捏成一團，但放開手後很快會恢復其原始形狀。它也是堅不可摧，不受外力損壞。幾年來此種金屬薄片因為具有獨特的品質，它一直被稱為羅斯威爾「聖杯」，其品質可以明確地證明，1947 年羅斯威爾事件的地外性質。

一旦知道這些殘骸是來自地外，而並非如先前所想像地是來自俄羅斯，華盛頓當即決定，此等機密不僅須對俄羅斯保密，

而且也宜針對美國人民，原因是越少人知道這些事情越好。1947
年的羅斯威爾事件因此足足保密了 30 年，直到 1978 年一位於事
件發生當時在羅斯威爾陸軍機場當值的前情報軍官打破沉默，重
敘當年事，真相才逐漸大白。

　　1997 年美國陸軍上校（退休）菲利普‧科索與 UFO 圈內人
威廉‧伯恩斯合著的《羅斯威爾之後的日子》成為《紐約時報》
該年暢銷書，這本書是在科索死前一年出版。科索宣稱在陸軍研
發部副部長亞瑟‧特魯多的領導下工作時，協調了羅斯威爾材料
（即 1947 年在羅斯威爾的 UFO 墮毀現場發現的「記憶金屬」碎
片）的再造工程。該材料成了當今 「形狀記憶合金」（Shape
Memory Alloys）或「變形金屬」（Morphing Metals）（例如鎳
鈦諾）的概念和技術推動力。最近的發現證實了巴特爾紀念研究
所與外星物質研究之間的關係。

　　根據萊特‧帕特森空軍合同，巴特爾研究所在 1940 年代後
期對羅斯威爾碎片進行了分析，《信息自由法》（FOIA）提供
了以上令人震驚的證實。據 FOIA 獲得的線索，一位科學家承
認，他在巴特爾擔任研究科學家時曾檢查過來自墮毀 UFO 的地
外金屬碎片，這份 FOIA 文件還表明，另一位冶金學家作者直接
向正在為美國空軍進行祕密飛碟研究的巴特爾科學家報告。這項
研究似乎代表了首次嘗試製造高度新穎和先進的鈦合金，一些此
類合金後來與被稱為「記憶金屬」的羅斯威爾碰撞碎片的發展有
關。至於萊特‧帕特森為何挑選上巴特爾來完成這項工作？造成
這種情況的大部分原因是：巴特爾具有萊特‧帕特森所沒有的東
西──先進的電弧爐（arc furnace），它能夠將鈦熔化和能提煉到
製造記憶金屬所需的純度。[14]

　　1949 年巴特爾研究所的這些有關記憶金屬的研究直到 2009 年 8 月初才因 FOIA 的強制而被公開，從這項研究所發表的論文可發現，艾羅伊・約翰・深特（Elroy John Center）為共同撰寫人，他為鎳鈦合金的擴展相圖（extended phase diagram）做出了貢獻。深特是一位巴特爾的科學家，他在 1960 年 6 月私下裡說，他在研究所裡曾分析過一片來自墮毀 UFO 的金屬。該巴特爾報告中的引文（citations）未將深特列為合著者。深特於 1992 年首次公開講述有關 ET 碎片檢查的故事，但直到 2009 年 8 月獲得巴特爾研究報告後，才知道深特是巴特爾研究的合著者。[15]

　　根據 2017 年 12 月《紐約時報》的報導，安東尼・布拉加利亞（Anthony Bragalia）向美國國防情報局（DIA）提出了《信息自由法》（FOIA）的要求，以尋求有關五角大樓與 UFO 相關的先進航空威脅識別程序的詳細信息。次年 1 月，根據聯邦計劃，他提出一份 FOIA 申請，強制發布由內華達州比奇洛航天公司（Bigelow Aerospace）持有的所謂 UFO 合金的測試結果。2018 年 1 月 10 日，國防情報局 FOIA 和解密服務辦公室主任阿萊西亞・威廉姆斯（Alesia Y. Williams）向他發送了「臨時答覆」。她表示：「由於異常情況，我們將無法在 FOIA 20 天法定期限內回應您的請求。」2018 年 3 月 22 日，布拉加利亞再次在 DIA 與威廉姆斯女士聯繫。3 月 28 日，威廉姆斯女士進一步答辯。她說：「您的預計完成日期（ECD）是 2020 年 3 月。」她進一步補充說，這可能需要更長的時間，因為「ECD 可能會發生變化，並且是嚴格的估計，並不打算用作實際的完成日期。」為什麼 2018 年 1 月初提交的 FOIA 請求至少要等到 2020 年 3 月才能完成？有一些事情可以使政府通過利用他們可能提出的每一個藉口合理化他們的延誤。此外，為什麼比奇洛航天公司能持有

UFO 金屬？私營公司不受 FOIA 的要求，通過將碎片放置在比奇洛，政府將能避免向 FOIA 申請者提供 UFO 金屬的測試結果。[16]

《地下基地和隧道：政府試圖隱藏什麼？》的作者理查德‧索德博士在其書的前言提到，1992 年 12 月當他還是政治學博士候選人時，為了寫作上書他向美國工程兵團（U.S. Corps of Engineers）提出 FOIA 申請，這段經歷對他日後是一段不愉快的回憶。原來他尋求工程兵團涉及地下基地與隧道施工及維護的資訊，由於沒有收到具體回應，他打電話給五角大樓，該電話被轉介給工程兵團的 FOIA 辦公室，他向該辦公室抱怨兵團不配合其要求。數日後工程兵團的一位律師電索德的論文指導教授，他告訴後者說，如果他（指索德）想得到官僚主義，我會告訴他什麼是官僚主義。稍後，索德接到一封來自工程兵團的信，信中拒絕他的費用減免申請，並聲稱他將需支付與搜索和提供有關地下施工及維護相關資訊的所有費用，而這很容易即達到數千美元。工程兵團透過以上措施，終於導致索德打消了 FOIA 的申請。[17]

幾位可靠的目擊者報告說，羅斯威爾的某些墮毀金屬碎片具有「形狀記憶」金屬特徵，弄皺時這種變形金屬立即無縫地恢復其原始形狀。如今形狀恢復金屬（即「記憶金屬」）的技術被廣泛應用到從眼鏡架到飛機，再到醫療植入物的各種物品。一種稱為鎳鈦諾的鎳鈦合金名詞開始出現在 1940 年代後期的巴特爾冶金歷史，該項合金的研究是由萊特‧帕特森於羅斯威爾事故的數個月後開始進行的，而涉及這項研究的關鍵人物則是霍華德‧克羅斯博士（Dr. Howard C. Cross）與艾羅伊‧深特兩人，其間情節請見下文。

# 5.3 材料雙傑霍華德 · 克羅斯與艾羅伊 · 深特

　　當時（1940 年代後期）巴特爾的冶金專家霍華德 · 克羅斯博士（Dr. Howard Clinton Cross）一方面為政府機構祕密研究 UFO，另一方面同時指導著絕密的鈦合金研究。克羅斯是標題為《鈦基合金》（Titanium Base Alloys）的技術摘要報告的作者，該技術報告是由他於 1948 年 12 月提交給海軍研究辦公室（Office of Naval Research），而海軍軍械實驗室（Naval Ordnance Laboratory, 簡稱 NOL）則是多年後的 1962 年「正式」發現鎳鈦諾的實驗室。以上說法可從鎳鈦諾的「官方」共同發明者王博士的研究論文註腳得到確認。王博士在其《關於鎳鈦（Nitinol）馬氏體轉變，1972 年第 1 部分，馬里蘭州白橡樹海軍軍械實驗室》[18]的第 6 號腳註中，引用了由巴特爾科學家克雷格海德、范和伊斯特伍德（Craighead, Fawn 和 Eastwood）共同撰寫的 1949 年巴特爾關於鎳鈦系統的《第二次進展報告》。[19]

　　布拉加利亞曾在電話訪問中問王博士，究竟是誰向他提供《巴特爾報告》的？後者說他是「從我的上級那裡得到的。而上級可能是從另一個機構得到的。」當布拉加利亞告訴王博士，他的鎳鈦諾看上去很像許多人所報導的變形金屬，該金屬是從 1947 年新墨西哥州羅斯威爾的一個不明墮毀物體回收的。王聽後無聲震驚，長時間的停頓後他說：「我對此沒有任何評論。」[20]

　　從上面的簡短問答來看，當今從事形狀恢復合金研究的科學家無法了解其工作的隱祕歷史，即使是海軍實驗室的鎳鈦諾的「官方」發明者，也可能不知道他們研究的對象是來自羅斯威爾的飛船碎片。克羅斯博士可能在 1947 年墮毀事件發生後不久，

就根據萊特・帕特森空軍合同對羅斯威爾的記憶金屬進行研究。關於此，略說明如下：萊特・帕特森在 1947 年墜毀事件發生後的幾十年中共資助了四項有關「記憶金屬」的技術研究（都是透過祕密合同進行），[21] 而巴特爾研究所則是當時萊特・帕特森承包的實驗室。值得注意的是萊特・帕特森是羅斯威爾碎片的最後集中處，這可由特工珀西・威利（Percy Wyly）所寫的 FBI 備忘錄得到確認。[22]

因此可以說，克羅斯播種鈦合金到美國海軍軍械實驗室，從而導致該實驗室在 1962 年宣稱它創造了形狀恢復合金——鎳鈦諾。從此，即使經過幾十年之後的今天，鎳鈦合金體系（即鎳鈦諾）仍然是定義「變形金屬」的材料。然而要強調的是，西方世界對於變形金屬的研究並非是自 1940 年代末開始，早在 1930 年代，歐洲人在進行金屬可彎曲性和壓力測試時已注意到，某些鋁合金可能展現出某種偽彈性（pseudo-elasticity）。實際上自從人類開始用火鍛造金屬以來，人們就知道金屬狀態是可變的。科學文獻中報導的鎳和鈦的最早已知組合是在 1939 年它由兩個歐洲人所發明，但是該組粗糙樣品與鎳鈦諾的研究完全無關，它僅是研究的副產品，它也未尋求或注意到其「記憶金屬」的潛力。那時候科學家們無法將鈦純化到足夠的水平，而且他們也不了解產生變形效應所需的能量需求。

1940 年代後期，由萊特・帕特森承包，而由俄亥俄州巴特爾研究所進行的研究卻完全不同，它們表明，這是美國軍方首次檢查具有真正形狀恢復潛力的金屬系統，這些研究是在羅斯威爾墜毀事故發生後立即開始的，較早的關於偽彈性的觀察是使用一種不包含鎳和鈦的金屬合金。布拉加利亞的研究還表明軍方或其他任何人在 1947 年之前，都沒有進行過鈦元素相關的研究。[23]

這與傳統上認為的，稱為鎳鈦諾的鎳鈦記憶合金是於 1960 年代初在美國馬里蘭州的美國海軍軍械實驗室被王和布勒兩博士意外發現的說法有大的差異。即使王和布勒倆彼此間對於發現的年分不僅存有差異的看法，且連有關發現的情況也有不同的解釋。[25]

換句話說，鎳鈦諾的官方歷史是錯誤的。發現的年分尚不清楚；對於為什麼要開發它提出不同的理由；對於美國海軍實驗室發現它的情況也有不同的解說。鎳鈦諾的官方共同發明人接受安東尼‧布拉加利亞採訪時，對與材料開發相關的若干問題持謹慎態度。[24] 這位共同發明人被發現參與了離奇的「物質思考」測試，再該測試中，一名重要的海軍科學家（筆者按，即王博士）招募了心理專家烏里‧蓋勒（Uri Geller），試圖讓蓋勒用自己的思想彎曲金屬。

在五角大樓負責情報工作的喬治‧舒爾根將軍，在羅斯威爾事件發生幾週後撰寫了一份祕密備忘錄草案，告知其下屬軍官，墮毀飛碟可能由複合結構材料製成，它使用各種金屬組合，並通過「非常規製造方法」製成，以實現「極輕重量」。舒爾根的正式備忘錄是在《巴特爾報告》發佈前一週完成的。[26]

此處要注意的是，鎳鈦諾並非是羅斯威爾事件的實際碎片，它是萊特‧帕特森通過巴特爾，嘗試模擬羅斯威爾碎片的特性之結果產物。雖然如此，但其發展和靈感卻是來自 1947 年羅斯威爾墮機時發現的材料。在四項由軍方贊助的研究中發現了 1949 年《巴特爾報告》的引文，所有這些研究都與形狀恢復金屬或「記憶金屬」的發展有關，其中包括 1960 年代鎳鈦諾的「共同發明人」弗雷德里克‧王博士為美國海軍軍械實驗室的報告。王博士後來被發現曾參與了一種奇異的用思想控制物質的實驗，以觀察鎳鈦諾是否可以利用心靈的能量加以變形。

　　以上提到的 1949 年巴特爾研究是透過《薩拉索塔先驅論壇報》（Sarasota Herald Tribune）記者比利·考克斯（Billy Cox）提出的 FOIA 請求獲得的。它的許多頁面（約佔總頁數的 30%）缺失或未編號。事實上，巴特爾和萊特·帕特森的歷史學家都無法找到這份完整的《第二次進展報告》，他們僅能看到引文與腳註。空軍稱，這份 119 頁的報告最終在國防部國防信息中心（Defense Technical Information Center，簡稱 DTIC）的檔案中找到。[27]

　　1949 年巴特爾報告的完整標題為《涵蓋 1949 年 9 月 1 日至 10 月 21 日的鈦合金研究與開發，合同編號 No.33（038）-3736 的第二次進度報告》，它由西蒙斯（Simmons, C.W.）、格林尼治（Greenidge, C.T.）與克雷格黑德（Craighead, C.M.）等及其他人為萊特·帕特森空軍裝備司令部共同撰寫。這份報告長期以來被懷疑與羅斯威爾記憶金屬碎片的分析有關。巴特爾的第二次進度報告透露了以下信息：[28]

· 在羅斯威爾墮機事件之後，巴特爾突然採取了完善的熔化和金屬混合技術，並創造了前所未有的純鈦水平（製造記憶金屬需要超高純度的鈦）。

· 艾羅伊·深特正在將他的新技術應用於新型鈦合金的微觀分析。

· 首次嘗試將鈦與鎳及其他金屬合金化，包括擴大的鈦鎳相圖（用於記憶金屬的配方）。

· 該報告研究了其他鈦合金（包括 TiZr）的形狀恢復後潛力。

· 進行了「伸長率」和「最小彎曲半徑」測試。

　　上文提到鈦合金研究與開發合同的第二次進度報告的其他共同撰寫人，這其他人包括先前提到的化學工程師艾羅伊·深特，

這位坦承做過 UFO 碎片分析的關鍵人物。除此，上文也提到鈦必須具有超高純度，才能用於形狀記憶金屬的製造，而深特則致力於檢測鈦含有的氧氣，這是創建記憶金屬——鎳鈦諾時面臨的挑戰。[29] 他於 1939-1957 年期間在巴特爾從事材料科學研究工作，密西根大學——安娜堡（Ann Arbor）的校友檔案和他在巴特爾期間撰寫的其他論文證實了他的工作和職位。

巴特爾和國防情報局（DIA）前僱員艾琳娜・斯考特（Irena Scott）博士曾說，1992 年 5 月深特的一位朋友告訴她，1960 年 6 月深特告訴他有關 UFO 碎片分析的故事。其大意是：深特提及當他在巴特爾任研究化學家時，他的上級指示他為一個奇怪的計劃提供技術協助。根據指示他將對一個未知材料進行評估，在這同時他並被告知該材料是從墮毀的飛碟上取回的。他說這些碎片具有非常不尋常的象形文字標記，深特僅說到此就不再講下去了。[30]

深特於 1991 年去世，其家人證實，他在巴特爾期間對 UFO 研究和對外星人的濃厚興趣。現在深特的這位朋友已被識別及受採訪，這個告訴斯考特有關深特故事的朋友姓名是沃倫・「尼克」・尼科爾森（Warren 「Nick」Nicholson），他曾在巴特爾任科學家近 20 年，擁有多項激光和其他設計的美國專利，並因其技術成就而獲得高度認可。尼科爾森後來成為民用研究小組 NICAP 的調查員，他證實了 1992 年他告訴斯考特博士的細節。時光倒回 1960 年 6 月，當時尼科爾森是一個非常好奇的年輕人，對宇宙科學感興趣。他是深特女兒的好友，深特當時已經離開了巴特爾，在一次場合中尼科爾森邀請深特在屋外閒聊，話題觸及了外星人的可能性，這時深特祕密地將他在巴特爾時分析 ET 碎片的故事透露出來，他認為這個年輕人應會替他保密。而

尼科爾森確實將聽到的事保密，直到深特去世後的第二年才透露開來。[31]

此外，據深特女兒透露，做為冶金學家的其父就像其巴特爾老闆克羅斯博士一樣，[32] 也參與研究巴特爾在藍皮書計劃的UFO 工作。儘管當時巴特爾尚未被公開提名為該計劃的貢獻者，但據透露，其父常將巴特爾報告或影印本帶回家閱讀，而一位人稱「傑克」的 FBI 特工則經常到他們的住宅拜訪深特，他倆深入探討的主題就是 UFO。直到多年之後她才意識到父親與朋友尼科爾森的私下交流與對話內容，她對父親從未告訴過她同樣的故事感到失望，但並不奇怪，因她回想起某個晚上她偷聽到的父母對話。當時父母似乎在討論 UFO 研究，父親無意中對母親說，「無論做什麼，都不要告訴她。她太好奇，太興奮了。」[34]

一些其他資訊證實深特參與的研究現在正在開發中，並將很快發佈。[33]1949 年萊特·帕特森的巴特爾《第二次進展報告》並未提及《第一次進展報告》，然而後者肯定是存在或曾經存在的。幾個月後比利·考克斯通過 FOIA 請求，獲得了巴特爾先前丟失的關於鋁合金研究與開發的《第一次進展報告》（合同AF33（038）3736）。該報告讓我們了解到以下事情：[35]

- 於 1947 年或 1948 年發表的《第一次進展報告》的工作與1949 年完成的《第二次進展報告》的工作相似，它進行了有關新型鈦合金的特性、熔化、純化和製圖的首次試驗工作。
- 報告的封面頁是由林恩·伊斯特伍德簽署，直接上級是霍華德·克羅斯博士，而伊斯特伍德則監督艾羅伊·深特的碎片分析工作。
- 《第一次進展報告》是應 1947 年萊特·菲爾德冶金部門主管約翰遜（J.B. Johnson）的要求完成的。約翰遜受美國空軍研

發和工程部總監克雷吉（L.C.Craigie）少將的監督。2008 年克雷吉的私人飛行員賓加姆（Ben Games）接受安東尼‧布拉加利與記者比利‧考克斯採訪時說，羅斯威爾墜毀事故發生後，他立即用飛機將克雷吉載到羅斯威爾陸軍航空兵基地，然後再乘飛機去訪問杜魯門總統。

- 科學家馬雷（Mallet），湯瑪士（Thomas）和格里菲斯（Griffith）擴大了深特關於鈦純度（製造記憶金屬所必須）的工作。

- 在報告中發現一個差異，它出現在以下內容：「當前數據不足以進一步研究二元鈦鍺或鈦鎳合金。」這當然並非事實，因為從巴特爾的《第二次進展報告》可看出鈦鎳合金的研究工作確實在持續進行，它包括擴展的相圖、鈦的熔化方法及開發 提純的微觀分析技術等方面的發展。

　　值得強調的是，上文提到的巴特爾研究並不是在碎片本身上進行的，它們是推算（extrapolated）研究，是根據有關材料的先前知識進行的，例如從羅斯威爾碎片以某種方式得知，經過特殊處理的高純度鈦和其他金屬（如鎳和鋯）複合後，會表現出期望的記憶金屬效果。前文（第 4 章）提及，又稱「金屬橡膠」的羅斯威爾碎片，它其實僅包含百萬分之幾的金屬成分，但其導電性幾乎與固體金屬一樣。不但如此，其化學鍵可以伸展開，且不會斷裂，凡此種種其祕密何在？由於其實用性難以估量，對解開以上祕密不僅美國軍方有興趣，民間公司也沒有落後。如專注於新型材料和設備的開發與製造的維吉尼亞州布萊克斯堡（Blacksburg, VA）的 納音速（NanoSonic）公司，其精心製作的毫米厚閃閃發光材料片，扭曲它或將其拉伸兩次，油炸至 200°C，然後將它與噴氣燃料混合。經過這些折騰之後材料仍然

可以生存，且像橡膠一樣快速回到原來形狀，同時又能像固體金屬一樣導電。[36]

目前，美國軍方正使用地球材料和技術以了解新的冶金動力學，而所有與 ET 相關的信息則被巧妙地整合到現有的航空金屬研究中，以混淆這些研究的真正動力——羅斯威爾碎片。美國軍方維護此類技術起源的祕密關鍵是「區塊分隔」（compartmentalization）的應用，就是他們只散發碎片或零件，而絕不散發全部東西，有時他們僅提供他人在零件上獲得的技術信息，而不是零件本身。當他們將技術信息釋放到其他地方時，並不是一次完成，而是在一段時間之內分批完成，他們將其提供給擁有高安全通關的人員，然後由這些人將它提供給那些具有「需要知道」的人員。但最重要的是，他們永遠不會告訴任何人，有關該項技術來自何處的背景故事。因此，即使是海軍實驗室的鎳鈦諾官方發明者（如王博士與布勒博士等人），也可能不知道他們研究的東西是與羅斯威爾事件有關。[37]

總而言之，羅斯威爾回收的材料其報告將可能永遠找不到，目前僅有在軍事研究中發現隱晦的腳註，羅斯威爾殘骸上的許多研究工作都被巧妙及便捷地「折疊」到了當時傳統航空或海軍金屬工程計劃的軍事合同工作中。此外，記憶金屬的應用也不僅止於前文提到的民生工業，據鎳鈦諾的官方共同發明人——美國海軍實驗室的威廉·布勒在其授權的口述歷史中明確地指出，在他的發現之後，巴特爾從海軍軍械實驗室撤回了該計劃，並在美國宇航局獨立聘請巴特爾研究所對鎳鈦諾進行進一步的表徵（characterization）研究時保留了該計劃。而所謂表徵研究則包括進行心理影響力測試，以試圖使用思惟力彎曲鎳鈦諾等物質。[38]

　　毫無疑問，NASA 的科學家們知道，巴特爾最初參與了變形金屬的研究，並且很可能還看到了羅斯威爾墜毀事件之後於 1940 年代後期寫給萊特・帕特森的兩份進展報告。NASA 試圖開發形狀恢復材料以用於自己的航天器之企圖絕對是存在的；不但如此，數十年來它以及包括馬利蘭州美國海軍實驗室在內的其他政府研究機構，一直在研究能否利用宇宙中無窮盡的自由能於空間推進的鎳鈦諾發動機。[39]

　　如果金屬能變形，且能對大腦能量給出的指示做出響應，則可以改變飛船形狀以適合所經過的環境，及可以開發新的控制和導航系統，這將是思維機器（mind-machine）介面的終極目標。目前 NASA 正在完善形狀恢復金屬的努力，它可由 youtube 的視頻得到證明，在「谷歌搜索」鍵入「NASA Morphing Metal」的關鍵字，將出現 NASA 與一些美國重點大學（如 MIT 與 Texas A&M）在這方面的合作研究成果，其中視頻顯示變形金屬計劃是由 NASA 卓越材料中心（The Center of Excellence in Materials）所主持。[40]此外，形狀恢復金屬在機翼（可擺動或可調節，就像鳥翼般）設計的應用視頻另見[41]。

　　前文述及，1970 年代初期，美國海軍實驗室的弗雷德・王，這位鎳鈦諾的共同發明者曾對一位心理醫生測試其利用精神能量彎曲或變形鎳鈦諾的能力。除了王博士外，在美國海軍實驗室和其他政府機構工作了數十年的物理學家埃爾登・伯德（Eldon Byrd），在其一篇論文「對金屬合金鎳鈦諾的影響」[42]中概述了當年使用心理學測試鎳鈦諾，試圖改變該材料的厚度、使它變形或改變其磁性，測試結果是部分成功的，該次測試在材料中心引起永久性的「結」。

　　正如前文所說，巴特爾記憶金屬報告的存在是由一些腳註所證實，這些腳註是在萊特‧帕特森主持下的其他組織完成的冶金研究中被發現的。[43] 這些腳註引用了仍然缺失的 1949 年巴特爾的《鎳和鈦合金發展的第二次進展報告》。這種合金包含鎳鈦諾，它是世界性能最佳的形狀恢復合金，這也是美國軍方首次研究可能「記住」其原始形狀的任何金屬合金。根據萊特‧帕特森的一項軍事合同，巴特爾將針對鎳和鈦進行分析並嘗試新的冶金工藝，這些工藝經過特殊處理和組合後可產生鎳鈦諾，這是一種類似於羅斯威爾報導的「變形金屬」。

　　上文曾提到，巴特爾的這項特殊性冶金研究是在巴特爾的鈦專家霍華德‧克羅斯博士的指導下進行的，其過程如下：

　　1948 年 12 月克羅斯將一篇標題為《鈦基合金》（Titanium Base Alloys）的論文提交給 海軍研究辦公室（Office of Naval Research），這個辦公室正是 10 年後「發現」「記憶金屬」鎳鈦諾（鎳和鈦合金）的地方。顯然，克羅斯及其研究團隊在羅斯威爾墮機後的幾個月內正在嘗試將鎳與鈦結合。除了記憶金屬的研究外，1950 年初克羅斯還幫助指導了巴特爾受美國空軍資助的《藍皮書》計劃中的 UFO 統計研究，這項研究後來被稱為藍皮書《第 14 號報告》。至於迄今尚缺失的藍皮書《第 13 號報告》，有信息支持它是由巴特爾研究所負責撰寫，其內容可能詳細介紹了在羅斯威爾發現的碎片。[44]

　　克羅斯同時也是一份名為《五角星備忘錄》（Pentacle Memo）的祕密 UFO 文件的撰寫人之一，文件中他向美國空軍航空材料司令部提供了有關如何處理 UFO 現象的建議。他還被要求調查其他下落不明的 UFO 碎片的案件，並與中情局、空軍和 NASA 的前身組織等領導層有不尋常的接觸。[45]克羅斯堅持保

密和隱私，他不贊成在《藍皮書》報告中提到「巴特爾」的字眼，因此他開發了一個代碼字。也因為此故，巴特爾第一次與第二次進展報告的工作由於缺少「Battelle」的關鍵字，萊特和國防技術信息中心（Defense Technical Information Center）儘管多次嘗試，仍無法找到相關文件，而被認為是「遺失」。記者比利‧考克斯透過 FOIA，要求提供這兩份文件，經過幾個月的詢問和查詢，終於找到了具有 60 年歷史的國防部限制（DOD Restricted）文檔，經審核後發送給比利。[46]

克羅斯甚至從震驚的美國空軍研究人員艾倫‧海尼克（J. Allen Hynek）博士的手中，將他自己撰寫給萊特‧帕特森的《五角星備忘錄》搶走了。據海尼克博士的私人助理，後來成為飛碟研究中心（Center for UFO Studies，簡稱 CUFOS）董事會成員的珍妮‧齊德曼（Jennie Ziedman）女士的描述，克羅斯確實是一個「可怕」的人，他身體強壯，經常會撞桌子，使周圍的人感到緊張。總之，他是一個無法太親近，但可以被賦予許多祕密的人，他可能因此種人格特質而被美國軍方和情報部門視為理想資產。巴特爾只有極少數人從事過 ET 碎片的分析工作，核心小組（包括克羅斯或加上深特）可能已經由萊特‧帕特森向他們證實，交給他們的樣片材料是來自墮毀的 UFO，而其他人可能被告知那些材料是從蘇聯起源的。還有一些人可能從未真正接觸過該材料，他們只是被挑選去做一些與該材料相關（如記憶金屬）的工作，但始終不了解其研究的真正原動力。[47]

克羅斯能從冶金工程師身分跨入 UFO 領域的原因可能與他研究羅斯威爾變形金屬有關。由於該項研究，克羅斯掌握了飛船構造的相關技術和知識，並獲得了高安全許可，這使他成為美國軍事和情報部門在分析和調查特別複雜的 UFO 案件中的寶貴資

產。以上概略說明了羅斯威爾事件之後，為何克羅斯博士過著雙重身分的生活。此外，他也可能是巴特爾記憶金屬研究團隊的經理，他於 1992 年去世。

　　本章談論的重點材料「記憶金屬」，它雖非外星飛船的碎片本身，但卻是美國軍情當局對飛船碎片逆向工程的產物，其研發目的之一自然是期望有朝能製作出類似外星人的星際航天器，不僅能改變飛船的形狀以適應不同的空間環境，同時也可以藉此開發出新的控制和導航系統，實現它作為思惟機器介面的終極目標。然而實際航天器的研發，記憶金屬只是其一，另一個重要部分是飛船的推進系統，特別是反重力推進系統，納粹德國在這方面起步得很早，成果也可觀，詳細的情節發展見下章分曉。

# 註解

1.Anthony Bragalia, Roswell Debris Confirmed As Extraterrestrial: Lab Located, Scientists Named. （originally published May 2009）

https://www.ufoexplorations.com/roswell-debris-confirmed-as-et Accessed on 6/10/19

2. Anthony Bragalia,Deep Secrets of a UFO Think Tank Exposed, originally published July 2009, copyright 2020.

https://www.ufoexplorations.com/deep-secrets-of-ufo-think-tank

3. Ibid.

4. Ibid.

5. Anthony Bragalia, Roswell, Battelle, &Memory Metal: The New Revelations. （originally published Aug 8, 2010. The UFO Iconoclast（s））

https://www.ufoexplorations.com/roswell-battelle-memory-metal-revel Accessed on 6/6/19

6. Anthony Bragalia, The Secret Experiments in Space with Roswell's Memory Metal, originally published Feb 2014.

https://www.ufoexplorations.com/secret-experiments-in-space

7. Ibid.

8.Ibid.

9.Anthony Bragalia, Roswell's Memory Metal: The Air Force Comments; NASA Gets Involved & New Clues Are Found. August 03, 2011 https://www.theufochronicles.com/2011/08/roswells-memory-metal-air-force.html

Accessed on 2/27/2020

10.The Strange World of Back Engineered UFO Technology, August 3, 2009,

http://www.realityuncovered.net/blog/2009/08/the-strange-world-of-back-engineered-ufo-technology/

11.Ibid.

12.Anthony Bragalia, August 03, 2011, op. cit.

13. Carey, Thomas J. and Donald R. Schmitt. Inside the Real Area 51: The Secret History of Wright-Patterson, New Page Books（Pompton Plains, N.J.）, 2013, p.65

14.Anthony Bragalia,（originally published May 2009）, op. cit.

15.Anthony Bragalia, Scientist Admits to Study of Roswell Crash Debris!（Conformed by FOIA Document）, August 18, 2009

https://www.theufochronicles.com/2009/08/scientist-admits-to-study-of-roswell.html

16. Anthony Bragalia, Government Lies and Stalls on Freedom of Information Act Request on UFO Metals Analysis, Want Over Two Years to Respond! April 2018.

https://www.ufoexplorations.com/government-lies-and-stalls-on-foia

17. Sauder, Richard, Ph.D. Underground Bases & Tunnels: What is theGovernment Trying to Hide? Published by Adventures Unlimited Press（Kempton, IL）, copyright 1995, 2014, pp.7-8

18. 論文的原文標題是「On the NiTi（Nitinol）Martensitic Transition, Part 1, 1972, Naval Ordnance Laboratory, White Oak, MD」

19. Anthony Bragalia，originally published June 2009, The Final Secrets of Roswell's Memory Metal Revealed.

https://www.ufoexplorations.com/final-secrets-roswell-memory-metal

Accessed 6/6/19

20. Ibid.

21. Anthony Bragalia, originally published Aug 8, 2010. op. cit.

22. Anthony Bragalia, Roswell Metal Scientist: The Curious Dr. Cross, June 04, 2009

https://www.theufochronicles.com/2009/06/roswell-metal-scientist-curious-dr.html

23. Carey, Thomas J. and Donald R. Schmitt., op. cit., p.71,

24. Tony Bragalia，The Final Secrets of Roswell's Memory Metal Revealed, June 08, 2009

https://www.theufochronicles.com/2009/06/final-secrets-of-roswells-memory-metal.html

25. Anthony Bragalia, originally published Aug 8, 2010, op. cit.

26. Anthony Bragalia, August 18, 2009, op. cit.

27. Ibid.

28. Anthony Bragalia, originally published Aug 8, 2010, op. cit.

29. Anthony Bragalia, August 18, 2009, op. cit.

30. Ibid.

31. Anthony Bragalia, originally published Aug 8, 2010, op. cit.

32. 巴特爾的內部職階上，艾羅伊・深特向林恩・伊斯特伍德
（Lynn Eastwood）報告，後者又向霍華德・克羅斯報告。
Ibid.

33. Ibid.

34. Anthony Bragalia, August 18, 2009, op. cit.

35. Anthony Bragalia, originally published Aug 8, 2010, op. cit.

36. Sirion Luvenus, Roswell ' Memory Metal' Back Engineered？
April 04, 2007.
https://www.theufochronicles.com/2007/04/roswell-memory-
metal-back-engineered.html

37. Tony Bragalia, June 08, 2009, op. cit.

38. 烏里・蓋勒（Uri Geller）告訴安東尼・布拉加利亞，NASA
的人員也在實驗室進行鎳鈦合金的彎曲試驗。 Anthony
Bragalia, originally published Aug 8, 2010, op. cit.

39. Anthony Bragalia, August 03, 2011, op. cit.

40. 見 dailymotion.com/video/x2tud6
Accessed on 9/1/2020

41.Aviation Partners FlexSys 提供的 youtube.com/watch ？
v=Lvlucywvtd4 及 youtube.com/watch ？v=bC5BUuDFhmg
Accessed on 9/20/2020

42. Influence on Metal Alloy Nitinol，1973 Naval Surface Weapons
Center, White Oak Laboratory, Silver Spring, MD

43. 以下出版物（第 274 頁）詳細介紹了巴特爾的《記憶金屬第
二進展報告》中遺失的腳註：
Witness to Roswell, Revised and Expanded Edition: Unmasking
the Government's Biggest Cover-Up, Thomas J. Carey and

Donald R Schmitt, 2009, The Career Press, Inc., Pompton Plains, NJ

44. Anthony Bragalia, June 04, 2009, op. cit.

45. Anthony Bragalia, originally published Aug 8, 2010, op. cit.

46. Ibid.

47. Ibid.

# 第六章 美豔靈媒瑪麗亞‧奧西奇與 納粹德國的反重力計劃

　　納粹德國在二戰之前即已開始推進其圓形飛機計劃，該計劃因維爾協會的參與而進展神速。戰爭末期它已造出了直徑 230 呎的豪內布四型（Haunebu IV）圓形飛行器，並利用它進行其火星任務。至於民間社團的維爾協會哪裡來得飛碟設計的相關技術？據傳這與協會創始人——美豔靈媒瑪麗亞‧奧西奇有關，而奧西奇的信息則來自外星人，多年來它是一段陰晦與糾結不清的傳奇。下文試圖根據各種較可信的資訊，理清各種脈絡，重新述說奧西奇、維爾協會與納粹德國圓形飛機計劃之間的錯綜歷史。但在這樣做之前，首先來看看納粹德國的盤狀飛行器是如何曝光於世的。

## 6.1 史坦因／庫珀的臨終採訪

　　不明飛行物作者和歷史學者——理查德‧多蘭（Richard M. Dolan, 1962-）於 2013 年 3 月 5 日採訪了 CIA 前特工「匿名」（Anonymous）。面對著迫在眉睫的腎功能衰竭，這個人被迫披露他認為太重要而無法保密的祕密信息。

　　早在 1998 年當「匿名」首次接受資深 UFO 研究者與地區艾美獎獲獎紀錄片製作人——琳達‧莫爾頓‧豪 [1] 的訪問時，當時

他用斯坦因（Stein）或庫珀（Kewper）的假名。在接受莫爾頓·豪一連串的訪談之後，他受到一個不知名政府機構的威脅，最終從公眾視線中消失。2013 年始再復出接受訪問，這次他用「匿名」作為假名。

視頻中，匿名聲稱他曾參與美國空軍藍書計劃，他稱該計劃為「部分詐欺」，原因是他認為藍書案件完全是虛構的。匿名並說，在艾森豪威爾的入侵威脅之後，他和其 CIA 上級被允許進入內華達州祕密的 51 區，收集情報並向總統報告。在那裡他看到幾具外星飛行器，其中包括在新墨西哥州羅斯威爾墮毀的飛碟。然後他和其上司被帶到 51 區西南的 S-4 設施，在那裡他們看到了活的外星人。[2]

訪談之後理查德·多蘭在由 6 位前美國國會議員主持的 2013 年《不明飛行物披露問題公民聽證會》（Citizen Hearings on UFO Disclosure）上發佈了匿名的視頻證詞，多蘭、莫爾頓·豪及公民聽證會活動組織都確信斯坦因/庫珀是他所透露的事件的可靠目擊者。根據斯坦因/庫珀的透露，在 51 區活動的不明飛行物並非全是外星人所有，有些是在回形針行動（Operation Paperclip）計劃下擄獲的維爾（Vril）飛行器，有些是因逆向工程須要而借自外星人的飛行器，有些則是美國空軍的新型間諜飛機（如 SR-75、SR-74 與 TR-3B）。

斯坦因/庫珀說，1958 年當一次高度機密的 51 區 S-4 設施之行中，他與其 CIA 主管及其他 3 名 CIA 特工看到了 4 艘納粹飛碟，其中 2 艘是完成於 1920 年代及 1930 年代的維爾飛碟。此種體積較小的維爾飛碟是二戰之前德國的飛碟原型，它由瑪麗亞·奧西奇（Maria Orsitsch, 1895-1945 失蹤）及維爾協會開發出來，而納粹德國的祕密太空計劃則與維爾協會有很密切的關係。許多

來源指出，納粹太空計劃的奠基人——1924 年起開始擔任慕尼黑工業大學電子物理實驗室的溫弗里·奧托·舒曼（Winfried Otto Schumann, 1888-1974）教授在 1920 年代初的原型飛碟製作過程中與維爾協會的創始人瑪麗亞·奧西奇有緊密的合作關係，他們共同研製出可運作的德國第一代飛碟。當時舒曼教授在高壓靜電和等離子體（plasma）物理領域具前導角色，而此種專業的應用在原型飛碟的製作上是十分重要的。而美豔靈媒奧西奇則從與古人類脫離文明（breakaway civilization）[3] 的心靈溝通獲得飛碟的設計知識，1945 年德國投降前夕她從人間蒸發，從此無人知道其下落，有關此人的來歷及做為後文將會詳述。

　　話說回來，看到納粹飛行器之後，斯坦因/庫珀說他的 CIA 上司安東尼·巴頓（Anthony Bardon）告訴他，「沒想到會看到這個喔！我希望看到更多關於外星人的東西，但我從未期望看到與二次大戰及德國技術有如此大關係的東西。」他又說：「當我們在 51 區看到前兩艘飛碟時，安東尼望著我說：『維爾飛行器』」。第三艘的體形較大，其底盤安裝有槍，吉姆上校（Col. Jim）說：「它也是一個維爾飛行器。」（按：它應是納粹黨衛軍製造的飛行器）當問到 4 艘納粹飛碟的直徑時，斯坦因/庫珀說：「我想有兩艘維爾飛船，其直徑約 18 到 20 呎，其餘兩艘飛船其直徑約 60 呎。」[4] 他補充說道：「後兩艘飛船是在德國南部靠近奧地利邊界處的梅塞施密特（Messerschmitt）飛機廠後面發現的。」[5] 斯坦因/庫珀的證詞證實了回形針行動已經找到並遣返了 4 艘納粹碟狀飛船至美國。體形較小的前兩艘是早期的維爾協會原型機，而較大的後兩艘無疑是希姆萊和卡姆勒為了使飛碟參與戰爭，但其努力卻招致失敗的產物。

斯坦因／庫珀並說，他曾目睹另外三艘外星飛碟停放在 S-4 設施，據說它們是被從新墨西哥州找到的。51 區的吉姆上校說，他們從新墨西哥州獲得了這三艘外星飛船，說這話時他沒有指定它們究竟是來自羅斯威爾或其他地點。斯坦因/庫珀等人看到其中一艘飛船其蔽開一側的部分已被拆除，可惜從他們站立的地方看不到裡面的背面。這飛船可能是軍方為進行逆向工程而充做研究對象的羅斯威爾墮機之一。

琳達・莫爾頓・豪在對斯坦因/庫珀的採訪中曾問及這三艘外星碟狀飛船的推進系統。後者說，我問吉姆上校，三艘外星飛船的推進系統是什麼。吉姆上校說，其中兩艘的推進系統具有抗磁和抗重力作用，而另一艘則具有反物質類型的推進力，這比其他兩艘要複雜得多。顯然，51 區負責逆向工程的專家們認為反物質推進系統比較新型的反引力系統更舊及更複雜。[6]

斯坦因/庫珀的證詞得到鮑勃・拉扎爾的支持，後者聲稱他於 1989 年曾在 S-4 設施短暫工作過，期間他看到 9 艘碟狀飛船，且被要求為其中一艘使用反物質推進系統的飛船工作。前文提及，拉扎爾安排其他人見證了 S-4 設施中的一艘或多艘飛船的測試。他為此項短暫工作獲得了美國海軍某一祕密分支機構的報酬，該機構從事逆向工程，以試圖複製外星技術。

除了拉扎爾，另一位別名康納・奧萊恩（Connor O'Ryan）的舉報人——德里克・軒尼詩（Derek Hennessy）也支持斯坦因/庫珀的證詞。軒尼詩宣稱自己從 1983/1984 年到 1991 年期間被分配到 S-4 設施執行警衛工作，他描述了 S-4 的機庫設施，這些機庫存放了從各個墮毀地點回收的 7 艘碟形飛船。他說總共有 10 間機庫，S-4 設施被描述為「博物館」，表明它旨在存儲那些已被取代的先進飛碟技術。他透露了如何將一個或多個飛碟從地

底機庫上升到地表以進行飛行測試的過程，這只有在俄羅斯或其他間諜衛星沒有從頭頂飛過時才會採取行動。當檢測到衛星時，所有的飛行測試將會停止。

雖然軒尼詩沒有將機庫中的任何一艘飛碟稱為納粹黨衛軍或維爾飛船，但他將 S-4 設施描述為「博物館」的舉措表明，它是一處存放及研究捕獲的碟形飛船的設施。正如斯坦因/庫珀所言，其博物館歷史可回溯到第二次世界大戰。軒尼詩的信息還表明，S-4 設施的主要目標是研究被捕獲的碟形飛船技術，以便對其進行逆向工程，這與斯坦因/庫珀及拉扎爾透露的信息是一致的。主要的差異在於，斯坦因/庫珀（1958）和軒尼詩（1983/84-1991）說，他們在以上括弧年分於 S-4 設施目睹了 7 艘飛碟。而拉扎爾則說他在 1989 年看見過 9 艘飛碟。顯然，在 1980 年代後期 S-4 設施又增加了兩艘用於測試和研究的飛船。[7]

總之，斯坦因/庫珀、拉扎爾和軒尼詩的證詞都表明，51 區 S-4 設施的建立目的是用於研究和逆向工程捕獲的維爾/納粹以及外星飛碟。一些事實表明逆向工程碟形飛船的實際進展也將在其他地方持續進行，這將意味著大型航天航空公司使用反重力技術祕密地建造美國軍方自己的飛碟機隊的開始，而反重力技術是從捕獲的維爾/納粹以及外星飛碟逆向工程而來的。

上文提到，1998 年斯坦因/庫珀在接受莫爾頓·豪的採訪後為何即從公眾視線中消失，直到 2013 年始再復出？原來接受採訪之後，他在家鄉雜貨店與兩名聯邦探員接觸，後者告訴他，如果他還想見自己的孫子們，則絕不要再同莫爾頓·豪交談，或發表任何涉及有關他在軍方服役的信息，這番話著實令他感到害怕，為此，他在她的語言信箱留下信息，退出她的訪談計劃，並

要求她等到他去世後才可公佈訪談記錄。她照實做了，直到2014 年 6 月才在 Youtube 上發佈了部分訪談信息。

2015 年 UFO 超自然現象研究員羅納德‧加納（C. Ronald Garner），同時也是《不明飛行物披露問題公民聽證會》的未經認證的執行製片人（國家新聞俱樂部，2013 年 4 月/5 月），出版了《匿名：前中央情報局特工走出陰影向白宮簡報了不明飛行物》（Anonymous: A Former CIA Agent Comes Out of the Shadows to Brief the White House abut UFOs）一書，這本書很貼切地填補了空白。

2013 年之際，77 歲的斯坦因患有急性腎病，據稱只有幾個月的活命時間，該年他使用「匿名」的化名，同意接受 UFO 歷史學家理查德‧多蘭的採訪，這是他人生最後一次接受採訪，而採訪的時間就選在他的安全誓言到期之後，因此沒有違法問題，採訪的過程發佈在 Youtube 上。在 6 名前美國國會議員主持下的公民聽證會上，多蘭發表了斯坦因的視頻（video）證詞。莫爾頓‧豪、多蘭及公民聽證會活動組織者都一致堅信，斯坦因/庫珀是他所披露活動的目擊者。[8]

以上三方面的支持對斯坦因的證詞自是一個加分，更重要的是，斯坦因對碟狀飛行器的辨識並非外行人，在 1958 年受 CIA 招聘之前，他曾在美國陸軍信號訓練中心（Signal Training Center）完成了培訓，並開始擔任陸軍密碼學家，他的第一個任務是檢查從貝爾沃堡（Fort Belvoir）的美國空軍基地提交的關於不名飛行物和外星生命的檔案，這些文件其內容不同於在萊特‧帕特森空軍基地看到的藍皮書計劃文件，後者最終對一般大眾開放，但前者則仍然維持機密等級。

在 1958 年參觀 S-4 設施之前，除了斯坦因本身對 UFO 有一定認識之外，51 區的吉姆上校也在斯坦因一行人參觀設施時，提到眼前看到的 4 艘碟狀飛行器，其中體形較小的兩艘是德國建於 1920 年代與 1930 年代的維爾飛碟。[9]這種說法與古德所宣稱的，根據他在祕密太空計劃服務期間閱讀到的簡報：「第一艘飛碟原型機是瑪麗亞・奧西奇和維爾協會所發展出來的說法一致。」[10]

然而奧西奇不過一靈媒，就算外星人真把先進飛行器設計資訊輸進她腦袋，她又如何能僅憑這信息製造出飛行器？這其間的疑點且見下文解說。

## 6.2 靈媒與科學家的結合

有關維爾協會和奧西奇的傳說多年來一直籠罩在神祕之中，迄今沒有任何文件可以確認奧西奇的公開活動，尤其是有關她於 1919 年創立維爾協會的說法。由於缺乏有力文件支持，各種可能的說法其實都會備受爭議，其中一則較被接受的關於維爾協會的創建及其活動的說法如下：

該傳聞稱維爾協會成立於 1919 年的某個時候，它是由富裕的德國貴族領導的一個更大的形而上協會的分支，此協會稱為「圖勒協會」（Thule-Gesellshaft）。圖勒協會於 1918 年 8 月 17 日在慕尼黑（Munich）由魯道夫・馮・塞伯滕多夫男爵（Baron von Sebottendorf）成立，它是 1912 年初成立的日耳曼秩序（Germanenorder）的分支。圖勒協會因為它贊助 1919 年 1 月 5 日在慕尼黑成立的德國工人黨而出名，阿道夫・希特勒（Adolf

Hitler，1889-1945）因其演講技巧而成為創黨第 55 位成員，並成為執行委員會的第 7 位成員。1920 年 2 月 24 日德國工人黨改名為國家社會主義德國工人黨（NSDAP 或稱納粹黨）。

圖勒協會認為，他們可以通過幕後控制新的工人黨，從第一次世界大戰後的灰燼中建立起基於形而上學的德國人新國家。它的旗徽是一個反萬字（Swastika）型旗，該旗後來被 希特勒稍加修改後接受為納粹黨黨旗。在圖勒協會成員中，魯道夫・赫斯（Rudolph Hess, 1894-1987）後來在納粹黨內其地位竄升至僅次於希特勒的副元首（Deputy Fuhrer）。自 1933 年 4 月起赫斯一直擔任黨的副元首要職，直到 1941 年 5 月他祕密飛往英國求和，但卻以失敗告終為止。赫斯從此被盟國扣押，直到 1987 年因老病去世。雖然命運如此，然而與其他納粹戰犯相較，赫斯的結局算是幸運的了。

圖勒協會的領導人熱烈支持愛德華・布爾沃・里頓（Edward Bulwer-Lytton）出版於 1871 年的小說觀點，該書——《維爾，即將到來種族的力量》（Vril, the power of the coming race）表明，人類的未來將是由最有能力理解和使用維爾力量（Vril Forces）的人來決定，而所謂維爾力量，它是日耳曼神祕主義傳統下認為的眾神的生命力量，通過利用維爾力量，可能獲得運氣、財富、人際關係和成功。[11] 瑪麗亞・奧西奇（Maria Orsic，1895-1945 失蹤）應是當時環境下大批信仰維爾力量的人士之一，她後來與同樣熱切支持維爾力量的圖勒協會搭上線就不足為奇了。

金髮美女瑪麗亞・奧西奇是二戰之前德國著名的靈媒，她於 1895 年 10 月 31 日出生於薩格勒布（Zagreb），其父親——建築師 托米斯拉夫・奧西奇（Tomislav Orsic）是來自庫克奧匈帝國

的克羅地亞（Croatia）薩格勒布移民；其母親──巴蕾舞演員薩賓‧奧西奇（Sabine Orsic）則是維也納的德國人。奧西奇很快溶入了第一次世界大戰之後活躍的德國民族運動，該運動的主要目標是去促成奧地利與德國合併。據稱，來自薩格勒布的超自然靈媒瑪麗亞‧奧西奇 1917 年某個時候在維也納會見了塞伯滕多夫和包括神祕學家卡爾‧豪舒弗（Karl Ernst Haushofer，1869-1946）及第一次世界大戰的王牌飛行員 洛薩‧威茲（Lotha Waiz），與「聖殿騎士團傳承人」（Societas Templi Marcioni）格諾特（Gernot）等人。他們廣泛研究了「金色黎明」（Golden Dawn）的教義與禮節，尤其是有關亞洲祕密旅屋的知識。塞伯滕多夫和豪舒弗倆是印度和西藏地區經驗豐富的旅行者，深受這些地方教義和神話的影響。一戰期間豪舒弗與亞洲最有影響力的神祕社團之一，西藏黃帽（dGe-lugs-pa），進行了接觸，這導致了 1920 年代德國西藏殖民地的建立。

由於塞伯滕多夫和豪舒弗的緣故，與會眾人多討論與心靈感應交流相關的神祕事物，如此的聚會非止一次。有一次正當討論中，奧西奇陷入了持續數小時的發呆與昏迷狀態，事後她聲稱有來自另一個世界的光人（beings of light）與她進行交流。在接下來的幾天內，她反覆發生這種交流。光人告訴奧西奇，他們是來自距地球 65 光年的阿爾德巴蘭（Aldebaran）這個巨大星系，它是位在金牛座（Taurus Constellation）中稱為 Alpha Cen Tauri 的恆星系統，阿爾德巴蘭是該系統的最亮恆星。就這樣，瑪麗亞與雅利安人（Aryan）外星人進行了心靈感應通訊。據稱，阿爾德巴蘭人在多年前早已訪問了地球，並定居在蘇美爾（Sumeria），而「Vril」這個字是由古老的蘇美爾人單詞「Vril」（「像神」一樣）所形成。

由於以上緣故，圖勒協會的領導人意識到奧西奇的超凡能力，她可以進入完全的出神狀態，並能夠與其他世界的生物實體交流。1919 年奧西奇搬到慕尼黑，與未婚夫一起生活。在慕尼黑，奧西奇與圖勒協會及塞伯滕多夫等人的聯繫更為密切。上文提到，圖勒協會領導人相信，奧西奇和其他一些像她一樣的人，對於理解和使用維爾力量具有重要的線索。協會熱心地支持奧西奇以及在慕尼黑地區環繞在她周圍的一群年輕女士，這些女士在心理上也很有天賦。在此期間，奧西奇與來自慕尼黑的特勞特（Traute A）及其他幾個朋友創建了「泛德形而上學學會」（Alldeutsche Gesellschaft fur Metaphysik），它旨在探討雅利安人種的起源，該學會稍後更名為「維爾協會」（Vril Gesellschaft），協會的宗旨是在喚醒「維爾」的力量，會員全是年輕女士。

1941 年希特勒宣佈祕密社團為非法，奧西奇因而將社團註冊為企業組織，名為「維爾推進力講習班」（Vril Propulsion Workshops）。組織內那些具有心理天賦的女士平時致力於開發與外星生物交流的技巧，並學習如何利用「維爾」的神祕力量。女士們個個不但漂亮且留著非常長的頭髮，奧西奇自然不例外，她有著一頭很長馬尾的金黃頭髮，這在當時是一種非常罕見的髮型（當時大部分的德國年輕女性都留著短髮型），而這竟成了加入維爾協會的所有女性會員的時尚。維爾協會一直維持到 1945 年 5 月才終結，會員們認為，自己的長髮充當了宇宙天線的角色，可以接收來自地外的外星人信息，然而在公共場合，她們並未以馬尾的方式展示長髮。

1919 年 12 月，圖勒、維爾和「黑石之王」（Die Herren vom Schwarzen Stein, DHvSS）的成員在德國貝希特斯加登

（Berchtesgaden）附近租了一個森林小屋，與奧西奇及另一位名為西格倫（Sigrun）的靈媒會面。眾人聚會時，作為媒介的奧西奇在出神狀態中自動用兩種外國語文書寫了許多頁面，內容似乎充滿了技術性信息，且其中一種她事後無法辨識。她可以了解的一份是寫有聖殿騎士（Templar）的腳本，而另一份雖寫得很清晰，但她不了解，她認為可能是用古老的東方語文寫成的。該無法解讀的兩種文字手稿之一稍後被交給圖勒協會的泛巴比倫主義者解讀，結果發現，該神祕語言實際上是古老的蘇美爾人語言，它是古代巴比倫文化創始人的語言，著名心理學家西格倫則協助了解其中圓形飛行器的奇異心理圖像。奧西奇和西格倫認為，這些信息揭示了如何建造航天器之法。

其他專家被邀請翻譯奧西奇的自動書寫內容，翻譯證實了西格倫的心理印象，即該內容涉及建造革命性發動機的技術說明，它們包括飛行器、結構圖和飛行數據，該發動機可以為航天器提供動力。奧西奇和支持的圖勒成員隨後安排各種科學家去研究和翻譯書寫信息，並準備確定它們在科學上是否確實可行。在這當頭，奧西奇也因無法理解技術信息，她要求其父幫助她理解其含義，其父無法理解，幸而他熟識在慕尼黑技術大學任教的溫弗里德・奧托・舒曼教授，於是將該信息轉給舒曼教授，後者對它很感興趣，且認為它在科學上是可行的。

自此舒曼和奧西奇開始探討飛碟相關的各種問題與嘗試建造飛碟，替代科學（alternative science）或神祕科學的概念在這段時期和隨後的幾年中逐漸成熟。由於融資困難，該飛行器計劃花了三年時間才逐漸成型。[12] 奧西奇與舒曼合作，共同建造德國第一代碟狀飛行器的事其實是一樁順理成章的事情。原因是如果不是早就對電物理有深切研究的舒曼，還有其實驗室，缺乏理工背

景與經驗的奧西奇，就算她有外星人的不斷傳送技術資訊與維爾協會的幫忙籌資，她若要獨立完成一艘具有科學可行性的盤狀飛行器，幾乎是不可能的。那麼，舒曼究竟是何許人？

1912 年舒曼完成了有關高電壓技術的博士學位，隨後直到第一次世界大戰開始的 1914 年，他一直在 Bown, Boveri 和 Cie 公司的高電壓實驗室工作。1920 年舒曼在斯圖加特工業大學（Technical University of Stuttgart）擔任研究助理時獲得該校的教授資格。此後不久，他得到了耶拿大學（Jena University）的教授職位，並一直任職至 1924 年。然後他接受了慕尼黑工業大學的全職教授職位，並擔任電物理實驗室主任，直到 1961 年退休，實驗室隨後升級為電物理研究所。值得一提的是，戰爭結束時舒曼曾在迴形針行動計劃下短暫赴美研究，隨即返回原單位——慕尼黑工業大學電物理實驗室任職。實驗室隨後升格為電物理研究所，舒曼繼續在原單位積極做研究工作，直到 1961 年退休，當年他 73 歲，此後他繼續在原單位教兩年書後才離開教職。

舒曼在慕尼黑工業大學任職期間，他在電物理實驗室的工作總結如下：

他主要處理氣體、液體和固體狀態的破壞場強度（即在靜水張力（hydrostatic tension）環境下引起的破壞應力強度）。這段期間他的興趣擴展到了高頻技術和等離子體（plasma）物理學。在其一系列非常值得注意的出版物中，舒曼探討了在相似條件下實驗室中電離層（ionosphere）和等離子體的行為。[13]

早在 1931 年，作為電物理實驗室主任和專家職位的舒曼，成為了領導民間出資，建造基於高壓靜電和高頻旋轉等離子體原理的碟狀飛行器的理想人選。研究表明，高壓靜電荷會產生一種

推進力，它目前已被用於製造像 B-2 轟炸機這樣的機密混合飛機。並且，研究顯示，在高電壓環境中以 50,000rpm 旋轉的高能汞基等離子體，可以將旋轉等離子體圓周內所有部件的重量減少多達 89%。據 51 區內幕消息披露者埃德加‧福奇（Edgar Fouche）的說法，這些原理已被用於高度機密的三角飛行器——TR-3B 的磁場干擾器（Magnetic Field Disrupter, 簡稱 MFD）。

舒曼是在「回形針行動」下被帶到美國，該計劃招募了前納粹科學家來帶動美國先進的航空、航天和火箭工業。據《信息自由法》文件披露，舒曼是因其具備陸軍航空兵（即後來的美國空軍）機密計劃的相關技能而應要求，被列入德國科學家名單。1947-1948 年舒曼在萊特‧帕特森空軍基地工作，從事與他的專業領域相關的機密計劃。空軍進行的大規模電磁電荷與先進的航空計劃，涉及回收的納粹飛行器和其他來源的飛船。

1950 年代，舒曼因其測量「舒曼共振」的工作而廣為人知。[14] 美國國家宇航局（NASA）描述了舒曼在探測地球空腔的獨特性質中的作用及其對美國海軍進行潛艇極低頻通訊的重要性。舒曼在測量地球大氣中電磁波的行為方面之研究工作是眾所周知，而他在電物理實驗室及在萊特帕特森空軍基地的早期研究工作卻缺乏公開的支持性文件。雖然如此，但可以想像到的是，舒曼在美國的工作必然與他的大規模電荷和等離子體物理學專業有關，以及與如何將其應用於先進的納粹航空計劃中所使用的奇異推進技術及飛碟現象有關。

可以肯定的是，舒曼應非常熟習比費爾德——布朗效應（Biefeld-Brown Effect）（見後文）以及了解多大的靜電荷才足以為反重力飛行器的啟動提供推動力。此外，舒曼在高能等離子

體物理學方面的專業知識表明，他還應該熟習有關旋轉高能等離子體的抗重力作用之原理。因此，舒曼在萊特・帕特森所從事的機密工作很可能涉及對比費爾德——布朗效應的詳細研究，並研究其如何應用於回收的納粹德國高度機密的飛機以及使用反重力推進技術的盤狀飛行器。除此，他的工作也可能包括研究與旋轉等離子體有關的概念及其在福奇所聲稱的磁場干擾器（MFD）或古德所謂的磁引力消除技術（Magnetic Gravity Cancellation）中使用的減重效果。換句話說，萊特・帕特森空軍基地為了逆向工程外來飛行器，它正殷切希望得到像舒曼這類人的協助。

然而，一個有趣的問題是：舒曼為何僅僅在萊特・帕特森待個兩年不到就離開美國，返回德國？如果他是在「回形針行動」計劃下以戰俘身分到美國，他可能在兩年不到的短期間內以外國人身分自由離開美國嗎？何況萊特・帕特森的逆向工程研究正需要舒曼這等專業背景的人才之協助，美國豈會輕易放他歸國。以上問題的可能解釋是：

舒曼與海森堡教授或馮・布萊恩博士不同（海森堡與馮・布萊恩的事跡見後文），海森堡信奉納粹主義，他儘其所能招募科學家與工程師來協助納粹的軍武發展；馮・布萊恩則是 V-2 計劃領導人，他雖不執著於意識形態，本身卻是納粹黨員與黨衛軍（SS）成員，而黨衛軍組織正是須為二戰期間遍佈歐洲的死亡集中營負責的元兇。舒曼則是一個較單純的學術人物，他從 1912 年獲得博士學位後先到公司工作兩年，一戰開打（1914年）到 1920 年，未知其行蹤，推測可能跟從軍有關。1920 年開始至 1963 年期間，除 1947-48 年在萊特・帕特森外，其餘時間都在學校任教及研究。他雖然協助納粹德國開發圓形飛機，但其

研究計劃始終是與維爾協會的瑪麗亞・奧西奇一起進行，雙方顯然有著共同的和平理念。

因此，從舒曼的一生事跡看，他顯然未沾上多少戰爭罪惡，這也許是他能被允許自由離開美國的原因。至於他為何不願意像其他德國科學家般，選擇做個美國公民，最後在美國落地生根？同樣的解釋也可派用，他未沾染多少戰爭罪惡，大可安心返國，不慮遭報復。再則，他久處學校環境，而萊特・帕特森空軍基地則是完全不同於學校的地方，舒曼在浸淫學校生涯 27 年之後，是否能適應軍方研究環境是一個問題，如果他能選擇自由歸國並回到老教研單位，當然是要回去了。

話說回頭，在舒曼和奧西奇兩人通力合作下，德國第一代圓形飛行器終於問世。據研究人員羅伯・阿恩特（Rob Arndt）稱，它的建造時間約是在 1922-24 年間，[15] 這時納粹德國尚未建立。此種碟狀飛行器擁有超高航速，若能量產，對盟軍確能構成一大威脅。自原型飛碟問世後，它又經過數次改良，其改良腳步隨著納粹黨的獲得政權及第三帝國戰爭野心的膨脹而逐漸加快，可惜隨著帝國的殞滅它徒然成了人間的一個傳奇。下文且來談談催生第三帝國的兩名重要推手——魯道夫・赫斯與卡爾・豪舒弗的一些相關事跡，因有此兩人的無私奉獻，希特勒終能順利掌握權力，坐上第三帝國的獨裁寶座。


## 6.3 納粹推手與綠人


1924 年有一個插曲，該年 11 月下旬，瑪麗亞・奧西奇與圖勒協會創始人魯道夫・馮・塞伯滕多夫男爵及神祕學家卡爾・豪

舒弗一起在慕尼黑公寓裡拜訪了後來任阿道夫・希特勒副手的魯道夫・赫斯。聚會中，塞伯滕多夫想與一年前去世的迪特里希・埃卡特（Dietrich Eckart）聯繫，後者是圖勒協會的成員，他曾將易卜生（Ibsen）的戲劇翻譯成德語，並出版了《用好德語》（Auf gut Deutsch）雜誌。為了與埃卡特建立聯繫，眾人手拉手，一起圍著一張黑色裝飾的桌子。不久，奧西奇的眼球向後旋轉，只露出白色物質，然後只見她倒身向後、跌坐在椅子上，呈目瞪口呆狀。接著她嘴巴發出埃卡特的聲音，「埃卡特」宣佈，他有責任讓別人的聲音通過，以傳達一條重要的信息。

埃卡特聲音之後，另一通聲音出現，它將自己確定為蘇米（Sumi），並自稱是來自遙遠星球的居民，該行星繞著艾爾德巴蘭（Aldebaran）恆星系統旋轉。根據該聲音傳遞的信息，蘇米屬於一個人形（humanoid）種族，該種族曾在 5 億年前短暫殖民地球。他們在伊拉克建立了古代拉爾薩（Larsa）、舒魯帕克（Shurrupak）和尼普爾（Nippur）的廢墟。他們這個種族從諾亞方舟大洪水倖存下來的數人已成了雅利安人的祖先。塞伯滕多夫對此聲音表示懷疑，並要求提供證據。奧西奇當時仍處於出神狀態，她潦草寫了數行看起來很奇怪的標記，該標記原來是古老的蘇美爾人語言，它是最古老的巴比倫文化創始人的語言。[16]

上文提到的兩人，豪舒弗與赫斯在 1920 年代可能尚未出名，但在後來則各自發揮了重要影響力，成為無人不曉的人物。先說魯道夫・赫斯這個人吧，他於 1894 年出生在埃及，是德國進口商的兒子，第一次世界大戰期間他加入德國陸軍，在當兵之前他曾受過良好教育及有多處旅行經驗。服役後他被分配到與阿道夫・希特勒下士同一團，兩人似乎互不認識。戰爭期間赫斯曾受傷兩次，後來成為戰鬥機飛行員。戰爭結束後赫斯返回慕尼

黑，幫助準軍事組織的其他前士兵驅逐了短暫的共產黨地方政府。在對共黨地方政府政變後，赫斯加入圖勒協會，並就讀於慕尼黑大學，在這裡他遇到了未來的妻子，以及對希特勒和對他本人都將產生重大影響的男人——卡爾·豪舒弗將軍/教授。

卡爾·豪舒佛於 1887 年 18 歲時成為職業軍人，並在巴伐利亞王國戰爭學院完成了砲兵學校和軍官的培訓。1896 年，他與父親是猶太人的瑪莎·梅耶·多斯（Martha Mayer-Doss）結婚。然後，他在皇家德國陸軍中晉升，直到 1903 年，他 34 歲時成為戰爭學院的老師。在此期間，德國的普魯士軍隊在 1871 年的法德戰爭中戰勝法國人，因此享有很高的外國威望。在戰爭學院任教五年後，他於 1908 年被派往日本。他定居東京，他學習日本的軍事實踐並擔任日軍的砲兵教官。日本的帝國軍隊控制權在 1871 年的明治時代初期就集中在皇帝的手中，天皇以普魯士軍隊為藍本，並已在其執政的早期階段即引進法國，意大利和德國顧問。

因此，基於砲兵專業知識和普魯士軍事學科的一般經驗，豪斯佛於 1909 年被派到日本。他到來時受到天皇的歡迎，在他和家人留在日本期間，他享有高度特權的社會地位。他已經精通俄語，法語和英語，此時在其語言庫中又添加日語和韓語，因此，他被接納為日本社會的最高階層，並與天皇圈子中的權力經紀人混為一談。正是在這個圈子中，豪斯佛遇到了奠基於日本政權基礎上的祕密社會，這個祕密社會將天皇尊為黑龍會（Kokuryu-Kai, 也被稱為 Black Dragon Society.）的龍頭，這情形倒有些類似於孫中山奔走革命時期，美國的洪門致公堂尊他為龍頭一般。「黑龍」是超民族主義，軍國主義和法西斯主義者，除了控制日本外，該組織還滲透到東亞所有國家的權力中心，甚至擴展到了

美國。他們毫不猶豫地利用暗殺和宣傳來實現他們的日本世界霸權目標。

黑龍協會的最核心是綠龍協會（Green Dragon Society）。在這裡，政治和經濟力量化為神祕的黑魔法力量。從表面上看，綠龍是一個小的佛教寺院教派，儘管僧侶們也遵守了神道教儀式。在 16 世紀，他們選擇了京都作為其中心位置。在 19 世紀，眾所周知，綠龍與一個叫做綠人協會（Society of Green Men）的神祕團體保持著密切的聯繫，綠人協會住在西藏的一個偏遠修道院和地下社區，並且只在星體層面 [17] 與綠龍溝通。綠人能夠表現出巨大的心理和神祕力量，因此他們很容易控制綠龍，綠龍認為聯絡對他們有利，卻沒有意識到誰在控制誰。

「綠人」具有穿越時空的能力，並有一套深遠的可以延續到 5000 年的計劃。「綠人」對德國-普魯士的軍國主義印象深刻，並由此認為與德國結盟將會幫助他們實現其 50 世紀的目標， 因此，他們說服「綠龍會」邀請豪斯佛加入會社。他們希望利用他作為催化劑，建立無敵的法西斯德國國家，該國家將與日本結盟。然後，他們將共同征服俄羅斯，然後統治龐大的歐亞大陸，並有能力對抗西歐和英美同盟。豪斯佛成為有史以來第三位加入綠龍會的西方人， 他於 1911 年回到德國。當時 42 歲的他是個已經改變了的男人。從本質上講，他是祕密的武器，被地下藏族文明的黑魔術師釋放給了毫無戒心的德國社會，以促進他們建立五十世紀的有遠見的全球戰略的帝國。實際上，他是一枚針對歐洲政治核心的導彈，儘管很可能他本人並不了解其任務的真實性質。他極有可能被綠龍僧侶催眠並洗腦，以致於相信自己的所作所為。回到德國後，豪斯佛患了多種疾病，有三年時間他無法工作。但是，在那段時期，他從慕尼黑大學獲得地緣政治學博士學

位。他的博士論文題為《對大日本的軍事實力，世界地位和未來的思考》，證明了他對日本的持續痴迷。1914 年，他以凱撒軍團將軍軍銜進入第一次世界大戰，並負責西方戰線的一個旅。

　　綠人協會西藏修道院的確切位置尚不得而知，豪斯佛也不太可能知道它在哪裡。僧侶通過星體領域與綠龍進行了交流，因此後者無需透露自己的位置。回顧過去，很明顯，「綠人」與來自阿爾法・德拉科尼斯（Alpha Draconis）的巨大的爬蟲類外星人地下帝國有關，據說它從西藏西南部一直延伸到整個印度次大陸，包括印度貝納雷斯（Benares）。這個帝國在印度教神話中被稱為帕塔拉（Patala）或「蛇世界」（Snakeworld），據說它是傳說中的納加斯（Nagas）——或蛇種的故鄉，自古以來，印度人一直對其進行崇拜，並將其視為惡魔。據說 Patala 是位處地下深處巨大洞穴和隧道的七層錯綜複雜的建築。據信，這些蛇族主要居住在首都博加瓦加蒂（Bhogawati）。

　　眾所周知，至少有兩個入口進入了納加斯世界。一個入口位於貝納雷斯的舍什娜井（Sheshna's Well），另一個入口位於拉薩以西約 500 哩處美麗的馬納薩羅瓦（Manasarovar）湖周圍的群山中。它海拔一萬五千呎，是世界上最高的淡水湖，據說曾被佛陀視為禪修勝地。化名「布蘭頓」（Banton）的布魯斯・艾倫・沃爾頓（Bruce Alan Walton，1960-）（據稱現已去世）是互聯網上關於地球上外星殖民地最權威的人物之一，他聲稱，據報導，湖周圍的人見過該地區的爬虫人，並見過他們的無翼飛行器進入和離開山區。現在我們知道，爬虫人與最初來自 Zeta Reticuli 的所謂的「灰人」有密切的聯繫，因此很有可能在帕塔拉中也存在一個灰人的殖民地。[18]

在一次世界大戰停戰和 1933 年之間的歲月中，卡爾・豪舒佛積極尋找能夠領導德國成為法西斯軍事強國的人，他有能力通過結盟或征服與日本一起接管俄羅斯，從而統治整個歐亞大陸。豪舒佛早已廣受尊敬和具有聲望，他於 1919 年成為慕尼黑大學地緣政治學副教授，因此具有獨特的地位，可以就綠龍的領土議程向選定的領導人提供建議，而他的黑龍與綠龍導師則為他提供了積極的協助和建議。在任命新德國獨裁者的準備過程中，豪舒佛建立了兩個與龍族有聯繫的祕密組織。1918 年，他與魯道夫・馮・塞伯滕多夫一起在慕尼黑創立了以神祕主義為基礎的圖勒學會。該組織鼎盛時期在巴伐利亞州擁有約 1500 名成員，其中許多人在德國工業和右翼政治領域有影響力。圖勒成員最終演變為納粹黨， 因此豪舒佛從而為該黨新領導人的產生奠定了基礎。

豪舒佛還建立了與藏族僧侶有聯繫的維爾協會，如果此說可靠，則推測與出神狀態中的奧西奇聯繫的所謂「艾爾德巴蘭居民」極可能是德拉科尼斯爬蟲人所偽裝，畢竟後者也具有強大的心靈溝通能力，在此種推測下，出現了另一種有異於前述的說法，即反重力技術是從正使用反重力飛船的爬蟲人所在的帕塔拉通過綠人傳輸到維爾協會的。然而實際上與奧西奇進行心靈溝通的「人」究竟是何種族類，迄今無法證實。雖然如此，但有一事是肯定的，正是在圖勒的這個超級祕密核心內，才開發出了第一批德國飛盤。

文章至此略做個小總結，關於納粹德國反重力飛行器技術資訊的來源就有三種，首先是透過維爾協會的媒介由「光人」阿爾德巴蘭人傳輸的資訊；其二是來自古德所稱的「古人類脫離文明」；其三是來自德拉科尼斯爬蟲人。究竟哪一種才是正確的資

訊源頭？確切的資訊來源難以查證，原因是作為媒介的瑪麗亞·奧西奇總是透過心靈感應來傳輸資料，並未實質接觸到本尊。但從納粹德國覆滅後納粹脫離文明在南極大陸與爬虫人的勾結來看，奧西奇的飛船資訊來自爬虫人的可能性是較大的。至於瑪麗亞為何一直以為她所接觸的對像是阿爾德巴蘭人？有可能爬虫人為了方便與人類接觸並取信於人類，因此偽裝成與人類各方面都相似的阿爾德巴蘭人。另一種可能性是瑪麗亞與維爾協會確實與阿爾德巴蘭人接觸，而納粹黨衛軍控制下的飛盤研發部門——黑太陽教團除了自行研發外，更與爬虫人（包括地球原生爬虫人與德拉科爬虫人）接觸，要留意的是不管是阿爾德巴蘭人或德拉科爬虫人，都具有強大的心理感應能力。

豪舒佛安排將一群來自綠龍會和綠人協會的僧侶帶到柏林，成立一個科學諮詢小組。其他先進德國武器（如所謂的「神奇武器」）信息的開發也是從帕塔拉通過柏林的綠人而收集到的。

在魯道夫·赫斯的鼓勵下，豪舒佛於 1923 年參加了阿道夫·希特勒叛國罪的審判。希特勒在審判中激動人心的演講給豪舒佛留下了深刻的印象，以至於他決定選擇希特勒作為未來新德國的領袖。通過與希特勒關係密切的赫斯的調解，豪舒佛開始在蘭茨貝格監獄（Landsberg Prison）的牢房裡對希特勒灌輸一些新理念和進行再教育。他於 1924 年經常訪問希特勒，並撰寫了《我的奮鬥》中有關地緣政治的所有部分。然後，通過他本人與圖勒的聯繫，豪舒佛得以影響德國實業家，為希特勒和納粹政權的崛起提供資金。

豪舒佛是 1922 年慕尼黑地緣政治研究所的創始人，早在 1926 年他就開始為其學生與追隨者組織前往西藏的年度旅行，這些旅行顯然與他的「龍」聯繫有關。希特勒於 1933 年上台

後，豪舒佛通過綠人聯盟的中介，安排了希特勒與帕塔拉的爬蟲人之間的協定。從那時開始，維爾協會成為了黨衛軍的技術部門，而反重力飛盤的開發也變成了黨衛軍的業務。毫無疑問，卡爾·豪舒佛是納粹德國的教父。正是他這樣灌輸了希特勒，說德國人是亞特蘭蒂斯大洪水的雅利安倖存者的後代，也正是他援引了「棲息地」（Lebensraum）一詞來為德國接管毗鄰的「次等」國家的土地辯護。日本擁有世界一流的帝國海軍，將統治海洋以保護這些領土收益。他甚至說綠龍將向希特勒提供一支由一百萬克隆戰士組成的核心部隊，這是可怕的，無畏的國防軍。

　　卡爾·豪舒佛所提到的似乎是一個萬無一失的計劃，所有細節均由黑龍精心打造，而他則完美地履行了本身使命。但是，有一個不可預測的因素，事實證明這導致整個操作的失敗。包括圖勒協會在內的豪舒佛一夥人無法控制阿道夫·希特勒，後者只是拒絕當好小木偶，最終證明他是個瘋子。當他堅持要當軍事總司令，並承諾在兩個戰線上與兩個強大的對手作戰，同時又執行了瘋狂的大規模滅絕種族的計劃，最終的失敗從那一刻就變得不可避免。終於，希特勒瞄準他的導師，並將豪舒佛和他的家人送到集中營。戰後在紐倫堡法庭審訊時，豪舒佛雖意識到自己選錯了人，但為時已晚，因此他以唯一正確的方式結束了一條失敗的綠龍之路。他和他的妻子於 1946 年初自殺。作為西方人，他們不認為必須使用野蠻的日本原住民切腹方式，而是服用了毒藥。此外，他的妻子並加料上吊自殺，而這顯然只是為了確保她自己會死。[19]

　　總結豪舒弗的一生，他是祕密社團——圖勒協會與維爾協會的創始人之一，及實質上也是戰後納粹脫離文明的催生者。他曾是赫斯和希特勒兩人的導師，後來在成為第一次世界大戰期間凱

撒軍團的將軍之前，曾在遠東廣泛旅行。豪舒弗與有影響力的日本商人和政治家的早期交往對於促成二戰期間的德日同盟至關重要。他也是第一個與南美國家建立關係的納粹重要人士，這種關係有助於納粹戰犯從歐洲逃脫。豪舒弗也同時制定了希特勒的「棲息地」政策，即為住在德國邊緣的人們提供「生存空間」。他和其他支持德國在國際上統治地位的德國地緣政治家提出了「泛區域」理論，該泛大陸區域包括一個工業大都市（或主要大國）和一個資源外圍地區，並假定以下這四個區域在德國統治全球之前將以中間階段形態暫時出現。這些地區包括德國主導的泛歐洲（包括非洲）、日本主導的泛亞、美國主導的泛美和蘇聯主導的泛俄羅斯。

　　儘管豪舒弗被譽為希特勒的幕後推手，但 1945 年他對來抓捕他的美國軍官說，他只能通過赫斯的嘴巴來影響希特勒。赫斯和豪舒弗在德國工人黨的一次啤酒廳聚會上首次見到了希特勒。1923 年新成立才 3 年的納粹黨試圖在巴伐利亞州（Bavaria）武裝奪權，當時赫斯就站在希特勒身邊。政變失敗後赫斯開車去了奧地利，在那裡他接受圖勒協會準軍事部門成員的庇護。不久，赫斯自願返回德國，與涉嫌叛國罪被關入蘭茲貝格（Landsberg）的希特勒同一監獄。由於當時的政治氣氛，兩人在關不到一年就被釋放。在被監禁的幾個月中，赫斯成為希特勒的密友兼忠實聽眾，他幫助後者製作了《我的奮鬥》（Mein Kampf）。希特勒僅有中學程度，且是首次寫書，可以想像，《我的奮鬥》初稿必定充滿不少文字、文法與段落不清的問題，赫斯很有耐性地編輯、改寫和組織了這本書。豪舒弗於 1945 年對審訊員說，據他所知，赫斯實際上主宰了那本書的許多章節。
20

　　1925 年納粹黨改組後，赫斯成為希特勒的私人祕書，此後他又擔任黨內其他要職。希特勒於 1933 年 1 月 30 日被保羅・馮・興登堡（Paul von Hindenburg）總統任命為德國總理，同年 4 月 21 日赫斯成為希特勒的副手。1934 年 8 月 2 日興登堡去世，希特勒合併了總理府和總統府的權力與辦公室，成為德國無可爭議的領袖（Fuhrer），赫斯當然順理成章地成了副領袖。此際，赫斯可以說是納粹黨諸要角中最接近希特勒的人，兩人有著共同的志向和理念。1939 年戰爭前夕，赫斯甚至於被任命為緊接帝國元帥赫爾曼・戈林（Reichsmarschall Hermann Goering）之後，希特勒的另一個接班人。

　　值得一提的是，魯道夫・赫斯，這位圖勒協會的早期成員，一旦掌握了實質權力，必會注意維爾協會的祕密太空計劃。其實在他成為希特勒的副手後，無可避免地，他極可能對原型飛碟的發展及其對納粹德國的影響開始產生濃厚關注。[21] 下文且來看看希特勒掌權前後，舒曼與奧西奇等人如何協助納粹德國發展盤狀飛行器。

## 6.4 納粹德國盤狀飛行器的試驗與發展

　　1922 年 3 月 22 日第一個模型 —— 超越飛行器（Jenseitsflugmaschine，簡稱 JFM）經過測試，慘遭失敗，它上升到空中約 50 呎，然後像一個巨大的車輪般，痛苦地在空中打轉，噴出火焰後即瓦解，飛行員差點來不及逃生。為了此故，瑪麗亞・奧西奇又回到了繪圖板上，與光人再度進行交流，獲得進一步指示。幾天後奧西奇去見溫弗里・舒曼教授，她交給後者一

些新的筆記和圖片，以糾正設計上的缺失問題。除此，奧西奇又告訴舒曼，必須使用精神控制來操縱飛行機器。後來，她再向舒曼提供有關「頭帶式心理指揮裝備」的完整計劃和說明書，後者則繼續研究該計劃。隨著研究工作的進展，舒曼不僅成為奧西奇的父親形象人物，而且被認為是德國飛碟之父。

　　1923 年 12 月 17 日，JFM 的第二個模型——JFM2 進行測試，在測試期間奧西奇和西格倫曾 8 次造訪飛行器所在機庫，並在測試前將與光人「溝通」的發現告知工程師。這次的遠程控制測試非常成功，飛行器以相當快的速度飛行了 55 分鐘，然而當它降落後外表樣子看起來很破舊，不像是全新的。奧西奇解釋說，這是飛船在平行的維度飛行，導致飛船的材料發生變化，並且可能對飛船上的人員產生相同的影響。這種解釋使現場的工程師感到震驚，但舒曼教授則不擔心，他知道瑪麗亞可透過與形而上世界的交流為此問題提供解決方案。

　　舒曼和其他人將 JFM2 懸浮裝置進一步發展為 1934 年 RFZ（Rundflugzeug）類飛碟，以及 1939-45 年間的維爾（Vril）和豪內布（Haunebu）圓盤飛行器。舒曼教授被視為是「舒曼懸浮盤」（Schumann Levitation Disk）的發明者，這是後話，暫且不提。1924 年開始，舒曼開始在慕尼黑工業大學任教授，並領導電物理實驗室，在此之前他早已熟習維克多·紹伯格（Viktor Schauberger）的氣旋式 內爆（implosion）導致懸浮的理論，一般認為，通過使用內爆原理，可以產生反抗引力的效應，以及產生新形式的能量。因此，舒曼認為，瑪麗亞所傳達的信息與其他人的研究結果並無矛盾，可能會有潛力，這是他能理解並接受她所提供信息的原因。

藉著圖勒協會會員的私人捐獻，舒曼可以輕鬆地嘗試奧西奇提供給他的設計圖來製作原型機的原因是：這不會對他的職業或聲譽造成任何風險，畢竟當時他是高電壓靜電學和等離子體物理學的領先人物。此外，基於奧西奇的設計圖來建構原型機將可能提供許多有關自己專業領域的實際應用信息。

舒曼剛開始展開工作時進展並不是很順利，於是奧西奇與阿爾德巴蘭再進行多次接觸，後者傳遞給她更多航天器有關的設計信息。舒曼重新整合所有資訊後，提出為建造第一個飛碟「超越飛行器」而籌募資金的提案。此外，根據二戰後發現的所謂黨衛軍（SS）檔案，舒曼與紹伯格在飛行器的懸浮原理方面分享同樣的觀點。[22]

第一批飛碟模型的試飛顯然是失敗的，在這之後舒曼與奧西奇仍然持續合作，這導致了第一個成功的原型機於 1934 年被開發出來。他們建造的第一艘飛船使用水銀渦輪機，並開發了電重力發動機。根據前美國空軍中士丹・莫里斯（Dan Morris）的證詞，據稱發生在 1931 年和 1932 年的 UFO 墮毀可能是因試飛失敗所致。[23] 而根據加蘭將軍（Gen. Gerland）備忘錄，1931 年是德國開始進行其先進航天計劃的時間，納粹黨於 1933 年取得政權後，繼續推進該計劃。[24]

希特勒政權在 1934 年完全控制德國之後，舒曼的工作和維爾協會的祕密太空計劃引起納粹高層的注意。後者成立了 U-13 和 SS-E-4 兩個部門，專門研究維爾協會的這項新飛行技術。SS-E-4 是在蓋世太保頭子海因里希・希姆萊（Heinrich Himmler，1900-1945）的直接監督下，它被稱為黑太陽（Black Sun）的第四發展集團，其主要研究重點是基於維克多・紹伯格的工作理論。[25] 維克多・紹伯格獨立開發了其會產生抗磁懸浮力的「反推

力」（Repulsine）渦輪機，他稱它為「鱒魚渦輪機」（Trout Turbine），這是因為他從研究鱒魚在瀑布上逆流游泳而獲得了靈感。1934 年 6 月紹伯格受希特勒及維爾和圖勒協會的邀請，加入後兩者一起工作。

最初黨衛軍對使用維克多‧紹伯格的鱒魚渦輪機以推進潛艇感到興趣，在希姆萊的命令下紹伯格在毛特豪森（Mauthausen）進行祕密飛行器研發，他獲得了大約 20-30 名囚犯工程師幫助。紹伯格繼續開發其鱒魚渦輪機，直到其早期測試模型之一在實驗測試時發生災難為止。該模型的直徑為 2.4 米，帶有小型高速電馬達，整個單元用沉重的螺栓牢固於混凝土地板上。最初啟動時，Repulsine A 激烈運動並垂直上升，它迅速撞擊到實驗室天花板後破裂成為碎片。顯然該裝置所產生的力被大大低估，且安裝上去的螺栓在測試前已先被剪斷。黨衛軍對此情況極不滿意，他們懷疑紹伯格故意破壞，威脅他的生命。經過多次改進後，到了 1943 年，紹伯格設計了 Repulsine B 模型，但最終黨衛軍放棄了將紹伯格發動機應用於潛艇的想法。

以上概述納粹黨衛軍的 SS-E-4 在紹伯格和維爾協會的工作基礎上，開始開發自己的碟狀飛行器之經過。現在且將話題轉回舒曼這一頭，1934 年 6 月舒曼博士在布蘭登堡（Brandenburg）的 阿拉多（Arado）飛機工廠研發出實驗性圓形飛機 RFZ-1，其試飛既是第一次飛行，也是最後一次飛行。它垂直上升到約 60 米的高度後，開始在空中翻滾。事實證明，應該用來引導該裝置的 Arado 196 尾翼裝置完全無效，飛行員洛薩‧威茲（Lothar Waiz）在驚險萬分中成功降落地面。

RFZ-2 於 1934 年底完成，它具有維爾驅動器和電磁脈衝飛行系統，其直徑為 5 米，且其設備的輪廓能隨著速度的提升而變

得模糊，及能改變自身顏色，這是不明飛行物的顯著特徵。根據推進力多寡，它能改變為紅色、橙色、黃色、綠色、白色、藍色或紫色。1941 年它在英格蘭戰役中曾被用作遠程偵察機，該年年底，在南大西洋上空 RFZ-2 曾被拍攝到其身影，當時它前往與正處於南極水域的輔助巡洋艦——亞特蘭蒂斯號（Atlantis）會合。

在小型 RFZ-2 作為遠程偵察機之舉獲得成功之後，維爾協會在布蘭登堡獲得了自己的試驗場，首先登場的是「維爾-I 型獵人」（Vril–1 Hunter）輕型武裝飛碟，它於 1942 年底試飛，其直徑為 11.5 米，單座位，配備了舒曼懸浮驅動器和磁場脈衝飛行系統。舒曼懸浮驅動器內部裝有兩個反向旋轉盤，從而產生了兩個反向旋轉扭轉場，極性（polarity）正確的反向旋轉磁場也可能會放大這些扭轉場。由於相反的電磁（EM）場會產生標量（scalar）電磁場，而該標量場在三維空間中不再存在，但在時間維度上起作用，因此具有足夠強度的反向旋轉扭轉場會導致這些場內部的物體被隔離，或與周圍的時空隔離。在這種情況下，重力和慣性力在被隔離的時空中對其內的物體沒有影響，並且物體可以容易地懸浮，甚至在物體未感受力的情況下也能產生巨大加速度。

基於阿爾德巴蘭技術的舒曼懸浮裝置，其原理與紹伯格懸浮裝置及湯森布朗（Townsend Brown）電重力裝置（見後文）的原理完全不同，然而在 漢斯·卡姆勒（Hans Kammler）博士領導下，納粹德國可能同時吸收了所有三位發明家的想法，以開發出最高效的飛行器，來完成手邊的各種任務。外號「邪惡博士」（Dr. Evil）的漢斯·卡姆勒，是希特勒祕密武器計劃的總負責人，他的直接上司是海因里希·希姆萊，他負責希特勒的最祕密

計劃，尤其是世界上第一批噴氣發動機和火箭等計劃。他有超過 1400 萬人為他工作，其中大部分是在地下工廠參與建設工作。此外，卡姆勒也應為集中營內數以萬計囚犯的奴役勞工負責。納粹覆亡之際他消失無蹤，其動向迄今仍充滿各種憶測。由於卡姆勒涉及納粹的高級武器計劃，故有必要對此人略作介紹。

漢斯·卡姆勒將軍/博士（1901 年 8 月 26 日至 1945 年 4 月？）是黨衛軍的土木工程師和高級軍官。他負責黨衛軍的建設項目，並在第二次世界大戰結束時負責 V-2 導彈計劃。卡姆勒出生於德國的斯泰丁（Stettin）。1919 年，在服志願役之後，他又在羅斯巴赫（Rossbach Freikorps）服役。從 1919 年到 1923 年，他在慕尼黑和但澤（Danzig）學習了土木工程。他於 1932 年加入德國國家社會主義德國工人黨（NSDAP），並在納粹政權上台後擔任過各種行政職務，最初是在德國國會大廈（RLM-航空部）任職。他於 1940 年加入黨衛軍，1942 年他開始設計死亡集中營（即滅絕營）的設施，包括毒氣室和火葬場。卡姆勒最終成為 WVHA（德國行政和經濟總辦公室）負責人奧斯瓦爾德·波爾（Oswald Pohl）的副手，該辦公室監督集中營系統的管理機構 D 組（Amt D），同時它也是設計並建造所有集中營和滅絕營的 C 組（Amt C）主管機構。

卡姆勒還負責為各種祕密武器項目建設設施，包括 Messerschmitt Me 262 和 V-2 的製造工廠和試驗台。他還被指派在喬納斯塔爾（Jonastal）和里森博（Riesengebirge）建造設施進行核武器研究，並在埃本塞（Ebensee）研製 V-2 衍生的洲際導彈。1944 年，黨衛軍司令希姆萊說服希特勒將 V-2 計劃與其他所有祕密技術和武器的開發從赫爾曼·戈林（Hermann Goering，1893-1946）的控制下直接置於黨衛軍的控制之下，並

於 8 月 6 日由卡姆勒擔任負責人，取代了沃爾特・多恩伯格（Walter Dornberger），並將有關裝備轉運到捷克斯洛伐克比爾森（Pilsen）附近的大型斯柯達彈藥廠（Skoda Munitions Works）。從 1945 年 1 月起，他被任命為所有導彈計劃的負責人，僅一個月之後，由於所有德國航空航天計劃都由黨衛軍負責之故，所以這些計劃也都由他負責。通過這一行動，卡姆勒成為納粹德國第三大有實力的人物。斯柯達工廠在戰爭初期就生產了德國 Panzer 坦克，並具有製造飛盤所需的大規模金屬鑄件的能力。

1945 年 4 月，卡姆勒失蹤了。一些報導表明，他被希姆萊派人暗殺，原因是希姆萊不允許具有火箭計劃詳細知識的人員落入盟軍之手。其他報導則表明他可能是在布拉格（Prague）附近某個地方被殺害或自殺的。確切的命運是未知的，而且他的屍體從未被發現，這一事實導致人們猜測他在戰後繼續留在美國工作，據稱他在反重力和其他先進裝置上工作。尼克・庫克（Nick Cook）在 2001 年出版的著作《尋找零點》（Hunt for Zero Point）調查了卡姆勒與許多其他德國科學家一起被帶到美國的可能性，這是「回形針操作」 計劃的一部分，沒有已知的事實支持該理論。事實上，卡姆勒不是物理學家也不是火箭工程師。他主要是一名行政人員，對美國人而言他沒有什麼有價值的技能，因此推測他不可能在「回形針操作」下被帶到美國。[26]

1945 年 4 月中旬，喬治・巴頓將軍的第三集團軍直接朝東迅速向柏林接近，然而艾森豪威爾將軍突然命令他停止前進並改變方向。他被命令朝東南方往捷克斯洛伐克的布拉格前進，然後被告知在納粹反重力武器研究重地——斯柯達工廠所在地的比爾森（Pilsen）停下來。巴頓很不情願地服從這道命令，因為他一

直打算比俄國人先一步到達柏林。顯然，中情局的前身——戰略服務辦公室（Office of Strategic Services，簡稱 OSS）向艾森豪威爾告知了卡姆勒領導下的祕密武器發展情況。巴頓比俄羅斯人提前六天到達斯柯達工廠，但到達時發現卡姆勒早就離開了。原來早在 1945 年 2 月 23 日，「閃電球」（Kugelblitz）的最新發動機被運走，兩天後，德國卡拉（Kahla）的地下工廠被關閉，所有奴隸工人被送往布痕瓦爾德（Buchenwald）煤氣室毒殺並火化其屍體，畢竟死人不會說話。卡姆勒當時就是負責疏散工作，他從未被發現。盟軍的各種情報機構已經掌握了所有間諜活動的報告，並且清楚地知道希特勒在阿爾卑斯山地下設施中所發生的一切。因此，盟軍準確地知道了要尋找什麼。

意大利作家雷納托·維斯科（Renato Vesco）在他的《攔截UFO》一書中說：「涵蓋了每個戰爭工業領域的成千上萬的藍圖、公司論文、研究人員名單、實驗室模型、備忘錄、報告與筆記，它們從數千個不太可能的藏身之處湧出」。當然，我們可以得出的結論是，許多反重力信息都落入了盟軍的手中。到那時，盟國勢力就不可能站在反重力技術起源的地方。在柏林發現的綠人屍體可能提供了線索，但是沒有其他證據表明這些信息是來自西藏。毫無疑問，他們認為它是德國科學家開發的。[27]

卡姆勒的事情且暫告一段落，現將筆鋒調轉回納粹德國的祕密武器計劃。上文提到納粹飛盤開發的科學和技術基礎來自帕塔拉，由綠人協會向黨衛軍科學家提供，該協會在柏林設立了一個諮詢辦公室。有證據表明，德國人製造了多達 25 種豪內布型工作模型。這是一種獨特的鐘形飛行器，由一個稱為「科勒轉換器」的相當簡單的電子重力電機提供動力，該電機由漢斯·科勒（Hans Coler）上尉基於特斯拉線圈原理開發。該電機將地球的

重力能轉換為電磁能，但也可以從外層空間的真空中提取能量。在本系列中，豪內布 I 型是一艘小型的兩人船，但是豪內布 II 型則更大，更複雜。豪內布序列飛盤的發展略述如下：

SSE-IV 是 SS 神祕的「黑太陽教團」（Black Sun Orders）的發展部門，其任務是研究替代能源。到了 1939 年，該部門開發了革命性的電磁重力發動機，該發動機將漢斯·科勒的自由能機器改良為能量轉換器，該能量轉換器與 Van De Graff 頻帶發生器和 Marconi 渦旋發電機耦合在一起，產生了強大的旋轉電磁場，因而影響了重力場並減輕了物體質量，它被稱為圖勒引擎驅動器，將被安裝到圖勒協會設計的飛碟中。漢斯·科勒自由能裝置是由德國海軍上尉漢斯·科勒在 1920 年代所發明。他的裝置已由柏林理工學院的克勞斯（M. Close）博士檢驗過，舒曼博士也於 1926 年加以驗證，認為它確實是可運行。德國海軍總部研究科於 1943 年 4 月 1 日對科勒的裝置進行了檢查後，數家公司與德國海軍簽訂合同，生產該裝置。但隨著戰爭的結束，生產終告停頓。科勒飛行裝置的研發意味著德國軍方追求碟狀飛行器的努力並不因維爾協會的加入而減緩，實際上早在 1938 年底，他們已造出了碟形螺旋槳飛船。[28]

據前 CIA 舉報人斯坦因/庫珀，英國情報機構早已知悉納粹飛碟計劃。他說，英國情報機構關於維爾技術的檔案可以追溯至二戰之前的 1930 年代。它表明，在佩內明德（Peenemunde）德國人開發了帶有完全不同推進系統的碟形飛船。情報人員不知道確切的推進系統是什麼，但是他們知道飛船沒有燃燒石化燃料，它是一個懸浮裝置。到了 1939 年，黨衛軍已經從錯誤中吸取教訓並改進了 RFZ-4，他們研發了一種長 65 呎的飛碟，最初它被稱為 RFZ-5，隨後被命名為豪內布-I 型。

　　早期的豪內布-I 原型機，其直徑為 25 米，有 8 名機員，其初始速度在處於低空時可以達到每小時 4,800 公里。進一步改進後它達到每小時 17,000 公里，飛行續航時間為 18 小時。為了抵抗高速飛行帶來的高溫，黨衛軍冶金專家特別為 豪內布和維爾系列碟形機裝配了稱為維塔倫（Victalen）的特殊隔熱層外殼。豪內布-I 於 1939 年首次飛行，兩架原型機共進行了 52 次試飛。關於此，斯坦因/庫珀宣稱，他於 1958 年在 S-4 設施看到 4 艘納粹飛碟，其中停靠在盡頭處的一艘其體形巨大，吉姆上校說，它是一艘在二戰時期德國製造的飛船，建於 1938 年，由於其下方裝有槍支，因此被抬高至看台上，他說，德國人稱它為「死亡射線」。它的形狀與其他兩個較小的維爾飛船不同，其顏色較深，頂部較大，可能比碟子高 10 或 12 呎，其直徑約 50 或 60 呎。

　　到了 1942 年，黨衛軍已完成其豪內布-II（又名 RFZ-6）的研製，其圓周長為 100 呎，中心高度 30 呎，可以在地球大氣層中以 4 馬赫（1 馬赫＝1234.8 公里/小時）或 6,000-21,000 公里/小時的速度飛行，也可以進入外太空。[29] 它可搭載 9 名機員，續航力為 55 小時，它裝備有雙維塔倫機體的隔熱層，其中的 7 艘飛船是在 1943-44 年間建造和進行過 106 次測試。到了 1944 年，完善化的戰爭模型豪內布——II Do-Stra 進行了測試，共建造了 2 艘原型機，它們各有數層樓高，可搭載 20 名機員，還能以超過每小時 21,000 公里的超音速飛行。然而隨著戰爭的結束，此型機未造出任何生產模型。

　　緊隨豪內布-II Do-Stra 之後的是豪內布-III，該機可搭載 32 人，以 10 馬赫或 7,000-40,000 公里/小時的速度飛行。豪內布-III 的直徑較大，約 71 米。戰爭結束之前僅建造了一艘原型機，它有一個三層維塔倫機體，續航力在 7-8 週之間，該戰機曾進行了

19 次測試。最後要提的是，以上三種豪內布模型都是在阿拉多——布蘭登堡飛機測試場進行測試。

　　其他重要的反重力武器研究是在布拉格附近的斯柯達（Skoda）進行的，主要是由維克多‧紹伯格和理查德‧米特（Richard Miethe）主持。米特與意大利人合作開發了大型氦動力 V-7 和小型單人維爾型號，在飛行測試中達到了 2900 公里／小時的速度。魯道夫‧盧薩爾（Rudolf Lusar）在《第二次世界大戰的德國祕密武器》一書中說：「發展……耗資數百萬美元，到戰爭結束時幾乎完成了。」技術人員建造了巨大的豪內布版本，直徑約為 230 呎。這個「無畏號」，即豪內布 IV，由一名全志願的德日聯合飛行員駕駛，並向火星執行了自殺式任務。據匈牙利物理學家——研究員拉基米爾‧捷齊斯基（Vladimir Terziski）說，在經歷了艱難的八個月的飛行之後，它於 1946 年 1 月墜毀在火星上。這意味著它在希特勒自殺和德國投降之際離開了地球，而這也意味著當時它不可能自德國本土起飛。捷齊斯基說，這項任務是從南極新施瓦本蘭的納粹與外星人聯合基地出發的。

　　當柏林幾乎被轟炸機和前進的盟軍摧毀的最後幾天，綠人們去世了。他們穿著德國制服的屍體被俄國人發現，圍成一圈散佈在瓦礫廢墟中。1945 年 4 月，居住在瑞士的法國外交官撰寫了關於「沒有機翼或舵的德國圓形戰鬥機，以極高的速度突然超越了四引擎美國遠程重型轟炸機——解放者（B-24）的飛行路線。……片刻之後，美國轟炸機神祕地起火，並在空中爆炸，而德國圓形機早已消失在地平線上」的報告。

　　圓形戰鬥機是納粹在八個不同領域進行長期研究和實驗的最終產品，它們有幾項特點：直接陀螺穩定化；電視控制的飛行；

垂直起降；結合雷達遮蔽的無干擾無線電控制；紅外線搜索眼；靜電武器射擊；可燃氣體以及總反應渦輪；和反重力飛行技術等。以上這些不可思議的「閃電球」發動機技術如果早在六個月前就出現，那麼這場戰爭的氣氛就大不相同了。這是第三帝國的最後一口氣，但預示著即將發生的事情。[30]

　　隨著戰情的急速惡化，納粹黨衛軍同時也加緊其腳步，期望儘速將碟形飛行器的技術武器化，以扭轉戰爭局面。在這種情勢下維爾協會與納粹黨的互動如何？它是否受納粹黨全面控制了?要解答以上這些問題，先得理解希特勒獨裁政權體制下，同時並存的數個太空計劃，它們彼此間的互動關係。

## 6.5 納粹德國的平行太空計劃

　　前文提到希特勒不信任祕密社團，並於 1942 年將其取締，但維爾協會卻是一個例外。維爾協會與圖勒協會大約在同一時間或稍後成立，前者將注意力放在「另一端」，而後者主要關注物質和政治議程，它最終與納粹黨融合為一。除以上二祕密社團，尚有由海因里希・希姆萊的黨衛軍（SS）精英組成的「黑太陽」。

　　奧西奇和舒曼領導的維爾協會由於其超高的神祕地位，據稱與外星人和圖勒協會的交流，以及與希姆萊的黨衛軍及其「黑太陽」精英的密切關係，而被允許在納粹德國的太空計劃中維持一定程度的獨立性，而此種獨立性的維持進一步導致了納粹德國平行太空計劃的發展。涉及這些太空計劃的組織包括維爾、圖勒及黑太陽等，其共同目的是在開發太空航行的先進技術。這種現象

對一個獨裁政權統治下的社會是頗為奇怪的，但卻可以解釋。據1942-1945 年間擔任納粹德國軍械部長的阿爾伯特・斯佩爾（Albert Speer，1905-1981），在其《第三帝國內部》（Inside the Third Reich）一書中表示，希特勒利用此方式來達成其各競爭派系間的相互制衡，[31] 因此，希特勒很有可能不反對創建平行太空計劃。第一個太空計劃隸屬於奧西奇的維爾協會以及與希姆萊的黨衛軍正式聯結的黑太陽協會，第二個太空計劃完全是在希姆萊黨衛軍的控制下，它將從第一個計劃獲得的技術專門用於戰爭。

納粹德國的太空計劃除了獲得與阿爾德巴蘭（即北歐外星人）結盟的維爾協會等組織的協助外，尚有其他外援。根據前道格拉斯飛機公司（Douglas Aircraft Company）員工及前海軍情報員威廉・湯普金斯（William Mills Tompkins）的說法，二戰期間德國的美國海軍特工發現，納粹通過「飛碟技術武器化」來贏得戰爭的努力得到另一群稱為爬虫人（Reptilians）的外星人的協助。這個危險的、以征服為導向的族群已經與納粹黨衛軍達成了祕密協議。據此，爬虫人為希特勒提供了 UFOs、反重力推進器及射束（beam）等裝備、延長壽命的方法及許多受精神控制的自願女孩計劃等。[32] 特工獲悉，爬虫人的目標不僅是協助納粹贏得戰爭及實現行星征服，而且還建立了可用在其他星系中進行星際征服的反重力飛船艦隊。最終納粹脫離文明組建了一支科里・古德所說的黑暗艦隊（Dark Fleet）[33]。

古德說，從 1987 年到 2007 年他閱讀了智能玻璃板上的情報簡介，其中詳細介紹了二戰期間德國祕密社團如何得到幫助，他確定其幫助來自兩個外星族群，一個是像爬虫人的種族，稱為德拉科人（Draconians）；另一個則是北歐人（或稱阿爾德巴蘭

人）。這兩個外星種族都參與協助德國人研發先進的反重力飛船，[34] 其中北歐人幫助德國人的目的是發展其技術和精神，以進行太空探索。他們主要與奧西奇或維爾協會等私人公民/團體合作。德拉科爬蟲人並無任何道德或精神計劃，他們主要與政府合作（兩者間簽有祕密協議），開發戰爭用航天器，不僅作為打贏二戰用，並且準備應用到未來的行星征服。

北歐人是最早在 1920 年代通過如瑪麗亞‧奧西奇之類的神祕主義者提供反重力飛船設計來幫助德國祕密協會的外星人，而 1930 年代的德拉科尼亞人最終在納粹政權和德國祕密協會中更具影響力。根據湯普金斯的說法，在與希特勒達成協議後，德拉科尼亞人提供了飛碟的實際工作模型以及南極洲地下基地的信息給後者，二戰期間那些南極基地可能對這些外星人提供的模型進行逆向工程。[35]

納粹太空計劃極為保密，甚至貴為軍械部長及希特勒好友的阿爾伯特‧斯佩爾也不知道第三帝國內部的超級武器計劃。舒曼和維爾協會的太空計劃在納粹政權的官方支持下，自 1931 年的初始原型機測試成功之後獲得迅速發展。古德說，這些計劃在 1930 年代後期才真正取得了成功運作。[36]1936 年在意大利看到的更大型雪茄狀飛船有可能是奧西奇的維爾協會與黑太陽集團緊密合作的成果。

根據以上敘述，二戰前促成納粹德國首艘碟狀飛行器成功開發的關鍵人物無疑是瑪麗亞‧奧西奇與溫弗里‧舒曼兩人，前者據稱由來自阿爾德巴蘭星系的外星人提供技術訊息，而後者的專業知識和作為慕尼黑工業大學電物理實驗室負責人的職位使得祕密製造維爾飛碟原型機成為可能。根據斯坦因/庫珀的證詞，維爾協會的原型機確實得到了成功開發，後來在「迴形針行動」下

被遣回美國，最終在 51 區 S-4 設施進行逆向工程研究。這裡有
一個有趣的問題，阿爾德巴蘭文明為何主動協助維爾協會和納粹
德國？要解答這個問題首須了解阿爾德巴蘭文明是何物？詳情且
看下文分曉。

# 註解

1. 琳達・莫爾頓豪（Linda Moulton Howe，1942–）是一位美國調查記者，並獲得艾 美獎地區記錄片製片人的殊榮，她最著名之處是既是一名 UFO 學家，又是各種陰謀理論的倡導者，這包括她對牛殘割的調查以及結論，認為這些殘割是由外星人動手的。她還因推測美國政府正在與外星人合作而聞名。

2. Jason McClellan, May 3, 2013

   Death bed testimony about UFOs given by alleged former CIA official （VIDEO）.

   http://www.openminds.tv/deathbed-testimony-about-ufos-given-by-former-cia-official-video-1002/20644

   Accessed on 11/25/2020

3. 此古人類脫離文明偽裝成外星人，這是科里・古德的說法。

   見 Salla, Michael E., Ph.D., Insiders Reveal Secret Space

   Programs & Extraterrestrial Alliances, Exopolitics Institute

   （Pahoa, HI）, 2015, p.75

4. 轉引自 Salla, Michael E., Ph.D., Insiders Reveal Secret Space Programs & Extraterrestrial Alliances, Exopolitics Institute （Pahoa, HI）, 2015, p.150

5. Ibid.

6. Ibid., p.152

7. Ibid, p.153

8. Ibid., p.65

9. Linda Moulton Howe, Earth Files,

http://www.earthfiles.com/news.php?ID=1501&category=Real+X-Files

（accessed 9/24/14）轉引自 Ibid., p.79, Endnotes 13

10. Interview with Corey Goode, May 19, 2014，Corporate bases on Mars and Nazi infiltration of US Secret Space Program. http://exopolitics.org/corporate-bases-on-mars-and-nazi-infiltration-of-us-secret-space-program/（accessed 6/30/15）轉引自 Ibid., p.79, endnotes 14.

11. 見 Robert Blumetti, Vril: The Life Force of the Gods, 1st Edition, iUniverse, Inc.（Bloomington, New York），2010

12. MCMXCVI–MMXV Periodical Co.,《Maria Orsitsch》, http://1stmuse.com/maria_orsitsch/

13. Salla, Michael E.,2015, op. cit., p.60

14. 舒曼共振（Schumann Resonance, 簡稱 SR）是地球電磁場頻譜的極低頻（ELF）部分中的一組頻譜峰值。它是由地球表面和電離層之間形成的空腔（cavity）中的雷電放電所產生和激發。

15.轉引自 Salla, Michael E.,2015, op. cit., p.72

16. MCMXCVI–MMXV Periodical Co.,《Maria Orsitsch》, op. cit.

17. 星體平面（astral plane），也稱為星體領域或星體世界，是古典、中世紀、東方和深奧的哲學和神祕宗教所假定的生存平面。它是天體的世界，在出生和死亡後的生命中，星體中的靈魂會越過這個星球，通常認為它是由天使，靈魂或其他非物質生物組成的。另一種觀點認為，星體平面或世界不是靈魂所跨越的某種邊界區域，而是死於地球的人所去的整個

精神存在或精神世界，以及他們所生活的非物質世界。據了解，所有意識都停留在星體平面上。

https://en.wikipedia.org/wiki/Astral_plane

18. Kasten, Len. Secret Journey To Planet Serpo: A True Story of Interplanetary Travel, Bear & Company（Rochester, VT），2013, pp.15-20

19. Ibid., p.21-22

20. Marrs, Jim. The Rise of the Fourth Reich – The secret societies that threaten to take over America. Harper Collins Publishers（New York, NY），2008, pp.37-38

21, Salla, Michael E.,2015, op. cit., p.90

22. Salla, Michael E.,2015, op. cit., p.73

23. Salla, Michael E.,2015, op. cit., p.77

24. Salla, Michael E.,2015, op. cit., p.74

25. Salla, Michael E.,2015, op. cit., p.90

26. 456th Fighter Interceptor Squadron, S.S. General Hans Kammler，https://www.456fis.org/8-Hans_Kammler.htm

27. Kasten, Len., 2013, pp. 25-26, op.cit.

28. Ibid.

29. Salla, Michael E.,2015, op. cit., p.93

30. Kasten, Len., 2013, pp. 20-25, op.cit.

31. Albert Speer, Inside the Third Reich, Simon & Schuster（New York, NY），1997

32. 轉引自 Salla, Michael E., Ph.D., The U.S. Navy's Secret Space Program $ Nordic Extraterrestrial Alliance. Exopolitics Consultants（Pahoa, HI），2017, p.47

33.Ibid., pp.48-49

34. Ibid., p.49

35. Ibid., pp.214-215

36. Salla, Michael E.,2015, op. cit., p.95

# 第七章 第三帝國返魂記

　　1945 年 5 月納粹德國在檯面上雖然失敗了，但檯面下它卻有另一番浴火重生，原因是其政治菁英、最先進的技術和全面運轉的飛碟機隊中有相當一部分從盟國佔領軍未全面接管德國之前逃脫了。理查德‧維爾森（Richard Vilson）和西爾維亞‧伯恩斯（Sylvia Burns）聲稱，在其書《祕密條約：美國政府與地外實體》的寫作過程中採訪了局內人，並看到了祕密文件。以下是他倆聲稱的針對納粹德國部分所發現的內容：

　　科學界的德國人早在 1942 年就知道戰爭失敗了，他們決定制定計劃去延續第三帝國的夢想，儘管此時戰爭正進行著。他們認為，建立一個基於納粹基因純度原則的隔離社會才是最終解決之道，引力技術的發展為該計劃提供了動力。1945 年 2 月 23 日對最新型的「閃電球」發動機進行了測試，然後從飛船中提取了該發動機。黨衛軍人員炸燬了飛船，然後將科學家、計劃文件和發動機從德國運到南極地區。自 1941 年以來，德國人一直在南極地區從事地下建築活動。兩天後，即 1943 年 2 月 25 日位在哈拉（Khala）的地下工廠被關閉，所有工人被送往布痕瓦爾德（Buchenwald），並送往煤氣室處決。德國人還把他們的雅利安菁英、兒童及社會其他成員送到南極地下基地。1945 年 4 月失蹤的漢斯‧卡姆勒將軍和 尼貝將軍（Gen. Nebe）一樣，在撤離行動中發揮了重要作用。在南極基地德國人發展了一個優生社

會，顯然它局限於某些特定人員，他們至今仍然在那裡。同時顯然，他們還在南美維持著技術殖民地。[1]

然而更驚人的說法是，根據 CIA 的匿名特工斯坦因/庫珀的說法，事實上納粹德國最先進的飛碟計劃在二戰爆發之前早已轉移到南美和南極洲。[2] 在接受琳達·莫爾頓·豪採訪時，斯坦因/庫珀描述了一些從佩內明德（Peenemunde）遷往南美的納粹飛行器概況，他說他保有一些照片可證實其說詞。照片顯示，高約 12 呎的飛船看起來像豪內布-II 型。儘管這些飛船也有可能來自外星，但是「我們將這些照片標記為來自阿根廷的德國飛船。在雷達上我們曾經看到一些真正的外星飛船從外太空直接進入阿根廷地區。我們還從與英國人在阿根廷以東的南大西洋福克蘭群島（Falkland Islands）上共享的雷達幕上，看到來自太空的真正外星飛船進入南極洲地區。1959 年至 1960 年，我們的單位根據飛船外觀將德國飛船與外星飛船做個區分，我們總是發現，德國飛船的速度比外星飛船慢得多，[3] 從外太空追蹤到的一些外星飛船，其時速約每小時 30,000 哩。」[4]

縱然如此，納粹德國的黑科技也足以震憾美國軍方和情報機構了。也正是納粹德國的先進武器生產與技術水平，使得杜魯門政府批准了「回形針行動」。它主要由美國陸軍和海軍領導的「多機構聯合情報目標局」（Joint Intelligence Objectives Agency, JIOA）監督。海軍部長詹姆斯·福雷斯特基於海軍情報部門關於一項先進的納粹技術計劃的情資而要求羅斯福總統創建 JIOA。1945 年 7 月 18 日福雷斯特前往德國的盟軍佔領區，通過參觀海軍和陸軍設施來實地考察美國軍方捕獲的一些先進納粹技術。如此，他親自目睹了回形針行動的運作過程。

　　福雷斯特早已耳聞卡姆勒與盟軍就納粹技術進行的成功談判，而他則正在幫美國海軍確定哪些捕獲的納粹技術值得未來去開發。先進的納粹潛艇的發展在美國海軍中受到特別的關注，美國海軍共享了一些飛碟以及能夠進入地球及周邊軌道的較大型雪茄飛船的建造技術。也因為這個緣故，古德說，美國第一個祕密太空計劃（即「太陽能守望者」）的開發中，海軍是領先的軍事部門。[5]

　　福雷斯特於 1945 年的德國之行並不止他一人單獨出訪，同時出訪的尚有一名年輕的個人助理，他就是約翰・甘迺迪（John F. Kennedy）。甘迺迪陪同福雷斯特參觀捕獲的納粹先進武器，並與艾森豪威爾將軍等高級盟軍將領會面。甘迺迪在日記中記下了他的訪問，該日記在 1995 年以書的形式出版。[6] 他的日記清楚地表明，他曾在福雷斯特對海軍感興趣的納粹先進技術進行審查時在場，其中一些技術在迴形針行動下被遣送到美國。甘迺迪後來當選總統後試圖獲得機密的 UFO 文件和技術的嘗試經証明是他被暗殺的直接因素。[7] 為何他會有以上企圖？這應與 1945 年的德國之行有關。

　　如前文所述，納粹黨衛軍在德國最終失敗之前，早已移除了最先進的機密技術和人員，因此卡姆勒與盟軍的成功談判僅涉及納粹政權已知的第二層先進技術。戰前裝備精良的納粹對南極的考察使它能夠熟習南極地形，且由於它與南美政府及公司之間的廣泛聯繫，因此它有足夠的時間與資源為此類外逃做好準備，以上種種為納粹在戰後的南極奠定了穩固的基礎。最雄心勃勃的納粹探險發生在 1938/1939 年夏季，當時阿爾弗雷德・里契爾船長（Cap. Alfred Ritscher）代表納粹政府要求擁有南極大部分地區。里契爾的施瓦本蘭號（Schwabenland）航母派出飛機對納粹

德國宣稱的新施瓦本蘭（Neuschwabenland）地區進行廣泛的空中偵察。施瓦本蘭號航母的探險目的之一是為了在南極洲建立一些基地。

二戰期間，南極洲地區的大量潛艇活動表明，除了里契爾船長組成的遠征隊建立的基地外，納粹還建立了其他基地。1943年納粹德國潛艇艦隊司令卡爾・多尼茲海軍上將（Admiral Karl Donitz）宣稱，其艦隊已在世界的另一部分——香格里拉的土地，建構了堅不可摧的堡壘。後來德國雖於 1945 年 5 月 8 日無條件投降，但此後納粹在南極地區的潛艇活動仍然持續著。[8] 這証明了維爾協會已成功地接觸到外星種族及藏身地球內部的先進人類古文明。

維爾協會的飛碟計劃在納粹失敗之前就已取得了成功，而靈媒奧西奇也早已確保該計劃與戰爭活動沒有直接關係，因此維爾協會可以放心地將他們的大多數技術、基礎設施和人員轉移到南極和南美的安全地點。此外，另據斯坦因/庫珀的證詞，在二戰開始前希特勒早已下令將維爾協會的太空計劃轉移到南極和阿根廷。而卡姆勒則在前進的盟軍到達捷克斯洛伐克的比爾森（Pilsen）和其他地方的最高機密黨衛軍生產中心之前，竭盡所能地搬走所有基礎設施和可以操作的飛碟。在回答有關 奧西奇和維爾協會在戰後納粹基地中的作用時，古德解釋說：「她顯然已經到達了南極/城市……我確實知道這些社會是戰爭中倖存下來的骨幹力量，他們控制著這些他們認為是 ETs 的設施，以及那些他們結盟的德拉科聯盟（Draco Federation）的設施。」[9]

如果古德的說法是可靠的，則維爾協會及其圖勒與黑太陽兩盟友不僅成功地保住其獨立於希姆萊納粹黨衛軍的超然地位，而且現在在南極設施中也處於領導地位。納粹的失敗導致卡姆勒武

器化飛碟計劃的殘餘部分與維爾協會（在二戰期間未被發現和受到破壞）的祕密太空計劃的合併。然而兩計劃在合併後不久，其領導者就與隱祕的黑暗力量結盟（或被其接管），而此黑暗力量則是與一個負面的外星團體（德拉科爬蟲人）勾結。納粹黨衛軍和維爾協會的太空計劃合併了所屬的三個南極基地和那些在阿根廷的基地，使其太空飛船能夠全面運轉及繞地球飛行，甚至飛到祕密的月球基地。許多軍事官員報告，他們在戰後目擊了許多UFO，他們實際上可能見證了納粹航天器的先進性質。[10]

## 7.1 白神文明與瑪麗亞‧奧西奇的最後芳蹤

阿爾德巴蘭太陽系距地球 68 光年，其中有兩個居人的行星。太陽系的居民分為兩類，其一為類似白神（雅利安人）類人種族；其二為其他的類人種族。後者是由於各個星球上的氣候變遷而發展起來的，並且是類神人退化的結果。這些變種人的精神發展不及像白神一樣的人，種族混得越雜，他們的精神發展就越退化。因此當太陽開始膨脹時，由此產生的熱量不斷增加，使得宜居帶的行星再也無法居住，而他們無法像其先祖一樣進行星際航行。這些低等種族只好完全依賴白神種族，他們被疏散到宇宙飛船中，並被帶到其他宜居星球。儘管存有差異，但這兩個種族之間還是能互相尊重，並未侵犯彼此的生存空間。[11]

據說阿爾德巴蘭星系的類人種族遷移至我們的太陽系，並定居在馬洛納（Mallona）行星，該行星當時存在於火星與木星之間，及今天發現的小行星帶（asteroid belt）。據稱，馬洛納行星的毀滅導致形成小行星帶，但在此事發生前他們早已遷移至火

星。維京號（Viking）探測器於 1976 年曾拍攝到遍佈火星的大金字塔、城市和著名的火星人面孔，見證了火星居民的高水平發展。就在那個年代，從火星出發，人們假設蘇美蘭‧阿爾德巴蘭（Sumeran Aldebaran）像神一樣的人首次來到地球。一塊約有 5 億年歷史的石化靴子的舊痕跡，以及與該靴子的靴底一起被石化的三葉蟲（trilobite）是一有力的佐證。

維爾協會的成員認為，阿爾德巴蘭人後來在地球變得慢慢可居住時，降落在美索不達米亞，在那裡他們形成了蘇美蘭人（Sumerians）的主要種姓，這些阿爾德巴蘭人被稱為像神一樣的白人，後來才知道，他們實際上就是所謂的北歐族外星人（Nordics）。過去，維爾心靈感應者曾收到以下信息：蘇美爾語不僅與阿爾德巴蘭人的語言相同，而且還具有類似於德語的音調，並且兩種語言的頻率幾乎相同。[12]

從阿爾德巴蘭人的星際史來看，他們應是愛好和平的種族，他們不會歧視其他次等文明的種族。他們可能認為，地球文化中的經濟差異將會助長永恆的衝突。為了減輕這種差距，阿爾德巴蘭人認為：通過提供免費能源技術，利用它來製造負擔得起的大眾運輸工具，可以產生新一代的創新產業，促進國家之間的繁榮和更強有力的互動，最終減少彼此間的暴力戰爭。這樣的理念引起瑪麗亞‧奧西奇與其他維爾協會及圖勒協會成員的共鳴，他們的夢想是基於此種另類科學建立起來的烏托邦新世界。

關於阿爾德巴蘭人的來歷，古德有不同的看法。他認為與奧西奇進行心理交流的種族實際上是一個古老的人類脫離文明，他們假裝是來自阿爾德巴蘭星系的外星人，有時候他們看起來略微不同於我們，但很大程度上是我們的遺傳祖先。[13]且說，阿爾德巴蘭人基於和平的目的，為納粹德國創建了神祕太空計劃，而維

爾、圖勒和黑太陽等組織則分別涉及這些祕密太空計劃，為了此故，它們涉及的計劃其彼此間有重疊的意識形態和行事規劃。儘管納粹政府後來努力吸收這些祕密組織，但它們仍然維持其獨立運作。它們的重大脫離發生在 1930 年代後期，從那時開始這些祕密社團已經開始建立自己的微型脫離文明，此等文明刻意與德國戰爭機器和領導層保持距離。[14]

1943 年 12 月奧西奇與西格倫（Sigrun）一起參加了維爾協會在海濱度假勝地科爾伯格（Kolberg）舉行的會議，會議的主要目的是要討論「阿爾德巴蘭計劃」。維爾靈媒已經收到阿爾德巴蘭太陽周遭宜居星球的精確信息，他們計劃旅行到該處一探究竟。[15]1944 年 1 月 22 日，希特勒、希姆萊、舒曼教授及維爾協會的昆克爾（Kunkel）聚在一起，再度討論「阿爾德巴蘭計劃」，他們計劃將大體積飛行器維爾七型——獵人（Vril-7「Jager」）透過一個不依賴光速的維度（dimension）通道（按：類同「蟲洞」？），送至阿爾德巴蘭。為何希特勒與希姆萊等人此時會有此等舉動？

原來自從 1942 年 6 月日本輸掉關鍵的中途島（Midway Island）海戰及 1943 年 2 月德軍在史大林格勒慘敗之後，軸心國的敗象已露。瑪麗亞及維爾協會的要人，甚至包括希特勒與希姆萊等納粹黨要人當時可能都已有逃亡的打算，如果真有阿爾德巴蘭星系可移居，它自然是一個理想棲身處，但以當時德國航天器的水平，眾人心理有數，這可是一個天大難題。根據作家拉索弗（N. Ratthofer）的說法，德國遠程航天器的第一次試飛是在 1944 年下半年開始進行的。這次試飛似乎以災難告終，因為維爾七型在飛行之後看上去「好像已經飛行了一百年」，它的外表

看起來老化，並在幾個地方看到損壞，這一切似乎都意味著在另一維度旅行確實帶有風險。

依據瑪麗亞・奧西奇與維爾協會的信息開發的另一種改良型飛碟是維爾七型——吉斯特（Vril-7 Giest），它在阿拉多-勃蘭登堡建造，並於 1944 年投入飛行。瑪麗亞可以利用心靈感應來駕御這艘飛船而不須使用先前建造的頭帶（Head Band）。瑪麗亞不希望吉斯特飛碟被用於戰爭，因此她表示該型飛行器須進一步改進。除了吉斯特飛碟，她還建造了兩艘直徑各 27 呎的小飛碟，舒曼教授聘請了 4 名工程師來協助建造這兩艘飛船。其實這時候瑪麗亞心情很複雜，她正暗地裡盤算著祕密逃離德國，並期待著早日和她的阿爾德巴蘭朋友相聚，這些朋友早已通知她，德國即將輸掉戰爭。

1944 年黨衛軍負責人海因里希・希姆萊任用漢斯・卡姆勒博士來取代希特勒的親密盟友——軍備和戰爭生產部長阿爾伯特・斯佩爾任命的喬治・克萊因（George Klein），以監督綜合飛碟計劃。從此直到戰爭結束，黨衛軍直接控制了這些計劃。如上文所說的，在此之前，德國碟狀飛行器的研製工作是由不同的組織獨立負責，但自從黨衛軍直接控制了綜合飛行計劃之後，各團體之間共享了更多信息以進一步改良德國碟狀飛行器的性能。

在黨衛軍正式接手一切之前，有關碟狀飛行器的設計或應用程序本身的信息都須向德國專利局報備。戰後，所有德國戰時專利都被盟國作為專利品帶走，這些被帶走的資訊量相當可觀。資料一旦被帶走，有關碟狀飛行器設計的部分文件即從此被列為最高機密。幸運的是，黨衛軍控制飛碟計劃前後的這段時間，在德國專利局工作的工程師——魯道夫・盧薩爾（Rudolf Lusar），於 1956 年 1 月出版了德文版《第二次世界大戰的德國祕密武器及

其進一步發展》一書。英文版於 1959 年 1 月問世，此書內容主要是根據他的個人回憶，描述了一些更有趣的專利和程序，它們是令人驚訝地詳細，其中包括施里弗（Schriever）型飛碟設計，帶有細節說明，除此還討論了米特・貝盧佐（Miethe Belluzzo）型飛碟設計。

1945 年 5 月 8 日德國無條件投降，早在投降之前的 3 月 11 日，維爾協會寄出了內部文件給所有成員，文件中包括瑪麗亞・奧西奇所寫的一封信，信結尾寫道：「沒有人待在這裡」。這是維爾協會的最後公告，從那之後再也沒有人聽到瑪麗亞或其他成員的消息，推測他們已經逃走了。據傳，1945 年 3 月 14 日瑪麗亞與她敬愛的舒曼教授見了最後一面。她含著淚水擁抱著後者說，她為自己的太空船沒有更早發展完成感到遺憾，因為她本可以用它來停止戰爭，改變德國命運，並在地球上實現和平。說完，匆匆道別。此刻一別，兩人從此沒有再見過面了。

1945 年 3 月 17 日瑪麗亞和其他維爾成員前往奧格斯堡（Augsburg）的 梅塞施密特（Messerschmitt）機庫去搭乘維爾飛船。同年 3 月 18 日沃爾特・弗倫茨中校（Lt. Col. Walter Fellenz）及亨寧・林登準將（Brigadier General, Henning Linden）與正向慕尼黑進軍的美國第七軍其他士官兵人員發現了一個奇怪的圓形飛行器，在慕尼黑上空盤旋，隨後迅速消失。[16]

如果以為瑪麗亞・奧西奇隨著第三帝國的殞滅從此人間蒸發，那也不失一個合理的想法。不管瑪麗亞是否真被其外星朋友接走，或藏身於地球某處，她都有不公然現身的理由，畢竟，正如其他納粹科學家，她也有極大可能遭遣送美國。但令人吃驚的是，據傳瑪麗亞的倩影卻在戰後以不同的角色出現於美國的國防承包商公司，欲知詳情，請見下文。

## 7.2 湯普金斯奇遇記

前中情局特工斯坦因/庫珀在接受莫頓・豪採訪時說，他看到一些文件，它們詳細說明維爾協會參與納粹德國航天器製造的過程。他還透露了一份討論維爾技術與外星生命關係的文件內容，它確實說，有靈媒聯繫過外星人，並且有外星人傳來有關如何為反重力引擎建造懸浮裝置的信息。[17] 上文中的這位靈媒，自然是非瑪麗亞・奧西奇莫屬。古德認為，這位靈媒在二戰中倖存下來，她前往納粹精英逃往的地點。戰後，奧西奇乘坐飛碟，降落下來，假裝是來自外星文明的人，她與一些早期接觸者交談。古德說，情報圈中的許多人非常確信，瑪麗亞・奧西奇是那些乘坐 UFO 並與人用德語交談的金髮女郎之一，她偽裝自己是來自另一個恆星系統的外星人。當一些目擊者袖出她的照片時，目擊者中有人認出她是過去在飛碟中遇到的相同人物。[18]

雖然不斷有人指出，瑪麗亞・奧西奇在 1945 年失蹤之後，陸續被他們目睹過其芳蹤，畢竟這些都只是道路傳聞，缺乏可靠人證與事證。然而這些事若是從威廉・米爾斯・比爾・湯普金斯（William Mills Bill Tompkins, 1923-2017）的嘴巴說出來，意義可就大不相同。湯普金斯在美國海軍情報、航空工程、祕密太空計劃研究以及外星生命與技術特別海軍計劃中工作了 50 多年。無獨有偶的是，他可算是美國男版的瑪麗亞・奧西奇。在反重力碟狀飛行器發展史上，瑪麗亞是納粹德國與外星人間的橋梁人物，而湯普金斯則是美國與外星人間的媒介。在道格拉斯飛機公司（Douglas Aviation Company）工作期間，湯普金斯所遇到的三位「外星人」其中竟然可能包括偽裝成外星人的瑪麗亞。

　　湯普金斯的生活部分自傳《被外星人選中》一書生動地描述了他在道格拉斯飛機公司智庫——「先進設計」（Advanced Design）及 TRW 智庫——「先進概念」（Advanced Concept）的早期研究工作，這些工作涉及 UFO、外星人科技、性感的北歐外星人祕書及海軍航天器設計等，涵蓋時間包括孩童時期至 1960 年代末他被 TRW 僱用為止。[19] 談起其自傳的出版，有一段小插曲值得一提。自傳的編輯——羅伯特・伍德（Robert M. Wood）教授於 2009 年 11 月 24 日與湯普金斯見面時才知悉，後者曾於 1950 年至 1963 年在道格拉斯飛機公司工作過，而伍德自己剛巧在那段時期也在同一公司服務，因此他能體驗湯普金斯的工作歷史，而湯普金斯也能與伍德分享更多的經驗；同時，兩人也有許多共同的同事。因此之故，伍德最終同意編輯湯普金斯的自傳。

　　湯普金斯已於 2017 年 8 月 21 日於加州聖地牙哥去世，享年 94 歲，去世前他曾接受許多視頻和廣播採訪。在涉及外星人的美國反重力飛行器的發展史上，他可算是一位重量級的傳奇人物。而更為珍貴的是，湯普金斯是幾個願意挺身而出的少數人之一，這些人承認，美國存在有高度機密的太空計劃。以下是湯普金斯在美國海軍工作期間的一些見聞：

　　海軍特工在夜間匯報時的報導令人吃驚。博塔海軍上將（Admiral Botta）和三名海軍上尉幾乎不敢相信他們所聽到的。特工們發現，二戰之前及二戰期間納粹德國一直在制定兩個獨立的飛碟計劃。第一個計劃主要是由平民主導，早於 1933 年納粹上台之前即已開始進行，而第二個計劃則由納粹黨衛軍領導（見前文）。湯普金斯說，德國民用航天計劃的靈感來自北歐外星人

團體，後者通過年輕的德國女性媒介小組進行交流，該小組的負責人是瑪麗亞・奧西奇。[20]

當湯普金斯在道格拉斯飛機公司工作時，他和他的同事得到三名祕密偽裝成普通公民的北歐外星人的幫助，後者當時也被公司僱用，他們是兩名女性及一名男性。這三人在不透露其真實身分的情況下提供有關航天器設計和建造的關鍵信息。根據湯普金斯的了解，此時期涉及道格拉斯阿波羅登月航天計劃的外星人尚不止北歐外星人，連爬虫人也牽涉其中，事情的原委如下：一天，他與幾個同事在公司舊裝配生產線的電子檢驗和測試區看到兩個長相像殭屍（zombie）的人，其眼睛特別奇怪。有些同事都覺得奇怪，認為在這安全檢查嚴密的地方，怎會混進兩位不相識的怪人。後來才知道，這兩人其實是製造部門副總裁，但都不是人類，他倆是爬虫人。關於此，湯普金斯說：「我們所處理的不僅僅是公司的政治，我們必須了解不同外星人的潛在後果，他們有些人帶著白帽子（按：就像北歐人），有些人帶著黑帽子（按：就像爬虫人）。更為複雜的是，他們有不同的行事議程。他們最終對阿波羅登月任務會產生什麼影響？」[21]

湯普金斯的話自有其根據，他曾向其公司高級設計部門的同事透露，他的女祕書傑西卡（Jessica）顯然是北歐外星人之一，她在不透露其真實出身情況下，協助他代表海軍完成了道格拉斯公司的計劃。離開公司多年之後的 2015 年，當邁克爾・薩拉博士出版

《內部人士透露祕密太空計劃和地球外聯盟》一書（見註解5）後，他贈送一本給湯普金斯，後者在該書的第 67 頁首次看到瑪麗亞・奧西奇的照片後，大為驚奇，這是因為照片的長相與他

想起的那位擔任道格拉斯飛機公司祕書的傑西卡長相竟然完全相同。[22]

實際的情況是，道格拉斯飛機公司的這三位「北歐外星人」也有可能是瑪麗亞‧奧西奇及其維爾協會的同路人。原因是據稱北歐外星人的身高一般約 6-7 呎（約 2 米）、金髮、藍眼和白皙皮膚。一般人的高度通常不到 2 米，瑪麗亞的高度自然也不到 2 米，因此容易分辨彼等三人是否為北歐外星人。此外，一個不解的問題是：瑪麗亞‧奧西奇出生於 1895 年，而湯普金斯在道格拉斯飛機公司智庫工作的時間是從 1951-1963 年，如果其祕書傑西卡真的是瑪麗亞本尊，則後者的年齡至少將近或超過 60 歲。至於《內部人士透露祕密太空計劃和地球外聯盟》一書第 67 頁的瑪麗亞‧奧西奇相片，其拍攝年分不詳，且極可能是瑪麗亞傳世的唯一一張玉照，從青春亮麗的面部表情來看，該照片最有可能拍攝於 1920-30 年代，畢竟沒有人會拿一張老年照來傳世。然則怪的是，湯普金斯竟然會在 50 年代或 60 年代初見到一位具有 20–30 年代容顏的人？

如果傑西卡真是瑪麗亞本人，則唯一可能的解釋就是她已從北歐人處習得長生或駐顏之術，關於北歐人的延壽之道，後文會有詳細說明。另外，根據湯普金斯的自述，海軍當局同意並鼓勵他與北歐人的關係，而這種同意是透過道格拉斯飛機公司的航空航天高管埃爾默‧惠頓（Elmer Wheaton）之口轉達。湯普金斯與埃爾默‧惠頓倆的對話如下：[23]

埃爾默：「一個外星種族已經與我們的政府聯繫，據我們了解，他們可能是北歐人，與我們的長相非常相似。美國海軍情報局之所以招募您，是因為他們知道您和其他像您一樣的人在兒童時期曾被〔外星人〕探訪並被挑選中。現在，在您的成年生活

中，各個實體（按：指外星人）一直在與您進行心靈感應的交流。」

「換句話說，外星人使您參與了他們的行事議程，您知道一些我們不知道的事情。……我們的海軍情報局認為您是首選的人類聯繫人（contactee）。這些外星人種族與您之間的溝通聯繫為我們提供了先進的威脅概念，它不僅適用於阿波羅計劃或月球海軍基地，而且還適用於所有高級太空衝突。在隨後的接觸（按：與外星人）中，不要只是和您的祕書在一起。」

湯普金斯打斷談話，插嘴說：「那就離開傑西卡吧。」

「不，比爾，我們認為她是外星顧問。」埃爾默咆哮道。接口又說：「有不同群體的極端暴力外星人，外表各異，它們威脅著我們的生存，我們必須利用這一機會來收集情報並制定計劃。……這個群體（按：指北歐外星人）一直在為地球上的海軍準備進行太空戰爭，在太空中戰勝某些敵對的外星敵人。友好種族注意到幾年前可能已經佔領了我們星球的敵對種族，您的祕密海軍安全許可（security clearance）和機密政府記錄已將您識別為首選的祕密人類聯繫人。這是外星人之一選擇的人員，這種身分是幾年前確定，當時軍方與外星人實體接觸並監視他們在人類與外星人間的接觸。」

以上埃爾默與湯普金斯的對話全文刊載於後者於 2015 年 12 月 9 日出版的自傳書中，作者在其見證（刊載於書的封面後頁）中提到，2001 年初他拜訪了華盛頓特區和聖地牙哥的海軍聯盟公司總監（Navy League Corporate Director）休·韋伯斯特海軍上將（Admiral Hugh Webster），兩人曾就湯普金斯正寫作中的自傳書，有關外星人對地球的威脅這部分進行 5 個小時的討論。韋伯斯特海軍上將閱讀了湯普金斯的文檔和備用技術文檔的

一部分後，湯普金斯問：「這些文檔有多少部分可被放在書內？」韋伯斯特說：「比爾，告訴一切，這對我們國家來說是最重要的，不要遺漏任何東西。」

行文至此，讀者心中或不免興起一聲喟然之嘆，由於懷疑道格拉斯飛機公司的祕書小姐傑西卡是否瑪麗亞・奧西奇本尊，不免遙想當年維爾協會的台柱——美豔靈媒瑪麗亞自 1945 年之後就芳蹤無處尋，可是有時她又像霧裡神龍，偶然神光乍現，卻又稍縱即逝。為何佳人如瑪麗亞須這樣躲躲藏藏，說穿了就是因為納粹德國戰敗之故。一個值得深思的問題是：納粹德國既然研發出這麼多先進的碟狀飛行器及武器（如 V-2 飛彈或甚至於加上原子彈），為何還吃了敗仗？原因見下文。

## 7.3 納粹脫離文明與跳高操作

納粹德國在二戰末期，其大部分的碟狀飛行器（或加上原子彈）都還處於研發階段，除了少數例外，它們大都未用於實際戰鬥中。1944 年盟軍對施韋因富特（Schweinfurt）的滾珠軸承工廠發動大規模轟炸。在短短數小時內，一個由 10 到 15 艘納粹飛碟組成的中隊成功擊落了 150 架英美轟炸機，這數量約佔英美轟炸機隊的四分之一兵力。如果納粹德國能有耐性或眼光等到這些神奇的武器量產之後，才進行軍事冒險，則戰爭結果可能要重寫。

戰爭結束之際，曾任希特勒私人祕書的卡姆勒利用馬丁・路德維希・鮑曼（Martin Ludwig Bormann, 1900-1945）組建的特種撤離指揮部，撤離了先進的納粹黨衛軍的技術和文件。他使用

JU290s 和 JU390「飛行卡車」將納粹黨衛軍的重要人物、科學家和技術材料撤離到阿根廷，許多德國飛碟曾飛抵阿根廷和南極洲的祕密納粹基地──新施瓦本蘭（Nue Schwabenland）。

　　據估計，戰後約有 10 萬納粹黨人帶著相當數量的黃金逃到了阿根廷，這項行動是由「前黨衛軍成員組織」（Organisation Der Ehemaligen SS-Angehorign, 簡稱 ODESSA）負責的。德國人在戰前及戰後由 ODESSA 在阿根廷西南部的聖卡洛斯・德巴里洛切（San Carlos de Bariloche）地區附近購買了大量土地，總面積為 160 公里 x170 公里。在那裡他們建立了許多地下基地和實驗室，以及地面上的道路、橋樑和機場。從地面景觀看，該地區富有典型的歐洲高山社區外觀，如今已成為最受歡迎的度假區。據稱，1950 年代中期在聖卡洛斯・德巴里洛切舉行的一次度假會議上，漢斯・卡姆勒被人看到與馬丁・鮑曼、 奧托・斯科爾茲內（Otto Slorzney）及賴因哈德・格倫（Reinhard Gehlen）等人一起出現在德國工業家公司的聚會中。

　　為何戰後大批納粹黨人聚居阿根廷西南部？推測與該地距離南極納粹基地較近有關。南極大陸在 1930 年代之前很少獲得人們的注意，自然也不會有任何文明國家想在那片冷凍大地建立殖民地。南極洲大陸的被發現首先應歸功於俄羅斯海軍軍官費邊・貝林斯豪森（Fabian Bellingshausen），他於 1820 年 1 月 28 日首次在南大洋上看到了南極大陸，並兩次繞過該大陸航行。在 19 世紀，包括英國人、比利時人和挪威人在內的一些歐洲人曾對南極大陸進行了幾次探險，從 1839 年到 1843 年，英國海軍軍官詹姆斯・克拉克・羅斯（James Clark Ross）繪製了大部分的南極洲海岸線圖，並發現了羅斯海（Ross Sea），維多利亞樂園（Victoria Land）和 Erebus 山及 Terror 山兩火山，它們都以遠征

船的名字命名。羅斯回到英國後被封為爵士，並獲得法國軍團榮譽勳章。

隨著航空業的發展，乘飛機到達南極成為一種現實的可能性，這是由經驗豐富的飛行員理查德·伊夫林·伯德（Richard Evelyn Byrd）於 1929 年 11 月 28 日完成的，為他贏得了美國地理學會的金牌。伯德的探險隊在羅斯冰架上建立了一個名為「小美國」（Little America）的大本營。伯德 1934 年的第二次南極探險幾乎以悲劇告終。他獨自在一個小型的氣象預報站度過了五個月的冬季，在那裡他因吸入一台小型加熱器中的一氧化碳而昏迷，但幸運地被後來趕到基地的團隊成員所發現並救活。在 1938 年首次出版的《孤獨》（Alone）一書中描述了他的這種悲慘的冒險。

德國人對南極洲的興趣始自 20 世紀初，當時曾有兩次德國探險，分別是 1901 年和 1911 年，歷時兩年，但皇家德國的那些探險並沒有意味著德國人確實想住在那裡。後來納粹對該探險計劃卻非常認真。1938 年德國南極探險隊的準備工作其規模龐大且全面， 納粹甚至在任務出發前就將卓越的南極權威理查德·伯德邀請到漢堡（Hamburg），為團隊成員提供建議。他們還要求他加入探險隊，但被他所拒。伯德當時是平民，他同意向探險隊成員提供諮詢意見並不表示他同情納粹政權。當然，伯德可能意識到德國擴張主義的意圖，因為當時希特勒已經接管了奧地利。但是在 1938 年 9 月的《慕尼黑協議》之後，世界陷入了希特勒不再抱有領土野心的幻想，這可能是他同意為德國探險隊提供諮詢的原因。

德國人在 1938 年的旅程中使用了水上飛機「施瓦本蘭號」（Schwabenland）。水上飛機在莫德皇后樂園（Queen Maud

Land）地區投下了十字標誌旗，這為德國領土多佔了 60 萬平方公里的土地。然後，他們在穆里格‧霍夫曼（Muhlig-Hofmann）山中建立了一個殖民地，該殖民地非常靠近阿斯特里德公主（Princess Astrid）海岸，被稱為新施瓦本蘭（Neuschwabenland），以原德國王國一部分的施瓦本（Swabia）公國命名。

其他一些消息來源聲稱，南極洲實際上是亞特蘭蒂斯（Atlantis）的前身，由於史前的極移（pole shift）而遷移到了南極地區。由於已知爬虫人棲息於亞特蘭蒂斯，因此很可能在移居後將其殖民地保留在地下，並且仍然生活在南極洲之下。由此得出結論，爬虫人鼓勵納粹在其附近建立一個殖民地一點也不為過，這可以作為戰爭失敗的避難所。但是更有可能的是，這個殖民地將成為促進德國人與外星人共同發展星際旅行和征服的科學技術基地。正如我們已經看到的那樣，納粹與居住在帕塔拉（Patala）[24] 的爬虫人簽署了包括反重力飛盤的協定。這就解釋了為什麼納粹最終將所有參與反重力飛盤開發的航空工程師和科學家以及原型機本身轉移到了新施瓦本蘭。[25] 在那段較早的日子，納粹對贏得這場戰爭極為有信心，根本不會考慮有一天須到南極大陸避難。所以不難想像納粹竭盡全力在南極冰層以下建造的這一座城市兼基地，其打造動機並非避難用途，而是另有他用。看起來，即使在這個早期階段，納粹也已經預期著有朝一日與爬虫人一起前往其他星球旅行。正是從這個南極基地，德日聯合對火星的自殺任務（太空船最終墮毀於火星地表）於 1945 年中旬開始，而一般德國人對此一無所知。

又稱莫德皇后樂園（Queen Maud Land）的南極新施瓦本蘭殖民地，組建於 1938 年。當時德國探險隊發現了一條地熱加溫

的河水沖出的巨大冰洞，這些冰隧道被南極冰帽蓋住，是潛艇的最佳藏身處，德國人在該地區建造了一處祕密地下基地（或城市），稱為新柏林（Nue Berlin）。據一位不願透露姓名的神祕學家聲稱，新柏林有一個外星人居住區，這裡有昂宿星人（Pleiadians），澤塔網狀星系人（Zeta Reticulans），爬虫人（Reptoids），黑衣人（Men in Black），阿爾德巴蘭人（Aldeberani）和來自其他星球的訪客。

戰爭結束後，英國獲得了德國祕密的新施瓦本殖民地的情報，她懷疑許多下落不明的德國 U 型潛艇可能藏身在那裡。1945 年下半年，英國精英部隊在南喬治亞島受訓，經過幾個月的嚴格訓練後，被派往南極毛德海姆（Maudheim）的英軍基地，其首要任務是調查穆里格·霍夫曼山周圍的德國人異常活動。他們在乾燥無雪的山谷中發現了一條隧道，一支軍隊被派遣去探索該隧道，在隧道盡頭發現一個部分充滿海水的巨大坑穴。稍後，探險隊發現了 U 型潛艇的藏身處和建於山洞岩石中奇異飛機的機庫，這個地方到處都是納粹士兵和技術人員。

文章情節發展至此，讀者內心或不免要問，德國人在南極大陸組建了如此龐大城市/基地，必非朝夕功夫，為何遲至戰後才發現？其實早在 1943 年中，盟軍已注意到南大西洋的海底交通繁忙，並開始懷疑發生了不尋常的事情。新施瓦本基地的建設和定居已從德國空軍司令赫爾曼·戈林的控制中移轉到海因里希·希姆萊的控制下，後者正在使用大型 Milchkuh（奶牛）補給潛艇將人員和設備運輸到南極殖民地。這些特殊的 XXI U 型船從大西洋戰爭轉移而來，幾乎與流浪蒸汽輪（tramp steamers）一樣大，而且由於採用了新開發的浮潛，因此能夠將整個旅程帶入水下。根據伊万年科（Ivanenko）的說法，希姆萊

從被驅逐出俄羅斯的 50 萬名德國民族婦女中,選出種族最純淨的一萬名烏克蘭婦女,並用潛艇將其送到新柏林。她們都是金髮碧眼的,年齡在十七到二十四歲之間,這些人都是希姆萊的「南極定居婦女」。希姆萊還派遣了 2500 名在俄羅斯戰線打過仗,經過戰鬥訓練的武裝-黨衛軍士兵。每名士兵分配四名婦女,預計他們將在南極冰層下培育出雅利安人的新文明。

自從 1944 年歐洲戰爭失利以來,巨型潛艇還攜帶了反重力盤的原型機,以及至關重要的航空工程師和科學家與漢斯・卡姆勒及其所有重要的工人和技術人員,以及新型反重力飛機的設計和原材料也很可能在 1945 年被帶到了新施瓦本蘭。據第三帝國研究人員/作家羅伯・阿恩特(Rob Arndt)說,戰後盟軍確定納粹德國遺失了 54 艘 U 型艇。他還說,行蹤不明的人數為 142,000 至 250,000,其中包括整個黨衛軍技術部門,整個維爾和圖勒協會,與 6,000 名科學家和技術人員以及成千上萬的奴隸勞工。

根據不明飛行物研究員/作家埃里希・喬隆(Erich J. Choron)的說法,在戰爭的最後幾天,十艘失蹤的德國 U 型艇參加了一項絕密任務。U 船是戰爭後期製造的非常先進的 XXI 型和 XXIII 型,其航行速度比以前的型號要快得多,它配備了新的浮潛設備,使它們能夠在整個大西洋中進行水下航行。眾所周知,所有這些潛艇都是在 1945 年 5 月 3 日至 5 月 8 日之間離開其本國港口的。這十艘 U 型艇停靠在奧斯陸峽灣、漢堡和弗倫斯堡,它們可將數百名德國官兵運送到阿根廷,以建立一個新的帝國。以上這種說法被廣泛接受。這些軍官大多參與祕密項目,其中許多人本身就是黨衛軍和海軍的成員,他們試圖逃避盟軍的報復並繼續在國外工作。[26]

　　據以上敘述，納粹南極基地——新施瓦本蘭如此巨大的原因在於德國人已經為此設施工作了很長時間。英軍決定盡最大努力去破壞該基地，據英國公務員和第二次世界大戰歷史學家詹姆斯・羅伯特（James Robert）在 2005 年 8 月的《Nexus Magazine》（第 12 卷，第 5 期）中的一篇文章中說，德國人成功地在巨大的冰洞中建立了地下基地，使用發現的入口做為進出口。他聲稱，來自祕密南極莫德海姆基地（Maudheim Base）的英國特種空勤突擊隊（Special Air Service，簡稱 SAS）於1944 年夏找到了入口。沿著隧道走了幾哩，最終他們來到了一個異常溫暖的地下洞穴。一些科學家認為它是由地熱加熱的，巨大的洞穴中有地下湖泊。然而，隨著人為地照亮洞穴，謎團加深了。洞穴被證實是如此之大，以至於他們不得不分股搜索，終於有了真正的發現。納粹在洞穴中建造了一個巨大的基地，甚至為 U 型船建造了碼頭，據信已經找到了一個。……倖存者報告說，「怪異的飛機機庫和豐富的挖掘活動」已被記錄在案。

　　儘管英國在南極洲及其周圍地區有數個祕密基地，但莫德海姆基地是最大的祕密基地，因為它距穆赫利格-霍夫曼山（Muhlig-Hofmann Mountains）僅約 200 哩，而進攻正是從莫德海姆發起的。在 1939 年得知納粹基地的建設之後，英國人就在南極建立了基地。被英國人抓獲的三名主要納粹分子進一步揭露了詳細信息，他們是魯道夫・赫斯，海因里希・希姆萊以及海軍上將卡爾・多恩尼茨（Karl Doenitz），他們全都知道祕密基地的所有細節。此外，潛艇指揮官奧托・韋爾姆斯（Otto Wermuth）和海因茨・謝弗（Heinz Schaeffer）也透露了南極基地詳情。實際上，多恩尼茨很有可能被任命為希特勒的繼任者，

恰恰是因為作為潛艇艦隊司令，他最有能力保護第三帝國的未來故鄉南極殖民地。

1945 年 10 月英國特種空勤突擊隊正式展開塔巴林行動 II（Operation Taberin II）。他們包裝大量炸藥，並在要害之處偷偷埋設地雷。他們最終被德國人發現，於是所有人員儘速逃離隧道，進去的 11 個人中只有 3 個人逃出來。他們炸燬了通往德國人基地的隧道入口後，返回莫德海姆基地，然後返回福克蘭群島（Falkland Islands），所有倖存者都得宣誓保密，整個事件由英國政府掩蓋住。[27]

顯然，美國確實通過地下情報行動或與英國人分享情報來了解塔巴林行動。較大的可能性是英國人可能堅信他們沒有成功摧毀該基地，因而想要美國完成工作。而且，戰略服務辦公室（OSS）從韋爾姆斯和謝弗的詢問中學到了很多東西。跳高操作（Operation High Jump）的計劃是由海軍部長詹姆斯·福雷斯特於 1946 年 8 月 7 日提出的，距塔巴林二號行動結束不到一年。跳高操作受到了由國內、戰爭和海軍部長組成的「三個委員會」的命令的認可。據推測，內閣已得到數家情報機構的建議，並已獲得哈利·杜魯門總統的批准。這將是一次大規模的海軍行動。

1946 年 8 月 26 日開始至 1947 年 2 月下旬，以美國海軍少將理查德·伯德（Real Admiral Richard E. Byrd, 1888-1957）為首，代號「跳高操作」的遠征隊（即海軍第 68 特遣隊），其真正任務是在南極進行尋找、接管及/或摧毀納粹基地的活動，但表面上的任務則是企圖建立號稱「小美國四世「（Little America IV）的南極研究基地。原來這次遠征，伯德接到了機密和非機密的兩種指令，對於一般公眾來說，探索、製圖和尋找研究基地等工作都是屬於科學性的，它們是非機密的，而這些非機密的檔

面理由正是用來掩蓋遠征隊的機密任務。事實上這是一場針對隱祕敵人的軍事遠征，而它是不會被公開披露的，遠征的目標如前所說，鎖定在尋找、接管及/或摧毀納粹的南極基地，以完成二戰未完成的任務。然而諷刺的是，正是同一個人，1938 年 12 月17 日伯德曾應邀到納粹德國，作為里契爾船長的施瓦本蘭號探險隊的貴賓，同赴南極探險，雖然他最後婉拒了邀請。

理查德·伯德曾是有經驗的海軍飛行員，除了飛越北極外，他在 1928 年至 1941 年之間曾進行了三次南極考察，期間被任命為海軍行動負責人歐內斯特·金（Ernest J. King）海軍上將的特別助理。隨著二戰的結束，伯德海軍少將說服了海軍部長詹姆斯·福雷斯特和海軍作戰首長切斯特·尼米茲，向南極發起了一次大規模的海上探險，國會批准並提供了資金。

1946 年夏天，美國海軍發給大西洋和太平洋艦隊總司令的命令是去建立南極發展計劃。它的代碼名為「跳高操作」（又稱美國海軍《68 號專案》）。該行動是在 1946-1947 年的南極夏季進行的。指示是讓十三艘船和數千名人員前往南極邊緣，表面上的目的是科學考察與訓練。該行動同時計劃在小美國三世（Little America III）附近的羅斯冰架（Ross Ice Shelf）上建立美國基地（稱為小美國四世基地），這是理查德·伯德 1939-41 年探險隊的所在地。儘管沒有在 1946 年 8 月 26 日的命令中明確說明，但該計劃的主要目標是盡可能多地繪製南極洲的空中圖，尤其是海岸線。

遠征軍兵力總計 13 艘船艦及 33 架飛機和一艘航空母艦（the USS Philippine Sea）。出動的船艦包括載有通訊的旗艦，兩艘破冰船，兩艘驅逐艦，兩艘分別攜帶三架 PBM（Patrol Bomber Mariner 的縮寫）水上飛機的海軍支援艦，兩艘油輪，兩

艘補給船及一艘潛艇，兩架直升機，該航母載有六架各裝有起落架輪子和滑雪板的 DC-3 雙引擎飛機。旗艦奧林匹斯山號還搭載了 4700 名海軍陸戰隊。

　　時任美國海軍行動負責人的戰爭英雄——海軍五星上將切斯特‧尼米茲（Fleet Admiral Chester W. Nimitz），任命海軍少將理查德‧伯德為這次任務的特派團團長， 他還任命了有極地作戰經驗的資深老兵——海軍少將理查德‧克魯森（RADM R.H. Cruzen）擔任特遣隊司令。這項行動被宣傳為探索性和科學性的， 顯然，在美國海軍以及海上戰鬥部隊的參與下，這絕不是科學探險。當時的美國海軍陸戰隊被認為是世界上最強悍的軍事組織，探險隊隊員還包括僅一年前參與許多殘酷的太平洋島國戰役的退伍軍人。因此，參與探險隊的軍事人員並非旨在伴隨科學考察的象徵性新手軍事力量，實際上，由於這次任務的真正目的是祕密摧毀納粹基地，故與科考隊相伴的這支軍事力量是當時美國最強悍的作戰部隊之一。下文是針對該次行動的較詳細陳述：[28]

　　海軍少將克魯森與在小美國四世基地的海軍少將理查德‧伯德，共同領導了這次探險的科學和技術工作。克魯森少將是專案 68 的指揮官，而伯德少將則是專案 68 的負責官員。這次探險分為三個小組，中央集團在 USCGC Northwind 的帶領下進入羅斯海的冰袋； 西部集團於 1946 年 12 月 24 日到達巴倫尼（Balleny）群島東北部的冰袋邊緣；[29] 根據「跳高操作」的官方記錄，1947 年 2 月 14 日，東部集團中的所有船隻在貝林斯豪森海（Bellingshausen Sea）以北的彼得一世島（Peter I Island）附近相遇，並準備一起從南極半島航行到韋德爾海（Weddell Sea）。 （ youtube 影片見 https://youtu.be/VNa6PrHW2cU accessed on 1/3/2021）

　　看來，東部和西部的團體應該在女王莫德樂園（Queen Maud Land）附近的地方集合，與 DC-3 進行聯合攻擊。直到 1947 年 3 月 3 日，該行動突然過早終止，他們才被告知要駛回里約熱內盧（Rio de Janeiro）。1991 年蘇聯解體後，其特務機構 KGB 釋出了以前的機密文件，為神祕的伯德南極遠征隊釋出了一些信息。一部 2006 年的俄羅斯紀錄片，首次公開發行了由約瑟夫・斯大林（Joseph Stalin）委託執行的 1947 年蘇聯祕密情報報告，該報告涉及第 68 特遣隊在南極洲的任務。[30]

　　根據在 YouTube 上發布的這部俄羅斯紀錄片，該船隊遇到了從水中浮出的幾艘飛碟，並在二十分鐘的交戰中襲擊了船隻。那一定是在那個時期在韋德爾海發生的。顯然，這些飛碟正在保護隧道的入口。在視頻中，可以看到飛碟飛過船艦。據稱在那次行動中有 68 人喪生。如果松島號（Pine Island）確實沉沒了，那很可能是在那場戰鬥中發生的，而六十八名死者中有許多可能是海軍陸戰隊員。

　　無論韋德海發生什麼事，它都導致伯德海軍少將在 1947 年 3 月 3 日取消了整個行動。實際任務僅進行了兩個月，而最初計劃是在南極夏季和秋季進行六個月。伯德在其旗艦奧林匹斯山號（USS Mount Olympus）短暫停靠在智利瓦爾帕萊索（Valparaiso）的途中，通過巴拿馬運河返回華盛頓特區時，接受了智利《El Mercurio》報紙記者 Lee Van Atta 的專訪。1947 年 3 月 4 日，第二天報紙上出現了基於採訪的故事：

　　理查德・伯德海軍少將今天警告說，美國有必要採取保護性措施，以防止敵對飛機從極地發動入侵該國的可能性。這位海軍少將說：「我無意嚇任何人，但痛苦的現實是，如果要發動新的戰爭，美國將受到從一極或兩極飛來的飛行物體的攻擊。⋯⋯世

界正在以驚人的速度發展。」少將宣稱：「在最近進行的南極探索中汲取的客觀經驗教訓，我只能向同胞發出強烈的警告，因為海洋隔離和極點距離構成的安全保障已經成為過去。我們必 須保持警惕，並建立防禦入侵的最後堡壘。」

斯坦因/庫珀證實了以上的媒體報導，他看到了相關文件，並收到了有關「跳高操作」命運的簡報：「在 1946 年至 1947 年，伯德海軍少將領導了南極洲科學考察任務，我們在那裡與外星人及其碟狀飛行器進行了軍事互動，就像一場小型戰爭，我們失去了所有飛機。」[31]

如果「跳高操作」任務的目標是找到並消滅納粹的任何南極基地，則新聞報導和任務的提早結束表明，美國海軍在與納粹殘餘力量的鬥爭中慘敗。從潛伏美國的蘇聯間諜收集的情報報告也顯示了相同的信息，美國海軍曾派出遠征隊尋找並摧毀一個或多個隱藏的納粹基地。途中他們遇到了一支神祕的 UFO 武力。該武力攻擊遠征隊，摧毀了多艘船和大量飛機。蘇聯情報報告提到參與跳高操作的兩名美國海軍服務人員的證詞（過去從未被披露過）。其中駐扎在布朗森號（USS brownson）上的廣播員約翰・施瓦赫（John P. Szehwach）在 1947 年 1 月 17 日 0700 小時目擊了 UFO 如何明顯地從海洋深處出現。根據蘇聯的報告，在接下來的幾週內，UFO 飛越了向其開炮的美國艦隊，並且 UFO 也進行致命性反擊。

除了廣播員約翰・施瓦赫外，最有說服力的另一位目擊者是一位叫約翰・賽爾森（John Sayerson）中尉的飛行員，他被引述說：「這物體就像被魔鬼追趕一樣，以極高的速度從水中垂直射出，然後以很高的速度飛過（船的）桅杆之間，無線電天線在空氣亂流中來回振盪。不久之後，一架從柯里塔克（Currituck）

起飛的飛機（馬丁飛船號）被該物體發出的未知類型的射線擊中，幾乎就立刻墜毀在我們船隻附近（大約 10 哩外）的海中……，魚雷艇 Maddox 著火並開始下沉……親眼目睹了這次飛出海面的物體的襲擊，我只能說這令人恐懼。」[32]

遠征隊被納粹飛碟擊敗，伯德匆匆撤退，回到美國，該次行動迄今雖然仍然保密，但事隔多年，根據當年參與者的告白、南美國家報紙的報導以及其他來源的資訊，「跳高操作」的真相終於能夠逐漸浮出水面。

根據科里・古德的說法，納粹幫助建立了三個南極基地，另外的協助來自德拉科聯盟，以及被納粹認為是 ET 的另一個團體（稱為北歐人），但實際上他們是開發了「銀色艦隊」（Silver Fleet）太空計劃的「遠古人類脫離文明」。這些人在喜馬拉雅山脈和其他一些地區的地下建立了廣闊的基地，並將自己偽裝為外星人。[33] 古德進一步指出，倖存的納粹政權（即納粹脫離文明）利用其隱藏的基地和先進的飛碟技術向杜魯門及艾森豪政府施加壓力，要求他們接受祕密交易。

古德說，納粹的同情者還廣泛地滲透了軍工複合體。參加「回形針行動」的數千名前納粹科學家和技術人員中，有來自南極納粹脫離團體的「資產」（即間諜），他們的工作是滲入美國太空計劃和軍工複合體。古德還進一步說，由於納粹脫離文明成功地保護了其南極基地，並與美國政府達成了祕密協議，它能夠在月球上建立一個巨大基地。該基地最終移交給美國祕密太空計劃，該計劃稱為月球作戰司令部（Lunar Operations Command, aka LOC），它已被納粹同情者滲透。[34]

隨著美國軍工複合體的被成功滲透，以及 1950 年代末和 1960 年代出現的不同祕密太空計劃，分離出來的納粹組織接下

來將其能量導向太陽系之外，這導致了所謂「黑暗艦隊」（Dark Fleet）的誕生，這支艦隊顯然是從理念和平的維爾太空計劃脫穎而出的的異端，它也是當代人類歷史相關的五個祕密太空計劃中按時間順序排列，屬於最古老的一個計劃。黑暗艦隊的主要活動區域是在太陽系之外，其主要的結盟者是德拉科聯盟（Draco Alliance）。

納粹脫離文明與德拉科聯盟合作的意義重大。德拉科爬蟲人被認為是銀河系中具有強大實力及野心的帝國主義外星種族，他們征服其他星球的目的是奪取其資源，並使用俘虜作為奴隸，這一點倒是與納粹的理念非常相似，這也是兩者能輕易地一拍就合的原因。德拉科爬蟲人的統治階級據稱是非常強大的通靈者，過去納粹黨衛軍的「黑太陽教團」曾與條頓人（Teutons）的亡靈進行祕密交流。不難想像，德拉科領導層可能早已滲透納粹黨的「黑太陽」，並透過假扮條頓人的亡靈來挑選納粹領導層。

納粹脫離文明的敘述就暫告一段落，且說伯德於 1947 年 4 月 14 日回到華盛頓，並向海軍情報部門及其他政府官員進行廣泛匯報。據報導，伯德在向總統和參謀長聯席會議作證時大怒，並強烈「建議」將南極洲變成熱核試驗場。在那次展示之後，伯德住院了，他不再被允許接受任何採訪或進行簡報。現在可以確定的是第三帝國已經在南極倖存下來並且完善了他們的飛盤技術，這很可能引起五角大樓的警報甚至恐慌，原因是當時萊特——帕特森的反重力飛盤開發尚未產生原型機。如果納粹當時決定入侵美國，後者將無力捍衛自己。

從 1944 年盟軍轟炸機在施韋因富特（Schweinfurt）上空慘敗於納粹飛碟中隊之手及三年後的南極「跳高操作」中再次慘敗於納粹飛碟之手這兩事件來看，讀者不難理解，為何美國政府會

於 1945 年 7 月 20 日啟動「回形針行動」（Operation
Paperclip），急於將納粹科研人才遷移到大西洋彼岸為美國效
勞，下文就來聊聊這件事情的始末。

## 7.4 回形針行動

二戰結束時，所有剩餘的（尚未轉移到南極基地）德國飛碟
都被銷燬了，在盟軍佔領基地並獲得技術之前，未撤往南極基地
的相關工程師和科學家多遭殺害。雖然如此，美國、蘇聯、英國
和加拿大等盟國仍然獲得了一些技術數據和人才。美國獲得的資
源最多，許多從事這些高端計劃的科學家，包括德國飛碟之父舒
曼博士等人，[35] 都在「回形針行動」中被帶到美國，總共帶回了
5000 名相關人才（其中包括 1600 名德國科學家），大部分的他
們後來被軍事和國防承包商在其自己的黑計劃中僱用。

「回形針行動」是美國史上最高瞻遠矚及大膽的一個行動計
劃。說它「高瞻遠矚」，是該計劃在尖端武器及航天器研發方面
的影響深遠，美國國防科技與軍事太空研究因此能大大超越其他
國家及甚至於雄霸全球，迄今不衰。這種亮眼成績首先要歸公於
納粹德國的軍事太空負責人韋恩・馮・布勞恩（Wernher von
Braun, 1912-1977）和團隊中的所有工程師，透過回形針行動，
他們被帶到美國。美軍安排了其中所有的 104 名火箭科學家進行
太空研究，美國政府和軍方向他們保證了嚴密的安全措施。該小
組的成員在首顆人造衛星「探險家一號」（Explorer-1）的發射
及在阿波羅飛行任務中發揮了重要作用。[36]

　　至若回形針行動的「大膽」，是該計劃竟然引進大批前敵國科學家來執掌本國最敏感的科研計劃，而將可能引起的國家安全問題列為次要考慮。CNN 記者琳達・亨特（Linda Hunt）1991年的書《祕密議程：美國政府、納粹科學家和回形針行動，1945-1990》首次透露了美國聯邦政府及軍方的某些內部人員對納粹滲透美國的協助情形。[37]

　　回形針行動擄獲的東西及其後來展現的成果可以說是美國加入二戰所得到的最大收穫之一，它與美國祕密太空計劃有「剪不斷」的關係。人人都知道，回形針行動在 1945-46 年從德國分批帶入（強迫移民）數千名高端人才，但美國人是如何在二戰剛結束的短時間內搜羅到這些人才資訊的？原來在第二次世界大戰期間納粹德國的科學家為了凝聚力量，支持戰爭，他們成立了軍事研究協會，它將德國所有的著名科學家和研究機構都歸為一類，維爾納・卡爾・海森堡（Werner Karl Heisenberg, 1901-1976）曾是該軍事研究協會的負責人，當時他是 漢諾威萊布尼茲大學（Leibniz University Hannover）的教授。

　　海森堡教授是一名物理學家，曾獲得 1932 年諾貝爾獎。他是量子物理學的重要先驅之一，對流體力學理論也有重要貢獻。二戰期間他是德國核武計劃的首席科學家，也是 V-2 火箭發明者韋恩・馮・布勞恩的親密同事。海森堡與馮・布勞恩雖同樣是科學界重量級人物，但前者以納粹主義迷而享有盛譽，後者則對意識形態沒有多大興趣。海森堡的戰時任務是招募能夠協助發展軍事武器的科學家、技術人員和工程師。他的工作很成功，他在軍事研究協會僱用了 5000 名著名科學家、技術人員和工程師。戰爭結束後美國情報部門發現了這份招募名單（除了遺失一頁之外），隨即根據名單所載按圖索驥，開始尋找所需人才，這份名

單從此有了一個「海森堡名單」（Heisenberg List）的歷史名稱。美國情報部門發起一項祕密任務，將大部分名單上的人以戰俘身分帶到美國，他們都是一些專注於火箭、導彈和雷達等軍事設備的工程師或科學家，這項計劃被命名為「回形針行動」，目的是在吸引從核能專家到軍事醫生和生物技術專家的各個領域科學家，並將他們帶到美國。[38]

且說 1945 年 5 月 19 日，即德國投降後僅 12 天，第一枚用於戰鬥的納粹制導飛彈的創造者赫伯特‧瓦格納（Herbert A. Wagner, 1900-1982）正搭乘一架帶有遮光窗的美國軍用飛機，降落在華盛頓特區。瓦格納是納粹科學家、技術人員和其他人士中，在回形針行動計劃下第一個踏上美國土地的德國人，該計劃最初稱為「陰雲行動」（Operation Overcast），這是由參謀長聯席會議批准的一項計劃，它旨在利用納粹科學家的知識，過程中並確保不會有「納粹或軍事記錄的人」參與其中。這項計劃後來改名為「回形針行動」，並於 1945 年 8 月由哈利‧杜魯門總統（President Harry S. Truman, 1884-1972）正式授權。

1945 年 9 月 20 日（星期四），V-2 火箭的發明者馮‧布勞恩在回形針行動計劃下也到達了波士頓港長島北端的一處小型軍事基地——斯特朗堡（Fort Strong）。馮‧布勞恩那天在入境文件上據實填寫了其身分：「納粹黨員與黨衛軍（SS）成員」，然而他在入境時並未受到任何刁難。24 年後的 1969 年 7 月 16 日（星期三），馮‧布勞恩站在甘迺迪航天中心的發射室，得意地看著他的另一枚火箭——土星五號（Saturn V），將阿波羅 11 號（Apollo 11）機組人員帶到月球。1969 年的成功火箭發射意味著馮‧布勞恩理想的實現，他只是一名熱愛自己理想的科學家，雖然在 V-2 火箭的發展期間他加入納粹黨，並成為黨衛軍的一

員，但他實際上並不受納粹意識形態的影響與主宰。在 1944 年 3 月上旬的一個晚上，他在一次聚會上喝多了酒，於是說話隨便了些。當時他對其他聚會的人說，他預見到戰爭將以德國慘敗告終，並說他想用火箭做的所有事情就是將它們發射到太空。馮·布勞恩因為這番「叛國」言論而於幾週後被捕。儘管未被監禁，但這跡象表明，戰後留在自己的國家並不安全，這可能是他決意接受回形針行動計劃，來到美國發展其夢想的原因。[39]

1945 年 11 月中旬，包括 700 多名納粹火箭專家在內的更多納粹科學家、工程師與技術人員抵達美國。到 1955 年，將近 1000 名德國科學家被授與美國國籍，並在美國科學界中佔據重要地位。在回形針行動計劃下到達美國的許多德國人中，其中不乏納粹黨和蓋世太保（Gestapo）的長期會員，他們曾在集中營內對囚犯進行過人體實驗，使用奴役勞工。並犯下其他戰爭罪行。

馮·布勞恩後來成為美國國家宇航局（NASA）馬歇爾（Marshall）太空飛行中心的第一任（1960-1970）負責人，他是「回形針行動」科學家中較為知名的人士之一，其他知名人物還包括與馮·布勞恩關係親密的納粹德國 V-2 火箭計劃負責人——沃爾特·多恩伯格（Walter Dornberger, 1895-1980），他到美國後在美國空軍工作了三年，從 1950 年至 1965 年他在貝爾飛機公司（Bell Aircraft Corporation）工作，曾任副總裁。他為貝爾研發了 ASM-A-2，這是戰略空軍司令部開發的世界上第一枚制導型空對地飛彈。

在回形針行動計劃下被帶到美國的知名人士尚包括氣態鈾離心機專家保羅·哈特克博士（Dr. Paul Harteck），納粹原子彈物理學家兼軍事計劃負責人 庫爾特·迪布納（Kurt Diebner），鈾

濃縮專家埃里希・巴格（Erich Bagge）與 1944 年諾貝爾獎得主——被稱為核化學之父的奧托・哈恩（Otto Hahn）等人。甚至神經毒氣化學家奧托・安布羅斯（Otto Ambros）也上榜，他是包括沙林（Sarin）和塔邦（Tabun）在內的幾種神經氣體發明人，他還在實驗室製造用於坦克的合成橡膠。[40]

　　回形針行動為美國一些關鍵領域（如火箭、導彈與反重力飛行器等）帶進人才。這些領域的專家透過回形針行動來轉換跑道，他們將原先對納粹德國的奉獻轉換為對美國。因此，美國在反重力飛行器的研發有部分是奠基於納粹德國的原有基礎。但美國並不專靠外國的技術，她本身也進行獨立研發。據一些不易驗證的信息，美國曾獲得地外技術的幫助，詳情請看下文。

# 註解

1. Richard K. Wilson and Sylvan Burns, Secret Treaty: The United States Government and Extra-terrestrial Entities（March 1989）, 轉引自 Salla, Michael E., Ph.D., Insiders Reveal Secret Space Programs & Extraterrestrial Alliances, Exopolitics Institute（Pahoa, HI）, 2015, p.121

2. Interviewed by Linda Moulton Howe, Earthfiles. 轉引自 Salla, Michael E.,

   Ph.D., Insiders Reveal Secret Space Programs & Extraterrestrial Alliances, Exopolitics Institute（Pahoa, HI）, 2015, p.121

3. 人類飛船與外星人飛船除了航速大不同外，據 UFO 互助網路（MUFON）執行董事 揚・哈贊（Jan Harzan）在接受福布斯雜誌（Forbes）採訪時說：向 MUFON 報告的 UFO 目擊事件中有 5-10%可能是 51 區的祕密軍用飛機，而至少其餘部分可能是 S-4 類的外星飛船，非局內人和非專家如何區分它們？他說，我們的船體外觀非常稜角分明，船體上帶有外部水管、接縫和突起。而外星飛船的外觀則非常光滑，沒有任何接縫或鉚釘，也沒有突起，至少這是我們根據所見獲得的印象。

   Paul Seaburn, Insider Reveals Real Secrets of Area 51, February 24, 2017.

   https://mysteriousuniverse.org/2017/02/insider-reveals-real-secrets-of-area-51/

4. Interviewed by Linda Moulton Howe, Earthfiles. 轉引自 Salla, Michael E., Ph.D., Insiders Reveal Secret Space Programs &

322

Extraterrestrial Alliances, Exopolitics Institute（Pahoa, HI）, 2015, p.122

5. Salla, Michael E., Ph.D., Insiders Reveal Secret Space Programs & Extraterrestrial Alliances, Exopolitics Institute（Pahoa, HI）, 2015, p.122-123

6. 見《Prelude to Leadership: The European Diary of John F. Kennedy, Summer 1945》By John Fitzgerald Kennedy, Deirdre Henderson, 1995 Regnery Pub.

7. Michael Salla, Kennedy's Last Stand: UFOs, MJ-12, & JFK's Assassination（Exopolitics Institute, 2013）.

8. 1946 年 9 月 25 日法國法新社（Agence France Press）報導：拉丁美洲南端與南極大陸之間的火地島（Tierra del Fuego）地區，德國潛艇活動的持續傳聞是基於真實的事件。（轉引自 Salla, Michael E., Ph.D., Insiders Reveal Secret Space Programs & Extraterrestrial Alliances, Exopolitics Institute（Pahoa, HI）, 2015, p.125）

9. Salla, Michael E., Ph.D., Insiders Reveal Secret Space Programs & Extraterrestrial Alliances, Exopolitics Institute（Pahoa, HI）, 2015, p.126

10. Salla, Michael E., Ph.D., 2015, op. cit.p.128

11. MCMXCVI–MMXV Periodical Co.,《Maria Orsitsch》, http://1stmuse.com/maria_orsitsch/

12. Ibid.

13. Salla, Michael E., Ph.D., 2015, op. cit., p.75

14. Ibid., p.76

15. MCMXCVI–MMXV Periodical Co., op. cit.

16. MaxiMillien de Lafayette, The United States and Germany's UFOs from 1917 To the Present Day: The Present Threat on Nazi UFOs and World War Three （Aliens & UFOs Boo2）, 6th Edition, Vol.1 Date of the Second Publication: August 29, 2013, published by Times Square Press.

17. Salla, Michael E., Ph.D.,2015, op. cit., p.75

18. Salla, Michael E., Ph.D.,2015, op. cit., p.76,

19. Tompkins, William Mills, Selected by Extraterrestrials: My life in the top secret world of UFOs, think-tanks and Nordic secretaries. Edited by Dr. Robert M. Wood, Create Space Independent Publishing Platform （North Charleston, South Carolina）, December 9, 2015.

20. Private interview, January 16, 2016 Salla, Michael E., Ph.D.,2015, op. cit., p.43

21. Tompkins, 2015, op. cit., pp.204-206

22. Salla, Michael E., Ph.D., The U.S. Navy's Secret Space Program $ Nordic Extraterrestrial Alliance. Exopolitics Consultants （Pahoa, HI）, 2017, pp.99-100

23. Tompkins, 2015, op. cit., pp.308-311

24. 在印度宗教用語，Patala 是地獄（underworld）的意思。

25. Kasten, Len. Secret Journey To Planet Serpo: A True Story of Interplanetary Travel, Bear & Company（Rochester, VT）, 2013, pp.28-34

26. Ibid., pp.35-37

27. Britain's Secret War in Antarctica, by James Roberts, Nexus Magazine, Vol.12, No.5, 2005

28. Kasten, Len., 2013, op. cit., pp.41-45

29. https://cgaviationhistory.org/1946-operation-high-jump/

30. 轉引自 Salla, Michael E., Ph.D., 2015, op. cit., p.131

31. Stein was interview of Admiral Byrd by Linda Moulton Howe, Eathfiles,轉引自 Salla, Michael E., Ph.D., 2017, op. cit., p.134

32. 轉引自 Salla, Michael E., Ph.D., 2017, op. cit., p.217

33. Interview with Corey Goode, May 19,2014, 「Corporate based on Mars and Nazi Infiltration of US Secret Space Program, 」 http://exopolitics.org/corporate-bases-on-mars-and-nazi-infiltration-of-us-secret-space-program/

34. Ibid.

35. 舒曼博士在「回形針行動」計劃下來到了美國。1947-1948年期間他在俄亥俄州的萊特‧帕特森空軍基地工作，然後回到德國慕尼黑工業大學繼續他的電物理研究。

36. Operation Paperclip : US World war II Secret mission. https://funsandfacts.com/operation-paperclip-us-secret-mission/

37. Linda Hunt, Secret Agenda: The United States Government, Nazi Scientists, and Project Paperclip, 1945-1990, St. Martin's Press, 1991.

38. Operation Paperclip : US World war II Secret mission. Op. cit.

39. Amy Shira Teitel, Wernher von Braun: History's most controversial figure? Posted on May 3, 2013 https://www.aljazeera.com/indepth/opinion/2013/05/20135213868 74374.html

40. Marrs, Jim. The Rise of the Fourth Reich – The secret societies that threaten to take over America. HarperCollins Publishers（New York, NY）, 2008, pp.149-150

# 第八章 美國的反重力研發

　　在毛特豪森（Mauthausen）集中營建造飛盤的飛盤設計者奧地利科學家維克多・紹伯格在戰後被美國情報人員羈押了九個月。特工沒收了他所有的文件、筆記和原型機，並嚴厲審問了他。然後，他被遣送往美國，繼續他的創新性反重力飛盤研究。

　　奇怪的是，也許巧合的是，資深的維也納航空工程師埃里克・王（Eric Wang）博士當時就在辛辛那提大學任教。王博士於 1935 年在維也納工業大學獲得工程學學位，此後外界對其活動知之甚少，直到 1943 年，他任教於大學的工程與數學系。大概他是在戰前移居美國，這批早期移民者包括阿爾伯特・愛因斯坦及其他許多德國和奧地利科學家。1949 年，王博士被空軍招募到萊特・帕特森空軍基地的外國技術辦公室（FTD）工作。在這裡，該機構將來自新墨西哥州的墜毀外星飛船用於研究分析和反向工程。王博士曾說過，他為空軍研發的飛盤技術其原理與紹伯格的飛盤不同，我們可以從其言論中得出合理的結論，即在紹伯格被派往美國之際，甚至在王博士正式為空軍工作之前，王博士可能已在空軍的支持下與紹伯格合作，那個時間應該是在1945 年至 1949 年之間。

　　維克多・紹伯格後來加入了德克薩斯州飛盤開發方面的研究工作。據信，原始飛盤本身已被德國人以施里弗——哈伯莫爾——米特（Schriever-Habermohl-Miethe）模型的原型機取代，該原型機即是傳說中的 V-7。眾所周知，克勞斯・哈伯莫爾（Klaus

Habermohl）被帶到蘇聯，有人認為俄羅斯人抵達斯柯達時成功獲得了 V-7 的原型。米特去了美國和加拿大工作。因此，可以得出這樣的結論，即陸軍航空兵（空軍的前身）可能早在 1944 年就了解電磁反重力盤技術。[1]

以上概略點出了萊特・帕特森空軍基地在四十年代中上旬對飛盤技術研發的初步涉及概況，美國反重力飛行器的研發除了利用納粹德國的現有技術外，也進行本身的研發，九十年代初葉之前，美國軍方在航空/航天領域已具有一定的反重力技術水平，可以進行星際航行，這項訊息是由臭鼬工廠（Skunk Works）的一位高級主管口中透露出來，且看下文說明。

# 8.1 將 ET 帶回家的技術

重力（或稱引力）是由空間本身的扭曲和其曲率所引起，為了產生或改變這種曲率，必須存在真正大量的質量能。然而處於深重力井（gravity well）底部的我們，只有使用大型且昂貴的火箭才能將自己拉出。以上所說的是多數人都能理解的普通道理，但這個道理卻被 1993 年 3 月 23 日在洛杉磯加州大學（UCLA）舉行的一次校友工程會議上的發言所改變。當時洛克希德公司臭鼬工廠的前（第二任）首席執行官（1975-1991）賓・里奇（Ben Rich）博士展示了一張正馳向太空的黑色飛盤的幻燈片，他向著擠滿會議室的許多來自不同航空/航天和軟件公司的工程師說：「我們現在擁有將 ET 帶回家的技術，而不須花一生的時間去做。方程式有誤，我們知道這是什麼。現在我們擁有向星星旅行

的能力。首先，你必須了解，我們不會使用化學推進器升空。其次，我們必須找出愛因斯坦哪裡出了問題。」[2]

賓・里奇的身分頗為特殊，他除了是臭鼬工廠的前任執行官，並且還具有另一種祕密身分——他是以色列摩薩德（Mossad）的一名祕密特工。因此，可以說以色列摩薩德早就接觸到了臭鼬工廠的大部分祕密。洛克希德傳奇工程師約翰・安德魯斯（John Andrews）曾寫信給賓・里奇，信中他闡述自己對人造和外星飛碟的信念。後者的回覆如下：「是的，我都是這兩個類別的信徒，我覺得一切都有可能。我們的許多人造不明飛行物（UFO）都是『未獲資助的機遇』（Un Funded Opportunities）。[3] UFO 有兩種，一種是我們建造的，另一種是他們建造的。」[4]以上這段話表明一些不明飛行物可能是由臭鼬工廠以黑預算生產出來的。

曾為《簡氏防務周刊》（Jane's Defense Weekly）、《航空周刊與太空技術》（Aviation Week and Space Technology）以及《國際航空航天雜誌》（Interavia）等出版物撰稿的航空航天記者——詹姆斯・古道爾（James Goodall），在一次視頻採訪中表示，在賓・里奇去世前 10 天，他在南加州大學醫療中心與賓・里奇通話。後者說：「吉姆，我們在沙漠中遇到的事情比您所能理解的要多 50 年。在洛克希德臭鼬工廠，他們大約有 450 人。在過去的 18 或 20 年中，他們一直在做什麼？他們正在建造東西。」[5]賓・里奇繼續說：「我們絕對有能力在恆星中穿行，但是這些技術被鎖定在黑計劃中，要讓他們脫穎而出以造福人類，將是上帝的做為。任何您可以想像的，我們已經知道該怎麼做。」[6]顯然，賓・里奇在死前承認，美國軍方現在可以前往星空，地球上的外星訪客是真實的。

實際上，如果按照羅納德・里根總統於 1985 年 6 月 11 日的日記所載，它揭示了當時美國航天飛機的容量可以將 300 人同時送入地球軌道，該日記也間接透露了美國機密太空計劃的存在。2006 年 3 月《開放思想論壇》（Open Minds Forum）首次提及該計劃的代號是「太陽能守望者」（Solar Warden），它是一支高度機密的反重力太空艦隊，它定期將數百名軍事宇航員送入太空，艦隊的作戰基地就是美國戰略司令部（U.S. Strategic Command）。[7]

可以想像的是，臭鼬工廠數十年來致力的東西必然跟反重力飛行器有關，多年來公司和軍方舉報者早已陸續爆出機密航天器（如 Aurora 和 TR-3B）使用反重力技術的第一手信息。邁克爾・沃爾夫博士曾說，ET 告訴他，空間充滿了需要挖掘的能量，……美國政府使用異國（exotic）技術進行的實驗戳破了時間的洞。[8] 下文且來探討數十年來美國政府與民間如何推進其反重力研究與發展。

## 8.2 湯森・布朗與反重力研發

要了解反重力飛行器（特別是 B-2 隱形轟炸機）的原理，首先必須熟悉反重力關鍵人物 湯瑪斯・湯森・布朗（Thomas Townsend Brown, 1905-1985）的工作。1930 年布朗離開斯瓦茲天文台（Swazey Observatory），開始在華盛頓特區的 海軍研究實驗室（the Naval Research Lab）工作，擔任輻射、 場物理學（field physics）和光譜學的專家。海軍讓他負責一個計劃，研究流體和高 K 因子電介質中的異常電效應。這些研究顯示，大

量的高 K 因子電介質具有最佳的電引力作用，這些電引力隨行星位置而變化。他還發現某些電介質產生了電阻變化，該電阻變化隨行星位置而變化。此外，布朗又發現，可以通過將電容器通電至高壓來建立人工重力場。他專門製造了一種在極板之間使用沉重的高電荷累積（高 K 因子）介電材料的電容器。他發現當電容器充電至 70,000 至 300,000 伏之間時，它將朝正極方向移動。當電容器正面朝上放置時，它會繼續失去約 1%的重量，他將這種移動歸因於靜電感應的重力場，該重力場作用在電容器的帶相反電荷的兩極板之間。[9]

1930 年布朗在海軍研究中心工作之後擔任過各種工作，1938 年他擔任納什維爾號航空母艦（USS Nashville）的首航助理工程師。在納什維爾號航行之後，布朗去了賓州大學為他建造的實驗室工作。一年後的 1939 年，布朗離開賓州大學，開始在巴爾的摩（Baltimore）的格倫·馬丁公司（Glen Martin Company）擔任材料處理工程師，格倫·馬丁公司後來成為洛克希德·馬丁航空航天公司（Lockheed Martin Aerospace Corporation）。

1940 年海軍召布朗回來領導「掃雷研究與開發計劃」，在珍珠港事件及二戰爆發後，布朗被分配到弗吉尼亞州諾福克（Norfold）的海軍作戰基地。然後，大約在充滿著陰謀論的費城實驗（Philadelphia Experiment）發生的同一時間，他被派往費城海軍造船廠裝備新船。當後來有人問及他是否涉及該實驗，其回答是「我不被允許談論我的部分工作」。

1943 年 12 月，據稱布朗因神經衰弱而從海軍退役，是否1943 年 10 月 28 日前後費城實驗所造成的災難性後果導致他的神經衰弱？在那次實驗後，據說在驅逐艦重新出現後，一些船員

被嵌入到鋼結構中。1944 年 6 月布朗到加州伯班克（Burbank）的洛克希德 維加飛機公司（Vega Aircraft）工作，這家公司是洛克希德臭鼬工廠的前身。由此可以肯定，洛克希德公司的一些工程師對比菲爾德——布朗（Biefield-Brown）效應和布朗在電引力方面的研究都非常了解。

戰爭結束後，布朗及其家人在加州洛杉磯成立了湯森·布朗基金會，在他的實驗室，布朗繼續改進他的電動飛碟。1950 年布朗被珍珠港美國太平洋艦隊總司令亞瑟·拉德福德（Arthur Radford）海軍上將聘為顧問，以展示他的電動飛碟，但這項展示似乎沒有引起預期的結果。

1952 年初，布朗向美國海軍提出代號「溫特黑文計劃」（Project Winterhaven）的提案，其中他敦促海軍在像「曼哈頓計劃」這樣的祕密計劃中開發一種反重力戰鬥飛碟，該飛行器可利用火焰噴射高壓發生器將它推進到音速的三倍，其技術原理可能與布朗在美國專利號 3022430 中概述的思路一致。該提案的另一部分是開發大規模的高 K 因子電介質，它們可被用於超高效的船舶推進系統。

溫特黑文提案的另一個主題是重力波通信。布朗開發了一種透過高壓電容器放電來傳輸引力波的方法，電容器的一側接地，另一側連接到專用天線，接收器類似於重力異常檢測器。這些引力波可以很容易地通過諸如海水之類的導電介質傳輸，並可以用於與海底潛艇和地下基地通信。1952 年 3 月 21 日當布朗準備向一些同事演示他的電動飛盤時，空軍少將維克·貝特蘭迪亞斯（Vic Bertrandias）出人意料地拜訪了他，要求將該電動飛盤包括在演示中。

　　維克是道格拉斯飛機公司（Douglas Aircraft）的前副總裁，也是萊特航空發展中心空軍系統司令部總監 阿爾伯特・博伊德（Albert Boyd）將軍的好友。值得留意的是，萊特菲爾德（Wright Field）是一些從事飛碟計劃的納粹分子的所在地。這些於戰後在回形針行動下被帶返美國的德國科學家中的一些人早就對布朗的反重力研究瞭如指掌，並且已經將其研究成果納入了操作中的飛行器。因此，阿爾伯特・博伊德可能對維克・貝特蘭迪亞斯關於布朗的演示活動的報導未能留下深刻印象，但這並不表示空軍不重視布朗的研究。

　　在布朗向維克・貝特蘭迪亞斯演示之後，他開始擔心空軍可能會試圖對他的工作加上保密等級，因此兩星期後他在洛杉磯舉行記者招待會，邀請《洛杉磯時報》記者觀看他的電動飛盤演示，隨後報紙刊登了有關該主題的故事，因此，1952 年公眾被告知反重力技術的真實存在。布朗的擔心並非沒有道理，據私人航空情報公司──航空研究國際有限公司（Avitation Studies International Ltd.）編寫的 1956 年情報研究表明，早在 1954 年 11 月空軍就已開始計劃資助能夠完成溫特黑文計劃目標的研究，而這當然會導致機密等級的提升。

　　此外，另有跡象表明，除了軍方航空業也正在研究布朗的電重力思想。1968 年 1 月，在紐約舉行的航空科學會議上，諾斯羅普公司（Northrup Corporation）的官員報告說，他們正在進行風洞研究，以了解對飛機施加高壓電荷的空氣動力效應。湯森・布朗實驗也表明，在飛碟前面傳播的正離子場起著緩衝翼的作用，它開始將空氣移開，該正離子場有著軟化聲屏障的作用。1981 年五角大樓與諾斯羅普公司簽約，研製高度機密的 B-2 先

進技術轟炸機。無疑地，諾斯羅普過去在機身靜電方面的經驗必定是有助於它贏得該合同的關鍵因素。[10]

話說回頭，布朗的研究不僅引起軍方的注意，北卡羅來納州溫斯頓·塞勒姆（Winston Salem）市的實業家小阿格紐·班森（Agnew H. Bahnson Jr.）也於 1957 年 11 月邀請布朗到他在北卡的實驗室做更多研究。他們與弗蘭克·金（Frank King）博士共同研究了高壓直流電和交流電的結合實驗，其實驗的一些設備使用非常高的電壓與非常低的電流，因此消耗的靜功率非常小。通過適當的工程設計，人們可以製造出微安培洩露電流的兆伏特級發電機，從而產生一種裝置，該裝置能夠產生每瓦特功率數百磅的力，其功率約為噴氣或火箭發動機的 25,000 倍。

布朗還發現非對稱電場可以顯著改變電引力。1958 年他創建了一個 15 吋直徑的模型碟，當施加 50,000 伏特電壓時，它可以自行升離地面，與他以前的專利相比，這次使用了不同的幾何學和原理，因此他申請了另一項專利（1969 年 6 月專利號 3,187,206）。事實上，不對稱電場在產生不平衡的非電抗力（non-reactive forces）方面非常有用。較小的電極將比那些較大的電極具有更高的電荷密度和電場強度。布朗發現，即使極性相反，這種配置也會對較大的電極產生作用力。

布朗的實驗開創了一個新的研究領域，該領域被稱為電重力（electrogravitics），它是一種通過使用高伏特電荷控制重力的技術。大約一年後，布朗為一些空軍官員和多家主要飛機公司的代表試飛了一艘 3 呎直徑的飛碟。當以 150,000 伏特的電壓通電時，圓盤繞著 50 呎直徑的軌道加速，其速度是如此之快，以致於試飛對象立即被加以保密。《Interavia》雜誌後來報導說，在充電至數十萬伏特時圓盤的時速可達每小時幾百哩。

　　布朗的圓盤沿導線的前緣充滿了高正電壓，而沿導線的後緣則充滿了高負電壓。當導線使周圍的空氣電離時，圓盤的前面會形成密集的正離子雲，而在圓盤的後面則會形成相應的負離子雲。布朗的研究指出，像他的電容器的極板一樣，這些離子雲會感應出從負至正方向的重力。當圓盤響應其自身產生的重力場而向前移動時，它將帶有正負離子雲及其相關的電重力梯度。因此圓盤將像衝浪者乘著海浪一般，沿前進的重力波行駛。

　　值得注意的是，布朗製造的電動碟子沒有螺旋槳，沒有噴嘴，也沒有活動部件，它會創建自己的「坡度」，這是重力場的局部變形，然後它會沿著任何選定的方向和任何速率，帶著此坡度一起走。隨著增大對圓盤施加的電壓，圓盤前後的重力勢梯度也增大。因此，增加的電壓將在盤子上引起越來越強的重力，它將作用於正離子雲的方向。圓盤的表現就好像是被來自其正極以外的看不見的行星大小的質量所發出的非常強的引力場所牽引一般。布朗電重力圓盤之一的乘員感覺，無論盤子轉彎有多急，都不會感受到任何壓力。這是因為飛行器及其乘員和負載都對局部重力場的波浪狀畸變具有相等的響應之故。[11]

　　布朗的實驗顯然引起軍方的注意，到了 1958 年底，相關公司的重力研究報告似乎都不見了。查爾斯・卡魯（Charles Carew）在 1959 年 7 月的《加拿大航空》（Canadian Aviation）寫道：「作者無法確定格倫・馬丁公司（Glenn L. Martin Corp.）是否中止其反重力計劃，或是否因有重大發現而將其提升為超頂級機密類別，因而最近沒有該計劃的信息。」其他參與重力研發的公司與成功創造了反重力技術的平民研究人員（如 1961 年的奧蒂斯・卡爾（Otis T. Carr, 1904-1982），見下節說明）也受到了抑制，公眾將不會再聽到以前曾公開討論的話題。

MJ-12 決定將所有反重力研究與開發歸入最高國家安全級別之內，這些抑制在 2007 年首次通過卡爾的前門徒──拉爾夫·林（Ralph Ring）的證詞得以揭示。[12] 此外，英格蘭也發生了對 約翰·塞爾（John Searle）飛盤的壓制，及聯調局（FBI）以國家安全為由，禁止 霍華德·門格（Howard Menger）的電動飛機的發展。

上文略談代表軍方的布朗之電重力研究，下文續談平民研究人員──奧蒂斯·卡爾在反重力方面的研究及其遭受政府打壓的情況。

## 8.3 奧蒂斯·卡爾的自由能盤狀飛行器

1915 年南斯拉夫發明家尼古拉·特斯拉（Nikola Tesla, 1856-1943）公開表示，他知道如何製造反重力飛行器，它既沒有機翼，也沒有螺旋槳，人們可能會在地面上看到它，卻永遠不會認為它是一個飛行器，它能夠在空中以任意的方向移動而不失其安全性。特斯拉的飛行器將由抽取自地球大氣及儲存在特殊線圈中的電能驅動。由於缺乏行業支持他的想法，特斯拉在往後的三年時間內只能將其激進思想透露給其年輕的門生──奧蒂斯·卡爾知道，後者從特斯拉學得了電磁能和反重力原理。

特斯拉教導卡爾如何從豐富的電能中自由地利用電磁能，特斯拉的想法為何不獲資助？原因在於：無需昂貴的發電廠、導線、中繼站、電線桿和大量電力損耗就可以自由獲取電能的可能性，對傳統電力公司構成了挑戰。不但如此，摩根大通（J.P.

Morgan）和其他工業家將無法計量從大氣中容易吸收的自由電能。特斯拉的想法確實挑戰了全球經濟和貨幣體系。

雖然特斯拉受限於財力，無法實踐其想法，但其門生奧蒂斯‧卡爾則繼續努力，此人曾於 1937 年用特斯拉理念測試模型飛船，1955 年他在馬利蘭州成立了 OTC 企業公司（OTC Enterprises, Inc.），開始測試一種原型民用航天器，期望成功之後可以成批生產並出售給公眾。此種航天器的出現將澈底改變航空業。該飛行器是由一台發電機提供動力，該發電機從周圍環境中吸收電能，並且會產生反重力作用來作為推進。

1959 年 11 月，卡爾成功地為他的全尺寸（45 呎）民用航天器（OTC-X1.4）申請了設計專利，它的圓形設計使其看起來像飛碟。OTC-X1 將由許多電容器（卡爾稱它為「Utrons」）供電，後者是一種電能儲存單元，它在釋放電動勢的同時發電。如此看來，Utrons 事實上是卡爾太空飛船的中央動力系統，它向一系列反向旋轉的電磁鐵提供能量。維護機組人員的機艙則是固定的，它不會旋轉，此種系統配置使飛行器脫離重力牽引，而飛行器本身仍具有內部重力，其重量仍與開始啟動時相同。卡爾的設計將在飛船內部創造一個全新的引力場，而因它將有效地在飛船內部創造一個零質量的環境，這意味著正常的慣性定律將不起作用。[13]

卡爾計劃在 1959 年 4 月奧克拉荷馬城（Oklahoma City）的400 名觀眾前測試其六腳飛盤模型，但因技術困難和突發疾病（肺出血）的原因，導致測試被取消。1961 年 1 月紐約總檢察長路易斯‧萊夫科維茨（Louis J. Lefkowitz）聲稱，卡爾騙取了50,000 美元，他被指控「未經註冊即出售證券罪」。除此，卡爾並被認為其民用航天器的建造之真實目的只是在促進遊樂園的活

動，因此他遭判 14 年徒刑。服刑數年後，卡爾被釋放出獄，他從此從公共領域消失。

2006 年 3 月一位名叫拉爾夫・林的卡爾公司前技術員挺身而出，他透過一系列的演講和採訪，述說卡爾成功開發 OTC-X1 的經過，人們才能最終得知真相。拉爾夫說，1959 年在卡爾移居到加州後，他被招募為技術員，加入到卡爾團隊，試圖建造 45 呎的原型航天器，他是成功測試 OTC-X1 全尺寸原型機的三名飛行員之一。拉爾夫證詞中最引人注目的部分是飛行員用來控制 OTC-X1 飛行動作的獨特導航系統，該系統使用了飛行員的有意識意圖，而非傳統技術。

Utron 是這一切的關鍵。卡爾說，由於形狀的緣故，它累積了能量，並使其焦聚，且回應了飛行員的有意識意圖。當飛行員操作機器時，他們沒有使用任何控制儀器，只是進入一種沉思狀態。卡爾利用一些不為人知的道理，其中意識與工程融合在一起以產生效果，而這些都無法將其寫入方程式。[14]

拉爾夫證詞中最引人注目的部分是，他提及在 OTC-X1 成功測試兩週後，卡爾的公司營運被 FBI 和其他政府機構在一次涉及七、八輛卡車的武裝政府人員的祕密搜查中遭關閉，因為他的「威脅」要推翻美國的貨幣體系。[15] 這並非危言聳聽，如果卡爾繼續進行民用航天器的成功測試，它將會澈底改變使用化石燃料發電的傳統能源行業與航空/航天業，這些行業的公司將因損失龐大利潤而導致大量失業人口的出現。

拉爾夫還在一系列的採訪和公司演講中透露，FBI 特工沒收了包括 OTC-X1 原型機在內的所有設備，他們還警告卡爾的所有員工，對所發生的事情保持沉默，並讓卡爾簽署保密協議。卡

爾本人因此被迫忍受旨在抹黑他的指控，並結束了他發展民用航天器產業的大膽努力。[16]

上文提到的兩位盤狀飛行器開發者，其中一人是有軍方背景的湯森‧布朗，而另一位是平民背景的奧蒂斯‧卡爾，他們有關反重力飛行器的研發成果皆受到抑制，其相關技術資訊不僅無法對外發表，卡爾本人且受到公權力的迫害。這兩人的遭遇意味著，在他們發展反重力飛行器的同時美國軍方可能早已或同時進行類似的研發，或是軍方別有擔心之事（如不願自由能被民生工業所用）。下章且來介紹美國軍方依據反重力原理開發出來的各式航空/航天飛行器，其發展過程充滿神祕傳說，尤其其中有些多年來曾被目擊者誤認為是來自外星的不明飛行物。

# 註解

1.Kasten, Len. Secret Journey To Planet Serpo: A True Story of Interplanetary Travel, Bear & Company（Rochester, VT）, 2013, pp.26-27

2.Michael Salla, Reagan Records and…Space Command Antigravity Fleet, April 15, 2009

https://www.bibliotecapleyades.net/exopolitica/exopolitics_reagan05.htm

3. 換句話說，它們是屬於 waived USAPs。

4. Dolan, Richard. *UFOs For the 21st Century Mind:* New York: Richard Dolan Press, 2014（Historian, author, one of the world's leading researchers on the topic of UFOs）

轉引自 **Arjun Walia, June 23, 2015** 2nd Director Of Lockheed Skunkwork's Shocking Comments About UFO Technology

https://www.collective-evolution.com/2015/06/23/2nd-director-of-lockheed-skunkworks-shocking-comments-about-ufo-technology/

5. Ibid.

6. Ibid.

7. Michael Salla, Reagan Records and …Space Command Antigravity Fleet, April 15, 2009

https://www.bibliotecapleyades.net/exopolitica/exopolitics_reagan05.htm

8. **Richard Boylan, Nexus Magazine, Volume 5, Number 3（April - May 1998）** Inside Revelations on the UFO Cover-Up

http://www.ufoevidence.org/documents/doc1861.htm

**9. Paul Laviolette, The U.S. Antigravity Squadron, 1993.**

https://www.bibliotecapleyades.net/ciencia/ciencia_flyingobjects44
.htm

10. Ibid.

11. Ibid.

12. 網站 Camelot 計劃的創始人比爾・瑞安（Bill Ryan）和凱里・卡西迪（Kerry Cassidy）於 2006 年 3 月率先以視頻採訪了拉爾夫・林。在一連串的訪問後他們得出結論：「毫無疑問，拉爾夫・林是 100%真實。每個見過他並親自聽過他的故事的人都完全同意。」拉爾夫・林並提供卡爾過去開發的大量 OTC-X1 照片，這些照片以前未曾公開過，它們顯示，卡爾確實擁有過 45 呎的原型飛船。

Aquamarine Dreams: Ralph Ring and Otis T. Carr, Las Vegas,
August 2006

http://projectcamelot.org/ralph_ring.html

13. Michella E. Salla, How the U.S. Government Suppressed the World's First Civilian Spacecraft Industry, Exopolitics Journal 2:1（April 2007）, ISSN 1938-1719.

https://www.bibliotecapleyades.net/exopolitica/esp_exopolitics_
ZZZZB.htm

14. Ibid.

15. Ralph Ring, Conference presentation at the International UFO Congress, Laughlin, Nevada, 2007, 轉引自 Michella E. Salla, April 2007, op. cit., ennote 22.

16. Michella E. Salla, April 2007, op. cit.

# 第九章 美國的反重力飛行器

　　納粹德國獲得地外技術的經過前文已有闡述，戰爭結束後蘇聯盜竊了該技術，但直到 1980 年代，蘇聯才能夠有效地對某些技術進行改造，以供自己應用。據俄羅斯飛碟調查員保羅・斯通希爾（Paul Stonehill）的報導，俄羅斯人於 1988 年 4 月開始使用能彎曲時空的反重力技術進行時空旅行。1997 年 6 月，華盛頓特區地區情報官表示，中國現在已經獲得了反重力技術。[1] 美國反重力飛行器的研發在前一章已略有闡述，下文繼續介紹軍方目前面世的幾種反重力飛行器。

## 9.1 太空航空母艦──雪茄形飛行器

　　二戰結束後，美國陸軍和海軍立即啟動了回形針行動，它將 1500 多名德國科學家和發明家轉移到了對納粹先進武器計劃有直接了解的美國，他們被帶到不同的美國軍方安全設施。有據可查的是，沃納・馮・布勞恩等人被帶往德州的布利斯堡（Fort Bliss），幫助美國科學家了解捕獲的 V-2 導彈，協助發展導彈技術。最終被捕獲的納粹技術成了 1960 年代初 NASA 太空計劃以及空軍和海軍使用的州際彈道導彈的基礎。溫弗里德・舒曼等人被帶到俄亥俄州代頓，1947 年 9 月更名為美國空軍（US Air Force）的美國陸軍航空兵（US Army Air Force）正在研究捕獲

的航空技術，其中包括維爾和納粹飛碟，以及更高級的雪茄形航天器的設計圖。

前文提到，斯坦因/庫珀曾說，1958 年當他參觀 51 區高度機密的 S-4 設施時，目睹了 4 艘最早可追溯到 1920 年代的維爾和納粹圓形飛行器。維爾和納粹飛碟最初的最可能存放地點是位於俄亥俄州代頓的美國陸軍航空兵基地，這也是 1947 年 7 月羅斯威爾墮毀飛船的相同停放地點。代頓設施被美國空軍及其前身美國陸軍航空兵用來對所有包括飛碟在內的外來（包括外國及外星）技術進行研究與逆向工程之用。1950 年代中期，51 區 S-4 設施興建之後導致許多飛碟（包括維爾、納粹與外星）被從代頓的萊特・帕特森空軍基地轉移到該處。

1950 年代後期，反重力技術的發展成為一個高度機密的話題，航空業關於反重力原理的論文開始停止出現。電引力開發的先驅湯瑪斯・湯森・布朗向美國海軍提出了使用電引力原理來開發碟狀飛行器的建議，但被後者拒絕。海軍拒絕布朗的溫特黑文計劃，不是因為它不可行，而是因為海軍已經擁有了可用的反重力飛船，他們在 1950 年代中期早已在 S-4 設施進行該項研究。

維爾和納粹黨衛軍兩型飛船的反重力原理是基於電重力和高頻旋轉等離子（plasma）電路，這導致了電引力推進技術的發展，它使得納粹獲得了驚人的高超音速飛行器。通過利用旋轉的基於汞的等離子體，磁場干擾器（Magnetic Field Disrupter,簡稱 MFD ） （ 古 德 稱 它 為 磁 引 力 抵 消 （ Magnetic Gravity Cancellation ）） 技術的發展使納粹飛行器的重量減少了多達 89%。[2] 此外，體形較大的維爾與納粹飛碟的推進系統可以採用更傳統的推進技術來加以增強。

　　納粹使用的反重力飛行器有兩種截然不同的設計。第一種是最初由維爾協會開發的小型碟狀飛船，後來為了戰爭原因由納粹黨衛軍為其豪內布（Haunebu）系列的各種版本安裝武器系統。另外還有一種稱為仙女座裝置（Andromeda Device）的更大型雪茄形飛船，它可以容納豪內布飛船，它也是納粹黨衛軍超級武器計劃的一部分。UFO 研究員羅伯·阿恩特（Rob Arndt）將仙女座裝置描述為：「由靈媒瑪麗亞·奧西奇與西格倫等人發起的維爾協會的最終夢想的實現，其航行目的是通過任何可能的方式實現太空飛行，以便到達金牛座中距地球 64 光年的阿爾德巴蘭星系。」[3]

　　依據羅伯·阿恩特，1943 年開始黨衛軍在老的齊柏林機庫（Zeppelin Hangars）建造了兩艘大雪茄狀仙女座裝置，其長 139 米，直徑 30 米。這些飛船的設計目的是使其機架（bay）可同時容納兩艘豪內布 II 或 IV 飛碟，或可將其中各一艘同時放在一個大機架中，再將另外兩艘較小的維爾 I 或 II 型放置在第二個輔助機架中。兩機架都可從每艘飛船的側面進入。每艘飛船將配備 130 名人員，並用四層的維塔倫船體（Victalen hull）做為裝甲。[4]

　　豪內布型飛船使用反重力推進器，並使用磁場干擾器來減輕重量，而仙女座裝置的名稱和目的更進一步表明，除了以上那些反重力技術外，它還使用了更奇怪的推進方式，使其能夠執行星際任務。據羅伯·阿恩特，位於仙女座飛船前部和尾部的推進系統將超越最後的豪內布型圖勒變色龍（Thule Tachyonator）7c 驅動器。這些飛船將擁有四個大型動力單元，前兩個為變色龍 II，後面也有兩個。每艘飛船的頂部和底部成對放置四個額外的大型懸浮器（SM-Levitator）單元，這些單元位於一系列大型底部滑軌上以支持巨大的重量。通常認為這些發動機屬於相同的 EMG

（電磁重力）類型，但其他聯合情報局（Allied Intelligence Bureau,簡稱 AIB）[5]的軍官則認為，根據一艘大型飛船見證人的說法，它們可能是光子驅動器，理由是該巨大飛船具有從尾部發出的明亮光源。推進系統基於超光速（或稱速動）粒子（Tachyons）的使用自是一種創新發明，根據理論物理學，超光速粒子是假設的粒子，它們能夠以比光速更快的速度傳播，它們最初是由慕尼黑大學終身教授——德國理論物理學家阿諾德‧索默菲爾德（Arnold Sommerfeld, 1868-1951）提出，並由杰拉爾德‧芬伯格（Gerald Feinberg）命名。超光速粒子具有奇怪的特性，當它們失去能量時會加快速度，因此當它們獲得能量時會減速，其最慢的速度是光速。

1910 年，艾爾伯特‧愛因斯坦（Albert Einstein）和 索默菲爾德進行了一項涉及理論裝置的思想實驗，該裝置後來被稱為「速動反電話」（Tachyonic Antitelephone），它是理論物理學中的一種假設設備，可用於將信號發送到自己的過去，因此它被描述為是「向過去發電報」的裝置。能夠使用速動粒子裝置的航天器將能夠達到「電報過去」的超光速，這意味著基於「速動反電話」思想的高速行駛，將使星際飛行成為可能，航天器可以航行以光年為單位的遙遠距離。

在 2015 年 4 月 4 日的一次採訪中，古德描述了他在 1987 年由美國海軍領導的祕密太空計劃中的首次任務。他說，該計劃擁有軍事和科學研究用航天器，他曾在其中一個航天器服務。據其自述，他被分配到一艘輔助空間研究的星際級飛船——阿諾德‧索默菲爾德，共服務了六年多一點。[6]在 2015 年 8 月 15 日的電子郵件採訪中，古德提供了有關其研究船命名的更多詳細信息。他說，在通訊中是通過船隻的名稱和編號來知道船隻。他聽說，

廚房裡有一幅油畫和名牌，上頭寫著阿諾德‧索默菲爾德，這是某種傳統，這艘船的船員經常在短途旅行中輪流下船或駐扎在船上。[7]

古德在以阿諾德‧索默菲爾德命名的航天器上服役一事似乎很奇怪，該航天器屬於美國海軍主持下創建的祕密太空計劃，這事表明了索默菲爾德對該計劃必有巨大的貢獻，否則其名字如何會被命名。與其他人相較，阿諾德‧索默菲爾德以指導過最多物理學界諾貝爾獎得主而聞名，這雖是一個了不起的成就，但肯定不足以使他的名字出現在另一個國家的星際級航天器上。

如前所述，索默菲爾德是第一個提出速動粒子存在的人，1910 年當維爾協會（及後來的納粹黨衛軍）開始發展飛碟原型機之際，他正與愛因斯坦進行一場顯然是成功的心靈實驗。與此同時，溫弗里德‧舒曼正領導慕尼黑工業大學的電物理學實驗室。舒曼在維爾飛碟及後來的納粹飛碟計劃很可能引進索默菲爾德為顧問，如果是這樣的話，舒曼可以說是第一個開發可操作的碟狀飛行器的人，而索默菲爾德則可能是基於速動式反電話想法而引導時間驅動器（temporal drives）開發的第一人，他的想法使星際航行成為可能，這可以解釋為何美國海軍祕密太空計劃的一艘星際飛船會以索默菲爾德的名字命名來向他致敬。這一說法得到了古德的支持，他聲稱索默菲爾德號和其他太陽能守望者（Solar Warden）太空船均配備了時間驅動系統。這些系統的驅動原理使得太空船能夠在子空間中旅行，飛行器幾乎能即時地從一個地點輸送到另一個地點。

基於速動粒子的時間驅動的發展觸發了一個問題，究竟維爾協會/納粹是否曾嘗試使用他們的仙女座裝置前往阿爾德巴蘭星系？古德的回答是，他們因不能完全了解門戶物理學（portal physics），故其星際飛行嘗試僅是部分成功。他們的嘗試正如後來美國人所從事的費城實驗（Philadelphia Experiment）[8]。門戶旅行涉及很多東西，須要開發一種全新的物理和數學模型來計算旅行。[9]

　　第二次世界大戰結束之際，美軍無法找到任何仙女座裝置，儘管回形針行動已經獲得了這些裝置的藍圖，但開發功能性設備將須要數年甚至數十年的時間。且儘管回形針行動能夠找到並遣返數艘納粹飛碟至美國，但體形更大且功能性更強的雪茄形仙女座裝置卻難以捉摸。美國海軍之所以提倡「回形針行動」，主要是因為它對納粹的雪茄形飛行器感興趣，這種飛行器可以發展成容納小型碟狀飛行器的太空船。海軍在航空母艦的開發和營運方面的專業知識，使它成為美國軍事部門在監督類似用於深空作戰方面的大型航母飛行器時的最適當軍種。海軍將用基於納粹設計的雪茄形航天器，來領導美國第一個祕密太空計劃的開發。

　　美國具有先進技術的祕密太空計劃因英國駭客加里‧麥金農（Gary McKinnon）的起訴而曝光，這種先進的推進技術能將多人一次性送到一個或多個地球軌道太空站。美國司法部的起訴間接證實了麥金農曾成功駭入 NASA 與五角大樓的電腦，並接觸到機密文件。麥金農承認了這些駭客的指控，並透露他正試圖尋找證據，證明美國政府掩蓋了可以幫助人類的不明飛行物技術。他說，他見到了五角大樓 NASA 的祕密文件，這些文件包含非地面（地球）人員清單，以及一份詳細介紹「艦隊到艦隊轉移」的電子表格。他還聲稱曾看到在太空拍攝到的大雪茄狀飛行器照片，這很可能是一個祕密的空間站。

　　麥金農的證詞支持祕密太空計劃存在的說法，該計劃使用雪茄狀運輸工具，而美國海軍的一個祕密分支則直接參與其中。因

此，今日美國傲視全球與領先群倫的太空科技可以說是部分受益於納粹德國的反重力計劃。美國的反重力飛行器除了專用於太空運輸的雪茄狀飛船外，尚有航空/航天兩用的多功能飛機，特別是 TR-3B，數十年來它被一般人遐想為是來自外星的不明飛行物。

## 9.2 類外星戰機 TR-3B

許多三角形不明飛行物的目擊（許多 UFO 是在格魯姆湖附近出現）其實都不涉及外星飛碟，它們是頂級機密的 TR-3B 或其他極光（Aurora）飛行器（如 SR-74 與 SR-75）。例如幾年前在亞利桑那州鳳凰城（Phoenix），數百名目擊者目睹了一個巨大的黑色三角形飛行器慢慢飛越過天空。同樣景象也出現在紐約州的哈德遜河谷（Hudson River Valley），以及美國和歐洲其他地區。例如，在高猶他州沙漠（High Utah desert）的一個偏遠地區，一位徒步旅行者看見了一艘巨大的三角飛行器，估計邊長 600 呎，寬 100 呎，巨大的飛船在空中默默地盤旋，逐漸降低高度。然後沙漠地板張開了，這些巨大的門板偽裝成看起來像沙漠一樣的外表。飛船降落到開口處，偽裝的門關上，該處再次看起來像沙漠。因此，顯然在沙漠中有一個地下基地，這個基地可以起飛和降落這些巨大的航空/航天飛機。據估計，這種大型的飛機最多可搭載 2,000 名乘員。

上文提到的巨大三角飛行器，它是稱為 TR-3B Astra 的大型三角反重力飛行器，它是一種核動力飛船，它產生的強磁場使自身重量減輕了 89%，自 60 年代以來就一直在進行著測試，但直

到 1992 年以來的最近 8 年才被完善化。它是由洛克希德・馬丁公司在加州棕櫚谷（Palmdale）的臭鼬工廠及波音公司在西雅圖的幻影工廠（Phantom Works）聯合建造。[10] 其中洛克希德・馬丁公司（以後簡稱洛馬）原是由飛機和航空製造業的格倫・馬丁公司（Glenn Martin Company）通過一系列漸進式合併，吸收了GE 航空/航天公司，並於 1995 年與航空/航天巨頭洛克希德公司（Lockheed Corporation）合併而成。洛馬是一家美國的航空、國防、軍備、安全和先進技術公司，在全球範圍內享有盛譽。[11]

　　TR-3B 存在的更有力證據來自比利時和英國的黑色三角形目擊事件，持續時間約在 1989 年 11 月 29 日至 1990 年 4 月，數百名目擊者（包括警察在內）看到並拍攝了這些當時尚未聞其名的大型三角形飛行器——TR-3B。比利時空軍對目擊事件進行了調查，其中在 1990 年 3 月 30 日發生的一宗有據可查的事件最為醒目，事情經過如下：3 月 30 日當日傍晚，布魯塞爾以南數哩處的雷達幕上發現一個不明飛行物體。兩架 F-16 戰機立即從最近的空軍基地博弗尚（Beauvechain）緊急起飛，進行攔截，當時這個不明飛行物的時速約為 172 mph。兩架戰機爬到 3000 呎高，進入這艘神祕飛船的 5 哩範圍之內時，他們用導彈鎖定該物體，同時一面向基地報告說，他們攔截了「結構化 UFO」，突然之間，據飛行員說，該不明飛行物體開始表現得異常不凡。他們的機上雷達屏幕顯示出快速變化的菱形，它突然加速至 600 mph，然後又突然減速至 170 mph，然後它在 2 秒內下降了 3000 呎，並同時從 170 mph 加速到 1100 mph，然後打破了導彈鎖定並飛走了，過程中明顯沒有任何音爆。根據戰機上的儀器顯示，該不明飛行物以 46G（重力的 46 倍）的速度進行變速，此種加速度足以將任何人體壓碎。[12] 它穿過英吉利海峽向西馳向肯特郡

（Kent）地區，然後消失在夜空中。在 65 分鐘的觀察期間，飛行員拍攝了 15 張照片。[13]

以上的新聞描述表明，反重力技術與美國國防部前承包商埃德加‧羅斯柴爾德‧富奇（Edgar Rothshild Fouche）[14] 所謂的「磁場干擾器」技術一起被用來顯著減輕飛行器及其乘員的重量和慣性。據富奇，TR–3B 也利用比菲爾德——布朗（Biefeld-Brown）效應（由大的靜電荷產生）來減輕重量，從而使更傳統的推進系統（例如超燃沖壓發動機（Scramjets）能夠提供驚人的速度），這將遠遠超過其宣稱的 SR-74/8 馬赫的速度。以上解釋了三角飛行器的乘員為何能夠承受如此大的加速度和巨大重力。根據福奇的說法，TR-3B 於 1990 年代初被投入使用，到 1994 年已有三艘投入飛行。這表明 1989/1990 年比利時的目擊物可能是早期原型機測試計劃的一部分。[15]

依據富奇於 1998 年 8 月 2 日在內華達州拉夫林（Loughlin）國際飛碟大會的現場幻燈片說明，[16] TR-3B 是一種較舊的反重力戰術偵察機，它的代號是 Astra，其首次飛行是在 90 年代初期。這個機翼跨度 600 呎的三角形核動力航空航天平台是在現存最機密的航空航天開發計劃——「Aurora（極光）計劃」下，利用戰略防禦計劃（Strategic Defense Initiative，簡稱 SDI）和黑預算（見第 10 章）資金開發的。

極光計劃迄今已經開發了許多反重力太空飛船，TR-3B 是當時極光計劃創建的最奇特的飛行器，它由國家偵察局（National Reconnaissance Office, 簡稱 NRD）、國家安全局（NSA）和中央情報局（CIA）聯合資助並承擔相應任務。目前，在外星人協助下開發的反重力飛行器 TR-3B 被美軍太空司令部用於近地太空作戰，它服務於兩個祕密環繞地球的飛行空間站。古德說，每

當這幾個空間站繞地球運行時，國際空間站（ISS）的宇航員都會對其進行觀察。因此他們看到了 400 哩至 500 哩外的這些空間站，然後他們看到了為這些空間站提供服務的未經承認的 TR-3B 三角飛行器。[17]

古德說，他從 1987 年到 2007 年直接為太陽能守望者工作，那裡有超過 8 艘雪茄級運輸船和其他各種尺寸及類別的飛船，它們的設計目的是攜帶各種類型的飛船，許多人認為其中包括 TR-3B 等。TR-3B 被認為是非常過時的技術，有許多與 TR-3B（及隨後的型號）相同形狀的新技術，將會引起人們注意。[18] 因此古德的證詞表明，TR-3B 是在 51 區執行的第二級美國祕密太空計劃的一部分。

以上敘述說明，TR-3B 在其最初面世階段是如此一個既神祕又引人諸多遐想的不明飛行物，美國軍方的對它諸多保密措施是可以理解的。除了 TR-3B，極光計劃也包括創建超音速戰略偵察機 SR-75 Penetrator（它取代 SR-71 間諜飛機）和 SR-74 Scramp，後者不能自行自地面起飛，它僅能在 10 萬呎高度以上從 SR-75 母機啟動，然後它能到達超過 800 千呎或 151 哩的軌道高度。空軍使用 Scramp 為國家安全局發射小型、高度機密的雪貂衛星（ferret satellites）。Scramp 至少可以發射兩枚 6x5 呎尺寸、各重 1000 磅的衛星。Scramp 的大小與重量約相等於 F-16 戰鬥機，可以輕鬆地達到 15 馬赫的速度，或每小時略小於 1 萬哩的速度。[19]

據以上陳述，TR-3B 三角飛行器並非虛構，它是採用 80 年代中期可用的技術製造出來的。基本上它使用了從回收的外星人工產物的反向工程中可靠開發出來的技術，並使用了 SR-74 和 SR-75 等製造程序。[20] 富奇在其小說《異形狂想》（Alien

Rapture）中提出了有關 TR-3B 的事實，它的外部塗層可對雷達發出的電刺激起反應，它可以改變顏色、反射率及雷達吸收率。當與 TR-3Bs 電子對抗措施（Electric Counter Measures）和電子反對抗措施（Electronic Counter-Counter Measures，簡稱 ECCM）結合使用時，這種外部塗層的聚合物外殼可以使飛行器看起來像小型飛機或飛行中的圓柱體，甚至欺騙雷達接收器，從而使 TR-3B 錯誤地被檢測成各種飛機、非飛機、或在不同位置的幾架飛機。[21]

桑迪亞和利佛摩國家實驗室開發了逆向工程 MFD 技術。基於汞的等離子體在 250,000 大氣壓下於 150 凱氏（Kelvin）度溫度下加壓，並加速至 50,000rpm，以產生超導等離子體，從而導致重力破壞，這構成了「磁場破壞器」（MFD）的基本運作原理。MFD 設施的形狀是圓形的、充滿等離子體的加速器環，它圍繞可旋轉的乘員艙，使其免受重力和慣性的影響，這確實遠超任何可想象的技術。[22]

當 MFD 啟動時，它產生一個磁場渦流場，該場擾動或抵消了重力對附近質量的影響多達 89%，但這並不是反重力，反重力提供了可用於推進的排斥力，因此可以說，TR-3B 並無反重力推進系統。MFD 對圓形加速器內的質量造成地球引力場的破壞。圓形加速器本身的質量以及加速器內的所有質量（如機組乘員艙、航空電子設備、MFD 系統、燃料、機組乘員環境系統和核反應堆等）共減少 89%，這會導致飛行器變得非常輕巧，並且能勝過和超越任何已建造的傳統飛行器的效果。[23]

TR-3B 是高空隱身偵察平台，一旦它加速及到達某高度，就無需花費太多動力即能維持在該高度。富奇聲稱，TR-3B 能夠靜靜地漂浮於同一位置上空。他在格魯姆設施工作的一位朋友說，

這架飛機完全寂靜地飛過格魯姆湖跑道，並神奇地停在 S-4 區上空。它靜靜地懸停於同一位置約 10 分鐘，然後輕巧地垂直降落到停機坪上。[24] 這也說明 TR-3B 的基地是在 51 區旁的 S-4 設施（即帕波斯湖設施）。

富奇描述了在懸停的 TR-3B 周圍發光的銀藍色電暈，這是使用電引力及/或磁場破壞器（MFD）技術產生的高電磁場的一個明顯跡象，這表明 TR-3B 所使用的推進技術 [25] 比位於相鄰的格魯姆湖設施的其他兩種極光飛行器（SR-75 與 SR-74）要複雜得多。SR-75、SR-74 及更高級版本的 B-2、F-117、F-22 與 F-35 等不同程度的電引力推進器，它們沒有一個能有如 TR-3B 的懸浮能力。這可能是由於 TR-3B 包含的反重力系統其將本身重量減輕的程度遠遠大於電重力（主要是推力）所能達到的程度。正如富奇先前所述，磁場干擾器可以將重量減少 89%，從而使像 TR-3B 這樣的大型航天器能夠通過使用常規推進系統來懸停。

隨著飛行器質量減少 89%，它可以垂直或水平以 9 馬赫的速度航行，當它在 12 萬呎以上的高度時，其速度將遠遠超過 9 馬赫。據富奇的信息來源，以上性能僅受飛行員可以承受的壓力所限制。然而質量既減少了 89%，G 力也會相對減少 89%，因此飛行員可以承受的壓力應可相對增加 89%。

TR-3B 的推進力由三枚多模式推進器提供，它們各安裝在三角形平台的每個底部角落，此種多模式火箭發動機使用氫氣或甲烷和氧氣作為推進劑。在液態氫/氧火箭系統中，推進劑質量的 85% 是氧氣。熱核火箭發動機使用氫推進劑，它藉著補充氧氣以增加推力。反應器加熱液體氫，並在超音速噴嘴中注入液態氧，以便氫氣在液態氧加力燃燒器中同時燃燒。多模式推進系統可以

在大氣中由核反應堆提供推力，在高層大氣中以氫推進，並在軌道上以氫氧聯合推進。[26]

以上三枚由羅克威爾（Rockwell）製造的火箭發動機只須要推進 TR-3B 重量的 11%即可升空。富奇聲稱，TR-3B 的三角形邊長 600 呎，這使得它與航空母艦的尺寸相似，能夠運輸大型貨物。富奇轉引其朋友——前國家安全局戰術偵察工程評估團隊（Tactical Reconnaissance Engineering Assessment Team，簡稱 TREAT）成員 杰拉德（Jerald）的說法，51 區開發的技術遠遠超出了國際科學界已知的任何技術。因此，可以肯定地假設，此種技術是通過回收的外星人工製品，進行逆向工程而開發得到。

目前對所有外星文物的控制、研究、逆向工程和對地外生物實體（EBE）的分析已轉移到稱為「國防高級研究中心」（Defense Advanced Research Center，簡稱 DARC）的超級祕密實驗室進行。[27]DARC 位在內華達州內利斯山脈（Nellis Range）內。在內華達州的 111,000 平方哩土地中，有 80%以上是由聯邦政府控制，這是聯邦在各州的最高百分比，除了賭博行業，聯邦政府是該州最大僱主，它擁有 18,000 名聯邦文職和軍事人員，以及另外 20,000 名政府承包商和供應商。內華達州試驗場（NTS）和覆蓋面積超過 350 萬英畝的內利斯山脈內有很多祕密，DARC 是其中之一。它的地下有 10 層，是 80 年代中期用戰略防禦計劃（SDI）經費建造的。它毗鄰格魯姆湖以南的帕波斯湖附近的一座山。TR-3B 停放在 DARC 附近山脈一側的機庫中。EG&G 為政府在格魯姆（Groom），帕波斯（Papoose）及摩卡利（Mercury）建造了這些隱藏和掩體、山內機庫和巨大的地下設施。

TR-3B 並非戰鬥機，它主要用於航空與航天領域的偵察與運輸用途。在航空戰鬥用途方面，以下的 B-2 隱形戰略轟炸機是美國軍方反重力研發的一個重要成果，且看下文說明。

## 9.3 反重力飛行器計劃與 B-2 隱形戰略轟炸機

新型隱形轟炸機是政府「黑預算」項目的一部分，該項目用於保護機密和祕密的政府計劃（例如先進武器系統和情報行動）免受公開披露。包括武器系統，隱身技術和其他規格在內的詳細信息可以包含在授予的合同中。新的轟炸機將配備經過改進的傳感器和導航設備，這些設備將更難被敵人破壞，並且將採用更先進的隱形技術來應對超低頻雷達和其他進步的探測裝置，並使新飛機能夠比 1988 年首次向公眾推出的老式 B-2 轟炸機更好地承受惡劣天氣。

B-2 Spirit 是美國的新型重型戰略轟炸機，具有低可見隱身技術，旨在穿透密集的防空系統。它是在冷戰時期設計的，只容納兩個乘員的飛行機翼設計。該轟炸機可以部署常規武器和熱核武器，它是唯一能夠以隱身配置攜帶大型空對地防區外（standoff）武器的飛機，也是繼 F-117 夜鷹攻擊機之後第二架採用先進隱形技術的飛機。1989 年 7 月 17 日首飛，1987 年至 2000 年之間投入生產（1997 年開始服役），由於冷戰結束，在 1980 年代末期和 1990 年代末，國會將購買 132 架轟炸機的計劃削減到 21 架。2008 年，一架 B-2 在起飛後不久墜毀，因此目前只剩下 20 架，美軍計劃在 2032 年之前使用它們，直到諾斯羅普‧格魯曼公司的 B-21 突襲者（Raider）取代它們為止。1997

年每架平均生產（包括開發，工程和測試）成本 21 億美元（相當於 2019 年的 31.7 億美元）。B-2 能夠執行高達 50,000 呎（15,000 m）的全空域攻擊任務，使用本身內部燃料的航程超過 6,000 浬（6,900 哩；11,000 公里），一次空中加油即可飛行超過 10,000 浬（12,000 哩；19,000 公里）。[28]

承擔 B-2 Spirit 隱形戰略轟炸機的設計與製造的諾斯羅普飛機公司於 1994 年與建造阿波羅登月艙聞名的格魯曼航空公司合併，誕生了諾斯羅普‧格魯曼公司，該公司繼續承擔 B-2 的建造計劃。新公司是與美國軍方有千絲萬縷關係的軍工複合體的關鍵成員之一，其重要性絕不亞於洛克希德‧馬丁公司。諾斯羅普‧格魯曼公司的迅速成長和茁壯與它在短短數年之間的不斷併購有絕對關係，且看下文說明：

它於 1996 年收購了雷達系統的主要製造商西屋（Westinghouse）電子系統公司，1997 年它又加入國防計算機承包商 Logicon。Logicon 於 1996 年 3 月和 1995 年 2 月分別收購了地球動力學（Geodynamics）公司和 Syscom 公司。1999 年它又收購了泰瑞達‧瑞安（Teledyne Ryan）公司，後者開發了監視系統和無人飛機。同年它還收購了加州微波公司（California Microwave, Inc.）和數據採購公司（Data Procurement Corp.）。2001 年它又收購了利頓工業（Litton Industries），後者是美國海軍的造船商和國防電子系統提供商。那年稍後，紐波特紐斯造船公司（Newport News Shipbuilding）加入旗下。2002 年它收購了 TRW，後者成為位於加州雷東多海灘（Redondo Beach）的空間技術部門，和位於維吉尼亞州雷斯頓（Reston）的 Mission System 部門，這兩部門專注於空間系統和激光系統的製造。

　　因此，諾斯羅普‧格魯曼公司除了是其他眾多公司的聯合體外，它還擁有強大的電子、軍事和航空航天的能力；此外，公司還設有一個反重力研究部門。該公司在加州蘭開斯特市（Lancaster）西北方的特哈查比山脈（Tehachapi Mountains）擁有一處稱為「蟻丘」（The Anthill）的祕密地下設施，許多祕密工作都在此完成，其中包括 B-2 Spirit 隱形戰略轟炸機，[29] 而這型轟炸機的推進系統使用的是基於電引力（electro-gravitics）的反重力系統。

　　與渦輪發動機（turbine engine）不同，電引力不僅是一種新的推進系統，它還是航空和通訊領域的一種新思惟方式，並且有可能成為無所不包。所謂電引力，它是使用高壓電為某些幾何形狀的飛機或航天器提供推進力的科學，或者也可將其白話為：該設備被其自身產生的重力場所吸引，就像衝浪者在波浪中一樣。電引力的發現通常歸功於物理學家湯瑪斯‧湯森‧布朗，布朗曾受其教授保羅‧比菲爾德（Paul Biefield）博士的鼓勵，後者是阿爾伯特‧愛因斯坦的前同學。

　　保羅‧拉維奧萊特（Paul LaViolette）博士在其文章「美國反重力中隊」[30] 提到，有充分的證據表明，1950 年代的電重力研究實際上導致了低能見度、戰略性、能穿透複雜而密集防空屏障的遠程重型轟炸機 B-2「輔助推進系統」的出現，總結其文章，有以下數個特點：[31]

‧B-2 使用高電壓為其翼狀機體的前緣充電；
‧B-2 的形狀就像布朗對電重力飛行器所應俱備的形狀之建議，它應該最大程度地分離電荷；
‧諾斯羅普（Northrup）在 1968 年測試了先進的充電技術；

· B-2 對廢氣進行充電，這類似於布朗的建議，即該飛行器應由針尖火焰噴射發生器提供動力，該發生器對廢氣進行充電；

· 航空周刊（Aviation Week）承認，B-2 存在著適用於「飛機控制與推進」的戲劇性機密技術；

· B-2 的應急動力裝置（EPU）可以在高海拔，甚至太空中驅動發動機。因為即使沒有氧氣，也可以使燃料迅速分解；

· 來自 EPU 的分解氣體可以用作攜帶離子的介質，其方式與呼吸火焰噴射器產生的熱廢氣非常相似；

· 空軍部長愛德華・阿爾德里奇（Edward Aldridge）承認，B-2 在高空飛行時沒有產生蒸汽痕跡。

　　拉維奧萊特博士認為，由於離子流動性更好，因此電重力驅動器在更高的速度下會更好地發揮作用。NASA 因此意識到，電重力驅動將是旅行火星或登陸月球的一種可行推進方式。實際上，據查爾斯・霍爾（Charles James Hall）[32] 在《千禧款待》的系列書中交待，他於 1965–67 年在內利斯空軍基地擔任氣象觀察員時曾遇到「高大白人」（Tall White）外星人（以後簡稱「高大白」）。他說高大白提供了核動力偵察船的技術訣竅給美國人，又說他們總是使用反重力動力的航天器和偵察船，核動力飛船僅由美國空軍使用。前者速度超過光速，而後者速度僅能達到普通火箭速度。

　　當太陽升起後及月亮處在第四象限時，查爾斯曾親自目睹了高大白使用其偵察機（一群美國將軍也在機上）自印第安斯普林斯山谷起飛，飛行器總是朝著月亮前進。然後在同一天晚些時候，他又親自看到同一艘偵察船在正午之前返回印第安斯普林斯

山谷並著陸。當美國空軍將軍走下飛機時,他們一路笑著就像剛從世界上最好的遊樂園渡假回來一樣。[33]

查爾斯進一步透露,高大白的壽命約是人類的 10 倍,他們使用美國空軍提供的材料來建造其本身的偵察飛船。為回報美國空軍提供的當地材料和空軍基地,高大白為美方提供用於建造偵察太陽系行星的核動力偵察船的技術知識來做為回報,這使得美國所擁有的太空飛行能力遠超過公眾所認知的能力。問題是為什麼具有高技術能力的星際族群需要使用地球材料來建造其偵察船?也許他們與過去美洲新大陸的第一批殖民者相似,在母國重新供應到達之前須要當地材料的支援。高大白載運在大型星際飛船上的材料包括鋁、鈦、食物以及兒童和成人衣服,這表明他們正扮演星際商人的角色,進行活躍的星際貿易。[34]

如以上所述,電引力驅動顯然是旅行火星或登陸月球的一種可行推進方式,如將它使用於大氣層領域,其優點也極明顯,例如可大幅節省燃料消耗,B-2 隱形轟炸機便是使用電引力驅動的一個佳作。實際上,據理查德·博伊蘭(Richard Boylan)博士的信息,1997 年一位三星級將軍對退休的空軍上校唐納德·韋爾(Donald Ware)說:「新的洛克希德·馬丁航天飛機——space shuttle 和 B-2 隱形轟炸機都裝有電重力系統,常規起飛後後者可以切換到反重力模式,甚至於聽說它可以不加油地環遊世界。」[35]

B-2 合同於 1981 年被授予諾斯羅普航空(Northrop Aviation),該公司自 1968 年以來就一直在對前翼的電氣化進行試驗。當時他們的科學家報告說,其研究結果表明:「當高壓直流電應用於機翼形結構時,對於超音速流動似乎出現了新的「電空氣動力」特性。」由此看,布朗對諾斯羅普研究工作的影響是顯而易見的。保羅·拉維奧萊特推斷了 B-2 設計的可能原理,並

提出令人信服的論據，証明 B-2 融合了布朗的大部分研發成果。這在四台 GE-100 噴射式發動機中最為明顯，它們似乎融合了布朗的「火焰噴射」原理。

拉維奧萊特說，「B-2 可能是第一個向公眾公開展示的反重力軍事飛行器，它可能是布朗在溫特黑文計劃中提出的飛行器，1956 年航空研究（Aviation Studies）報告已經披露，1954 年末軍方開始進行研發。結果，B-2 的設計可能更貼切地代表比費爾德-布朗效應。」[36] 換句話說，B-2 的特點除了隱身技術外，它還融合了湯森·布朗在溫特黑文提案中提到的許多功能。

除了 GE 等公司研製反重力發動機外，據邁克爾·沃爾夫博士說，他熟悉的一個友人——國家安全局（NSA）前負責人及後來任科學應用國際公司（Science Applications International Corporation，簡稱 SAIC）主席的退休海軍上將鮑比·雷·英曼（Bobby Ray Inman），他的公司——SAIC 被美國空軍特種部隊突擊計劃（UFO 回收部門）的前負責人史蒂夫·威爾遜上校（Col. Steve Wilson）確認為：「它是模仿不明飛行物、為美國製造反重力發動機的公司」。威爾遜上校還確定英曼也負責決策科學應用有限公司（Decision Science Applications, Inc.，簡稱 DSAI），這家公司是由參與基於 ET 技術的機密軍事武器開發的公司負責人組成。沃爾夫博士還證實，史蒂夫·威爾遜上校和空軍技術警官/NSA 分析師丹·謝爾曼（Dan Sherman）被分配給 NSA 的某個單位，目的是進行與 ETs 的心靈感應通訊。[37]

B-2 能發揮超大推進效率的原因，在於它能將其機翼前緣和噴射廢氣流都充電到高壓電水平。從機翼前緣發出的正離子將在飛行器前產生帶正電的拋物線形「離子鞘」（ion sheath），而注入其尾流中的負離子將形成尾隨的負空間電荷，兩者電位差超

過 1500 萬伏特。根據布朗的電重力研究，這種微分的空間電荷將會創建一個人造重力場，該重力場將在飛機的正極方向產生無反作用力（reactionless force），[38] 當以超音速航行時，這種電重力驅動可使 B-2 發揮超大的推進效率。[39]

《航空航天技術》雜誌的編輯比爾·斯科特（Bill Scott）的一篇文章也持相同觀點，文章指出，B-2 機翼的前緣帶高壓電正電，而諾斯羅普·格魯曼公司的一些工程師表示，負離子從四台通用電氣公司的 F-118 噴氣發動機排出到後部，因此這將創造出讓飛行中的 B-2 不斷陷入的「重力井」（gravity well）。這四台噴氣發動機可產生的總輸出功率為 140,000 馬力，相當於 25 兆瓦特。這些發動機還可能為重量為常規發電機十分之一的超導發電機提供動力，以滿足 B-2 的電力需求。這些超導發電機是通用電氣為美國空軍所製造，它們可以提供數百萬伏特的電壓。[40]

除了製造人工重力場外，據《航空周刊》報導，B-2 在機翼前緣使用靜電場產生技術，它還幫助將空氣動力擾流減至最小，從而減小其雷達截面。它還向噴氣發動機的廢氣流充電，從而迅速冷卻其廢氣，並因而顯著降低其熱信號。因此 B-2 的抗重力驅動技術同時也增強了其雷達隱身性。它就像湯森·布朗的飛盤一樣，具有帶正電的機翼前緣和帶負電的排氣流，其正負離子雲會產生局部改變的重力場，這會讓 B-2 感受到向前的重力。[41]

不僅如此，充電的廢氣還可增加 B-2 的機動性，原因是噴射廢氣正後方的擋風板可使負離子雲在 B-2 後面向上或向下偏轉。相對於 B-2 機翼的帶正電前緣，負離子雲的向上方向可以創建一個向下的重力向量（vector），而負離子雲的向下方向可以在 B-2 上創建一個向上的重力向量。這將使 B-2 的機動性超過僅僅偏轉一個未帶電的廢氣。[42]

　　因此，儘管黑世界科學家在 B-2 的航空周刊披露中未提及電重力，但推測 B-2 裝有電重力驅動器。此際，值得一提的是，不久將來，B-2 轟炸機將會出現新的改良型。美國空軍和諾斯羅普・格魯曼（Northrop Grumman）公司發布了近四年來 B-21 突襲者的第一批新圖像（第一張圖片發布於 2016 年）。該轟炸機類似於 B-2A Spirit，但細微的關鍵差別暗示了一些重大變化，它預計將在 2022 年的某個時候進行首次飛行，最終它將取代 B-1B Lancer 及 B-2A Spirit 兩種轟炸機類型。B-21 突襲者旨在克服現代防空威脅，包括俄羅斯的 S-400 地對空導彈系統及中共的能穿透敵方領空的殲——20 隱形戰機。B-21 將能運載精確制導的常規和核武器。[43]

　　2019 年 3 月美國空軍宣布，埃爾斯沃思空軍基地（Ellsworth AFB）將成為第一個裝備「突襲者」作戰中隊的基地。懷特曼（Whiteman）和戴斯（Dyess）兩空軍基地目前分別擁有 B-2 Spirit 轟炸機和 B-1 Bone Supersonic 轟炸機，這兩基地也將繼埃爾斯沃思空軍基地之後獲得 B-21。[44]

　　B-21 的近乎平齊的進氣口和混合的保形（conformal）引擎機艙變得更為明顯，這是一個關鍵的低可見性設計。齊平和混合的進氣口則進一步減少飛機的雷達信號，這與 B-2 的進氣口配置有很大的不同。此外 B-21 的前導翼上有更陡的脊線，並且缺乏其前身 B-2 擁有的將前導翼和機身融合在一起的更陡峭的傾斜面，而所有這些設計都提供了額外的隱身優勢。B-21 的菱形尾緣（trailing edge）與 B-2 的鋸齒狀尾緣不同，後者的尾緣設計為 B-2 提供低空穿透能力，而 B-21 的新尾緣設計將可能使它須要以比 B-2 更高的高度飛行。[45]

關於 B-2 及其改良型 B-21 兩型轟炸機的介紹到此暫告一段落，下文繼續探討美國軍方的其他各型反重力飛機。

## 9.4 美國的其他各種反重力航空／航天飛機

邁克爾・沃爾夫博士宣稱，美國從 ETs 獲得的技術包括：[46]

- LEDs
- 超導
- 電腦芯片
- 光纖
- 激光
- 基因剪接療法

- 夜視設備
- 隱形技術
- 粒子束設備
- 航空航天陶瓷
- 重力控制飛行
- 克隆（cloning）

其中重力控制（即反重力）飛行是本章的主要課題，在這方面，電重力是最基本的反重力技術，其啟蒙研究似乎不涉及外星人，而是由人類科學家主導。然而利用元素 115 或其他方法的更高端反重力技術卻可能涉及外星人。此外，從 SR-71 黑鳥到今天的無人飛行器（UCAV）和航空/航天器，幾乎所有「生物形態」的航空與航天設計的靈感都是來自羅斯威爾太空船。因此，即使是人造飛行器，仍然牽涉外星人。

除以上兩種反重力飛行器外，理查德・博伊蘭博士引用了許多舉報人的資料，列出美國已經存在的其他種特殊技術的先進航空航天飛機，它們都以某種形式結合了反重力技術，而這或多或少都曾涉及外星技術。這些飛機分別說明如下：[47]

I.極光（the Aurora SR-33A）

　　據富奇估計，戰略防禦計劃（SDI）資金中多達 35%被抽走了，用於為始於 1982 年美國空軍最祕密的「黑計劃」（Black Program）提供主要支出，該計劃被稱為「極光計劃」（the Aurora Program）。極光是正在進行中的用於製造和測試先進航空航天器計劃的代號。「極光」（Aurora）這個字最初是在 1986 年五角大樓預算請求中出現的，它是一個神祕的項目代碼名稱。極光的撥款規模從 1986 年的 800 萬美元增加到 1987 年的 23 億美元。第二年，它消失了。觀察者很快就懷疑它是 SR-71 黑鳥間諜飛機的繼任者。

　　SR-75 是第一批可運行的極光計劃飛行器，它是高超音速（至少達 5 馬赫）戰略偵察機或 SR 間諜飛機，綽號是「穿透者」（Penetrator），它取代了 1990 年從空軍退役的 SR-71 間諜飛機。SR-75 能夠在 3 小時不到的時間內到達世界任何角落，它帶有如光學、雷達、紅外線和激光等多光譜傳感器；它能收集圖像、電子情報與信號情報並照亮目標。此外，SR-75 也能飛至超過 12,000 呎高度，速度超過 5 馬赫。它全長 162 呎，機翼跨度 98 呎，可容納 3 名機組人員。每個機翼下方裝有兩台以甲烷和液氧（LOx）為燃料的高旁通渦輪沖壓（聯合循環）發動機（high bypass turbo-ramjet（combined cycle）engines）。據報導，爆炸性的脈衝爆震波發動機能將 SR-75 推進到 5 馬赫以上的速度，而最新改進的發動機則可將其推進到 7 馬赫，即每小時 4500 哩。可能基於保密原因，空軍迄今否認它的存在。[48]

　　極光計劃飛行器（如 SR75、SR-74 和 SR-71）及其他先進飛行器（如 TR-1,TR-3B,F-117 與 B-2）都在格魯姆湖設施測試，而早在 1950 年代，中央情報局的 U-2 間諜飛機也在該處測試。如今這位在內利斯山脈中北部的地段（即 51 區），其安全措施

超乎想像，即使像承包商身分的富奇，當他到達格魯姆湖基地時，也得戴上一副鏡片很厚的護目鏡，鏡的側面被遮蓋住，看不到其他周圍視野。戴好護目鏡後，他只能看到前方 30 呎的地方，超出此距離的任何事物都變得越來越模糊。

極光計劃的另一飛行器 SR-33A 是中型航天飛機，MJ-12 成員之一的邁克爾‧沃爾夫博士表示，極光可以使用液態甲烷運轉，[49] 也可以使用常規燃料，並有反重力技術提供動力，它裝有電磁脈衝武器系統，可以擊毀追蹤的雷達。[50] 沃爾夫還表示，某些 ET 飛行器是能夠分解和改造的活交通工具，它們能響應思想命令。因此可以推測，類似極光般的高級飛機，其進一步發展應是朝向智力控制做為引導的飛機。[51] 沃爾夫進一步指出，極光可以前往月球（事實上，在月球的另一側有美國的祕密軍事基地，見下文）。他透露，美國在月球有一個小型觀測站，在火星也有一個很小的觀測站。[52] 他還說，極光是在 51 區之外內華達州拉斯維加斯以北的內利斯空軍基地（Nellis AFB）的東北角運作。[53]

### II. 洛克希德‧馬丁公司的 X-33A 與 X-22A

洛馬臭鼬工廠的空中武器平台 X-22A 是兩人座圓盤狀戰鬥機（據說，X-22A 曾在 90 年代初的沙漠風暴（Desert Storm）行動中出現過），它們配備了中性粒子束武器，其開發是根據退休空軍中校史蒂夫‧威爾遜（Steve Wilson）的設計。訓練有素的軍事宇航員先在科羅拉多州的科羅拉多‧斯普林斯（Colorado Springs）的一所祕密航空學校受訓，學習駕駛這種祕密飛機。X-22A 首次在內華達州 51 區試飛，通過測試並清除所有錯誤後，它們從加州的比爾（Beal）和范登堡（Vandenberg）空軍基地展開行動，執行定期任務。這些軍事宇航員定期飛越大氣層，

進入太空 ，他們使用的航空航天器之一是配備了中性粒子束定向能武器的 X-22A。[54] X-22A 能夠對目標進行光學探測，且不被雷達偵測到，它由位於鹽湖城以東 80 哩沃薩奇嶺（Wasatch Range）的高聯（High Uintas）原始地區，高度 13528 呎的國王峰（King's Peak）下的堅硬地下設施的美國太空戰總部（U.S. Space Warfare Headquarters），佈署到全球軍事行動中。

臭鼬工廠開發的另一型飛機是 Venture Star X-33A 國家航天飛機，X-33A 的 A 代表反重力，它可以從飛機場起降並進入外太空。由於涉及的高度機密性以及由此引起的混亂，Venture Star X-33A 和 Aurora SR-33A 實際上可能是同一款飛機。據空軍退休上校唐納德・韋爾（Donald Ware）說，X-33A 裝有反重力系統。

### III. 波音和空中巴士工業公司（Airbus Industries）的鸚鵡螺（Nautilus）

最原始的反重力技術是最早可追溯到 1920 年代的電重力（electrogravitics），這涉及使用數百萬伏的電壓來破壞周圍的重力場，這樣可以使 B-2 隱形轟炸機和 TR-3B 三角飛行器的重力降低 89%。下一個層次的反重力技術是磁重力（magnetogravitics），這涉及到令人難以置信的 rpm 高速旋轉的高能量環形磁場，該磁場以高 rpm 旋轉，有時還會產生電磁脈衝，它破壞了周圍的重力場，的確會產生對地球重力的反作用力。在 1950 年代，反重力研究人員稱該方法為「動態平衡器」（dynamic counterbary）。一些較早期的美國飛碟及原型飛碟可能使用過此技術，祕密的鸚鵡螺號太空飛船使用了磁脈衝，似乎利用了這項技術。

鸚鵡螺號是另一種太空飛行器，它是一種通過電磁脈衝式推進器運行的祕密軍用航天器。目前，鸚鵡螺號在一處未經識別的美國太空戰祕密總部運作，該總部位在猶他州國王峰下的的堅硬地下設施中。它每週兩次前往祕密的軍事情報空間站，該空間站在過去的 30 年中一直處於深空，由美國和蘇聯（及現在的俄羅斯共和國）公司營運。鸚鵡螺號用於超快監視操作，它具有從太空深處向下穿透目標國領空的能力，而穿透的方向通常是無法預期的。它是由波音公司在西雅圖附近的幻影工廠和歐盟的「空中巴士工業英法聯合體」公同製造的。過去，美國海軍情報局利用鸚鵡螺號在火星上建立祕密基地。[55]

更現代化的美國反重力飛行器其使用的更進階技術是直接產生和利用重力的強大力量——引力核強力，這樣的強力場涉及元素 115 的使用。據舉報人鮑勃・拉扎爾透露，要使用此力，必須將該力延伸到超越原子序數 115 或更高的元素之原子核外。拉扎爾工作的外星飛碟使用元素 115，1989 年當他揭露此事時，它甚至不存在於地球。但從那時之後，元素 115 實際上已被人工創建，它被稱為 Ununpentium。據邁克爾・沃爾夫博士的說法，網狀澤塔星系的 ET 向 S-4 設施的人們提供了其飛碟與元素 115，作為與美方技術交流計劃的一部分。通過用重力波放大器放大暴露的引力核強力，並使用反物質反應堆的高能量，然後引導該能量，最後藉著向量化（vectoring）由此產生的人工反重力場，來將飛碟從地球升起並改變方向，這一切所使用的能量即來自元素 115。元素 115 能量產生的過程如下：當元素 115 受到質子轟擊時，它變成了不穩定且會衰變成元素 116，衰變過程中它發出強大的反物質通量（flux of antimatter）。物質——反物質反應在一

個對外星飛船進行逆向工程的設施中，被有效與直接地轉化為高功率電流。[56]

### IV.TR3-A 南瓜仔（Pumpkinseed）

具有薄機身，外形類似 南瓜仔的 TR3-A 是超高速橢圓形飛機。它是在次超音速狀態下使用脈衝爆震（pulse detonation）技術進行推進的飛船，並且還使用反重力技術在較高速度下進行質量減少或互補場推進。這些脈衝爆震引擎（PDWE）理論上可以在超過 180,000 呎的高空中，將超音速飛機推向 10 馬赫。當用於向跨大氣飛行器提供動力時，相同的 PDWE 可能會在切換到火箭模式時將飛船提升到太空邊緣。[57]

### V. 泰瑞達・瑞安航空（Teledyne Ryan Aeronautical）公司的 XH-75D 或 XH-Shark

美國空軍前「突襲計劃」（Project Pounce）負責人，退役上校史蒂夫・威爾遜進一步證實了擄獲的外星技術。突襲計劃是由國家偵察組織特種部隊的精銳負責執行，據稱它專門回收被擊落的不明飛行物。威爾遜上校報告說：「美國首次成功進行的反重力飛行是在 1971 年 7 月 18 日於 51 區（Dreamland）S-4 進行的，其中還証明了光折射（light bending）可以導致完全隱身。參與該次飛行的大人物還包括後來任位於加州聖地牙哥的科學應用國際公司（SAIC）負責人的前國家安全局局長——海軍上將鮑比・英曼。SAIC 的業務包括製造反重力驅動器。」[58]

威爾遜上校還透露，洛克希德公司於 90 年代宣告的一項有關無人駕駛、短翼，名為「暗星」（Dark Star）的電力推進偵察機實際上是一個「掩護」計劃，隱藏的外來技術稱為 X-22A，

由位於加州海倫代爾（Helendale）的洛克希德臭鼬工廠製造。該飛行器是可操作的兩人座、無翼反重力飛行器，其飛行中的金屬結構被強烈的藍白色光陰蔽，該光以大約兩秒的時間間隔跳動。威爾遜上校還說，在全國各地發現的神祕黑色直升機實際上是美國製造的反重力飛船，命名為 XH-75D 或 XH Shark（鯊魚反重力直升機），由聖地牙哥的泰瑞達・瑞安航空公司製造。他並說，許多 XH-75D 被分配給三角洲/國家偵察組織部門，該部門負責回收墮毀的不明飛行物，[59] 該部門還把殘割牛（multilating cattle）做為一項對公眾的心理戰計劃，試圖通過此計劃，製造民眾對外星人的恐懼與憎惡。

### VI. 洛克希德・馬丁公司和諾斯羅普公司共同開發的 TAW-50 高超音速反重力戰鬥轟炸機

超音速反重力太空戰鬥轟炸機 TAW-50 是洛馬臭鼬工廠和諾斯羅普（位於加州蘭開斯特西北部特哈查比山脈內的蟻丘工廠）於 1990 年代初期合資開發，這兩家公司分別都有在莫哈韋沙漠（Mojave Desert）的設施中發展祕密反重力飛船的歷史。臭鼬工廠是洛克希德・馬丁公司高級開發計劃——ADP 的正式別名，在整個冷戰期間它坐落在加利福尼亞州伯班克的伯班克-格蘭代爾-帕薩迪納（Barbank-Glendale-Pasadena）機場東側。1989年後，洛克希德公司對其業務進行了重組，並將臭鼬工廠遷至位於美國加利福尼亞州帕姆代爾（Palmdale）的美國空軍 42 號工廠的 10 號工地，至今仍在使用。二次大戰期間它隔壁有一家臭味塑料廠，因此得名臭鼬工廠，該工廠的某一部門負責許多機密的反重力研究和開發。

　　TAW-50 整合了許多逆向設計的外星反重力技術，它在外大氣層由 SCRAM（超音速沖壓噴氣發動機）推進提供動力，其速度潛能遠超過 50 馬赫，承包商稱這是「非常保守的估計」，其實際速度是機密的。它是否能夠航行於太空？這卻容易推估。由於 1 馬赫的時速為 1,225 公里（約 748 mph），這意味著 TAW-50 的速度高於 38,000 mph。相比之下，擺脫地球引力所需的速度僅為 25,000 mph，因此，TAW-50 要進入太空並不困難。TAW-50 的電源由一台小型發電機提供。

　　TAW-50 具有 SCRAM 推進系統，可以通過外大氣層。它利用電重力系統在失重的空間中維持其自身的人工重力，並在運作過程中使飛船達到零質量。它幾乎可以消除飛船內部和周圍的所有慣性，並且能夠達到 38,000 mph 的旋轉速度，它可以在不超過 2 毫秒的時間內從最高速度到完全停止，而不會傷害飛行員或機組人員，如此看來，這型飛機的外星逆向工程做得真是成功。TAW-50 的電重力由 GE Radionics 生產，普惠公司（Prat & Whitney）設計了 SCRAM 大氣穿透器技術，美國計算機公司（American Computer Company）創建了人工智能超級計算機。[60]

　　TAW-50 的機組人員只有 4 人，但因其速度如此之快，以致於所有的指揮都是由美國計算機公司提供的系統控制，該系統源自其 Valkyire XB/9000 人工智能指導系列。TAW-50 可以在太空中停留 2 天，但若機上攜帶額外的液態氧（LOX）時則可以停留更長時間。實際上有了額外的 LOX，它就可以飛向月球並返回。此外，它還可以在繞地球軌道運行的祕密軍事空間站加油。截至 2002 年，美國武器庫中有 20 架 TAW-50，這些反重力太空飛機的軍事宇航員在位於科羅拉多州科羅拉多斯普林斯市空軍學院（Air Force Academy）西邊山上的一所祕密空軍學院受

訓，他們透過搭乘其他反重力飛行器往返范登堡空軍基地（Vanderberg AFB）來執行任務。[61]

　　本章所述的各種反重力飛行器，其中許多的它們其型號及/或性能迄今仍然在保密狀態，不僅對一般人保密，即使政府官員或相關的國會議員也無法知其詳細，甚至於不知道其存在，這是它們獲得「黑計劃」名稱的由來。究竟這個黑計劃是如何維持其機密的？這就牽涉到其所需預算的審核。如果這些預算的使用不須經國會審核及同意，則顯然它就成了祕密的「黑預算」。有關涉及本書主題的黑計劃與黑預算，且看下文說明。

# 註解

1.Tim Swartz, Technology of the Gods, copyright 1997.

http://www.stealthskater.com/Documents/Swartz_1.pdf

Accessed on 4/21/2020

2. 這個數目正是後來 TR-3B 的重量減少值。

3. 轉引自 Salla, Michael E., Ph.D., Insiders Reveal Secret Space Programs & Extraterrestrial Alliances, Exopolitics Institute （Pahoa, HI）, 2015, p.154

4. Ibid., p.156

5. 二戰期間，聯合情報局（AIB）是美國、澳大利亞、荷蘭和英國的聯合情報和特種作戰機構。它成立於 1942 年 6 月，旨在協調現有的盟軍宣傳和游擊組織，並在西南太平洋地區對日軍進行游擊戰。

6. 轉引自 Salla, Michael E.,2015, op. cit., p.159

7.Ibid.

8. 費城實驗是一項據稱的軍事實驗，1943 年 10 月 28 日前後由美國海軍在賓夕法尼亞州費城的費城海軍造船廠進行該實驗。據稱，美國海軍驅逐艦——埃爾德里奇號（USS Eldridge）在實驗過程中變得不可見（或「隱身」到遠方）。然而美國海軍堅稱，從未進行過此種實驗，故事的細節與埃爾德里奇號的既定事實相矛盾，並且這個宣稱也不符合已知的物理定律。

https://en.wikipedia.org/wiki/Philadelphia_Experiment

9. 轉引自 Salla, Michael E.,2015, op. cit., p.161

10. Richard Boylan, Classified Advanced Antigravity Aerospace Craft Utilizing Back-Engineering… Extraterrestrial Technology. 2005

https://www.bibliotecapleyades.net/ciencia/ciencia_antigravity.htm

11. Richard Boylan, Antigravity Aircraft-B2 Bomber.

https://www.bibliotecapleyades.net/ciencia/secret_projects/project055.htm

12. 46G 已經遠超過大多數人在昏倒之前可以忍受的 9G 重力。在 16G 重力情況下，經歷一分鐘或更長時間會變得致命。在持續時間更短的 G 力情況下，例如戰鬥機座椅彈出時，32G 被視為安全極限。

13. 轉引自 Salla, Michael E.,2015, op. cit., p.46

14.出版於 1998 年的《外星人狂想：選擇》的作者埃德加・富奇的背景，據其自述，他是出生在美國的第五代法裔美國人，他的許多親戚世世代代都參與過政府的情報工作、黑計劃與加密和機密發展計劃。他的直接祖先約瑟夫・福奇（Joseph Fouche, 1763-1820）曾是法國祕密國家警察部隊負責人，他創立並控制著全球首家由歐洲各地代理商組成的專業情報機構。見 Edgar Rothschild Fouche, Secret Government Technology and… The TR-3B.

https://www.bibliotecapleyades.net/ciencia/ciencia_extraterrestrialtech07.htm

至於福奇本人，他曾在美國空軍擔任過職位和參加過計劃，這須要他擁有「最高機密」和「Q」通關，以及「最高機密──密碼接觸」通關，這使得他有能力收集他後來所提供的信

息。越戰結束後，他擔任了戰術空中司令部（TAC）、戰略空中司令部（SAC）、空中訓練司令部（ATC）和太平洋空軍（PACAF）等主要司令部的聯絡官、總部經理和國防部工廠代表等職位。從 1987 年到 1995 年，福奇以平民身分擔任過多個國防部承包商的工程項目經理、工地經理和工程總監。在福奇職業生涯的後期，作為國防承包商的經理，他處理過機密的黑計劃，以開發最先進的電子、航空和自動測試等設備。例如福奇曾參與開發 F-117 隱形戰鬥機的黑計劃，他自認為自己也許是唯一真正在內利斯山脈地區 51 區的最高機密——格魯姆湖空軍基地（Groom Lake Air Base）工作過的人。福奇在空軍的最後一個職位是擔任戰略空中司令部總部的聯絡官，目前他已經完全脫離了國防工業。

（Edgar Rothschild Fouche, Secret Government Technology and… The TR-3B.

https://www.bibliotecapleyades.net/ciencia/ciencia_extraterrestrial tech07.htm）

15. Michael Salla, Reagan Records and… Space Command Antigravity Fleet. April　15, 2009.

https://www.bibliotecapleyades.net/exopolitica/exopolitics_reaga n05.htm

16. Edgar Rothschild Fouche, Extraterrestrial Technology and Edgar Rothschild Fouche, Presentation for UFO Congress, 8 August 1998, Loughlin, MV

https://www.bibliotecapleyades.net/ciencia/ciencia_extraterrestrial tech06.htm Accessed 6/8/19

374

17. Salla, Michael E., Ph.D., The U.S. Navy's Secret Space Program & Nordic
    Extraterrestrial Alliance. Exopolitics Consultants（Pahoa, HI）, 2017, p.84

18. Ibid., p.220

19. The SR-75 and The Scramp, The TR-3B and How It Reduces 89% of It's Weight and G-Forces, DARC
    Controls. November 1, 2009
    http://alienvisitorevidence.blogspot.com/2009/11/sr-75-and-scramp-tr-3b-and-how-it.html

20. Brad Steiger and Edgar Rothschild Fouche, TR-3B: Nuclear Powered Aerospace Platform,
    Excerpted from 《Alien Rapture - The Chosen》, Copyright 1998

21. Edgar Rothschild Fouche, Extraterrestrial Technology and Edgar Rothschild Fouche, August 1998, op. cit., Slide 71

22. Ibid., Slide 72

23. Brad Steiger and Edgar Rothschild Fouche, op. cit.

24. 轉引自 Salla, Michael E.,2015, op. cit., p.44

25. 邁克爾‧薩拉博士根據鮑勃‧拉扎爾的證詞，認為 TR-3B 是基於反重力技術開發出來的說法是不正確的。（Salla, Michael E., Ph.D., Insiders Reveal Secret Space Programs & Extraterrestrial Alliances, Exopolitics Institute（Pahoa, HI）, 2015, p.44）

26. The SR-75 and The Scramp, The TR-3B and How It Reduces 89% of It's Weight and G-Forces, , DARC Controls, op. cit.

27. Edgar Rothschild Fouche, August 1998, op. cit.

28. https://en.wikipedia.org/wiki/Northrop_Grumman_B-2_Spirit

29.Dorsey III, Herbert G. Secret Science and The Secret Space Program. Hebert G. Dorset III Publishing, 2015, pp.143-144

30. Paul Laviolette, The U.S. Antigravity Squadron，1993
   http://www.stealthskater.com/Documents/Ventura_03.pdf
   Accessed 3/29/2020

31. Thomas Valone, Electrogravitics for Advanced Propulsion.
   http://users.erols.com/iri/TTBROWN2.htm
   Accessed 3/14/2020

32. 查爾斯・霍爾於 1964 年入伍，當駐扎在內華達州拉斯維加斯郊外的內利斯空軍基地（Nellis AFB）時，在印第安斯普林斯（Indian Springs）的炮擊場範圍內（Gunnery ranges）的沙漠中長時間服役。所謂「炮擊場範圍」略說明如下：內華達州測試與訓練場（NTTR）是內華達州內利斯空軍基地複合體的兩個軍事訓練區之一，美國內利斯空軍基地的空軍作戰中心正在使用它。NTTR 陸地區域包括一個「模擬綜合防空系統」，幾個具有 1200 個目標的射程以及 4 個遠程通信站點。當前的 NTTR 區域和該範圍的先前區域已用於空中射擊和轟炸、核試驗、試驗場和飛行試驗區、飛機控制和警告以及藍旗、綠旗和紅旗演習。

   https://en.wikipedia.org/wiki/Nevada_Test_and_Training_Range
   服役期間查爾斯擔任兩年的氣象觀察員，之後接著在越南工作一年，最後他光榮退役。一年之後他結婚並上大學，他先在聖地牙哥州大獲得熱物理學士學位和應用核物理學碩士學位，此外他還在緬因大學從事博士後工作，後來得到 MBA。

查爾斯結婚大約 6 個月後，他決定冒險將其在印第安斯普林斯遭遇外星人的事告訴其妻。18 年後其妻說服他出版合計 5 本書的《千禧款待》（Millennial Hospitality）系列。見 Charles Hall Biography

https://www.coasttocoastam.com/guest/hall-charles/6016

33. Michael E. Salla, ʼTall Whiteʹ Extraterrestrials, Technology Transfer and Resource Extraction from Earth – An Analysis of Correspondence with Charles Hall. December 16, 2004.

https://www.bibliotecapleyades.net/vida_alien/esp_hall05.htm accessed 6/17/19

34. Ibid.

35. Richard Boylan, Antigravity Aircraft-B2 Bomber. Op. cit.

36. Kasten, Len. The Secret History of Extraterrestrials: Advanced Technology and the Coming New Race. Bear & Company（Rochester, Vermont），2010, p.148

37. Richard Boylan, Inside Revelations on the UFO Cover-Up. Nexus Magazine, Vol.5, Number 3（April-May 1998）

http://www.ufoevidence.org/documents/doc1861.htm

38. 無反作用力形成的無反作用力驅動（reactionless drive），是一種假想裝置，它無須排出推進物即可運動。

https://en.wikipedia.org/wiki/Reactionless_drive

39. Paul Laviolette, 1993, op. cit.

40. 轉引自 Dorsey III, 2015, op. cit., p.144

41. Ibid.

42. Dorsey III, 2015, op. cit., p.145

43. Kyle Mizokami, The B-21 Bomber Is the Coolest Plane We've Never Seen, Feb 3, 2020.
https://www.popularmechanics.com/military/aviation/a30754024/b-21-bomber-images/

44. Joseph Trevithick and Tyler Rogoway, Here's Our Analysis of The Air Force's New B-21 Stealth Bomber Renderings.
https://www.thedrive.com/the-war-zone/32044/heres-our-analysis-of-the-air-forces-new-b-21-stealth-bomber-renderings

45. Ibid.

46. Chris Stonor, The Revelations of Dr. Michael Wolf on… The UFO Cover Up and ET Reality. October 2000.
https://www.bibliotecapleyades.net/sociopolitica/esp_sociopol_mj12_4_1.htm

47. Richard Boylan, Classified Advanced Antigravity Aerospace Craft Utilizing Back-Engineering… Extraterrestrial Technology. Op. cit.

48. Edgar Rothschild Fouche, 8 August 1998, op. cit.

49. Official Within MJ-12 UFO-Secrecy Management Group Reveals Insider Secrets.
https://www.bibliotecapleyades.net/sociopolitica/esp_sociopol_mj12_4_2a.htm

50. Richard Boylan, April-May 1998, op. cit.

51. Chris Stonor, October 2000, op. cit.

52. Richard J. Boylan, Ph.D., 1998, Quotations From Chairman Dr. Michael Wolf

Leaked Information…From National Security Council's 「MJ-12」Special Studies Group Scientific Consultant…

https://www.bibliotecapleyades.net/sociopolitica/esp_sociopol_mj12_4_3.htm

53. Richard Boylan, Classified Advanced Antigravity Aerospace Craft Utilizing

Back-Engineering… Extraterrestrial Technology. Op. cit.

54. Richard Boylan, Ph.D., Colonel Steve Wilson, USAF（ret.）Reveals UFO-oriented Project Pounce.

http://www.drboylan.com/swilson2.html

55. Richard Boylan, Classified Advanced Antigravity Aerospace Craft Utilizing Back-Engineering… Extraterrestrial Technology. Op. cit.

56. Dorsey III, 2015, op. cit., pp.148–149

57. Richard Boylan, Classified Advanced Antigravity Aerospace Craft Utilizing Back-Engineering… Extraterrestrial Technology. Op. cit.

58. Tim Swartz, 1997, Technology of The Gods.

Download from Swartz Tim - Technology of the Gods.pdf

59. Ibid.

60. Richard Boylan, Classified Advanced Antigravity Aerospace Craft Utilizing Back-Engineering… Extraterrestrial Technology. Op. cit.

61. Dorsey III, 2015, op. cit., pp.149–150

# 第十章 不受控制的黑計劃與黑預算

　　富奇說，杰拉德（見第 9 章）去世之前與他有過一番長談，這位朋友確認他有文件証明 MJ-12 委員會的存在，以及握有美國軍方對墮毀的外星飛船進行逆向工程的證據。無論如何，到了 1958 年 MJ-12 決定將反重力研究歸在國家安全之下的高機密類別，任何有軍事合同的公司如果想與軍方開展進一步的業務，都將使研究與開發維持「黑」（black）狀態。從事這些黑研究與開發計劃的員工都必須簽署保密協議，如果洩漏這些機密，除了失去工作外，還會受到其他包括最高 10,000 美元罰款和最高 10 年監禁的嚴厲處罰。從執行的情況看，實際的處罰可能遠比保密協議所列還要嚴重，情節較重者可能涉及自己或家人生命安全，例如發生在前中情局探員史坦因／庫珀與美國政府僱用的炸藥專家與前地質/軍事和航天應用結構工程師菲利普‧施耐德（Philip Schneider），以及杜爾塞基地前安全官托馬斯‧埃德溫‧卡斯特羅（Thomas Edwin Castello）等人的遭遇（後兩人的詳情見尚待出版的《外星人傳奇──第二部》）。

## 10.1 黑計劃與黑預算漫談

　　這些黑計劃的正式名稱為「特殊通道計劃」（Special Access Programs, 簡稱 SAP）。SAP 是在大多數分類信息和程序

所附加的常規分類系統（密，機密，絕密）之上附加了安全措施的程序，而黑預算是對政府在情報蒐集，祕密軍事研究，武器計劃和祕密行動上花費的虛假說明。因此，黑預算本質上是一項祕密預算，是國防部每年收到的款項的一部分。但是，該部門的報告從未詳細說明來自「黑預算」的資金。2013 年，國防部收到了高達 2.6 萬億美元的交易。其中，超過 500 億美元用於「黑預算」，被用於資助祕密和間諜機構及新的軍事技術等。一些使用黑預算的主要機構包括中央情報局，國家安全局，國防情報局和軍事研發部門等，為了掩人耳目，這些敏感部門在政府文件出現時常以其他名稱混充。麥金尼斯（McGinnis）住在加利福尼亞州的亨廷頓海灘（Huntington Beach），他在一家從事衛星數據通信的公司任測試工程師，他在那裡工作了很長時間。當他不工作時，他會瀏覽數千頁的政府文件，其中大部分是由發行機構免費提供，其他文件則在當地圖書館取閱。在多年的工作中，他學會了精挑細選，發現「弗吉尼亞採購辦公室」（Virginia Procurement Office）實際上是中央情報局，「馬里蘭採購辦公室」（Maryland Procurement Office）則是國家安全局。[1]

2013 年，前國家安全局承包商愛德華・斯諾登（Edward Snowden）透露了黑預算的一小部分。文件顯示的只是 2013 年的數字，而不是整個計劃的數字。但是，即使是 2013 年的數字也令人驚訝，以下是其中一些：[2]

・526 億美元，美國政府在 2013 財年計劃的黑預算金額。

・16 個間諜機構是黑預算的一部分。他們組成了美國情報界。

・從黑預算中受益的員工人數為 107,035。該預算涵蓋了僱用整個美國情報界的 107,035 名員工。

　　國會 2017 年祕密地增加了美國間諜機構的資金，將政府的情報「黑預算」推到了最高的公開水平，並引發了有關激增原因的質疑。在 2018 財年，中央情報局，國家安全局和其他 14 個民用情報機構的資金飆升了近 9%，達到 594 億美元，而軍事情報資金增長了 20% 以上，達到 221 億美元。根據美國國家情報局局長辦公室和國防部周二發布的數據，情報總支出增長了 10% 以上，達到 815 億美元。[3]

　　曾經被稱為美國空軍「黑計劃」的「特殊通道計劃」是美國空軍最高機密的撥款，最近其新建議書希望花費 45 億美元並僱用 1,000 名員工來開發一個計劃，該計劃「將提供物理安全和網絡安全服務以保護其最敏感的信息。」當然，這個價格無法與其他空軍計劃相比。十多年來，F-35 計劃的費用高達 0.5 萬億英鎊。穿透性的空中打擊計劃（即 F-35 的後繼者）更將花費三倍以上。因此，空軍花大量現金購買祕密武器並不陌生，然而 這次，這個祕密計劃比以往任何時候都少公開。由於其機密的性質，政府中很少有人完全了解其祕密的發展預算，並且國會監督也很少。最近的計劃「安全支持服務」則不超出該預算。新計劃的員工必須通過測謊儀檢查才能獲得有效的 TS／SCI 安全通關（政府中最高的安全通關之一）。進行測謊儀測試只是獲得特殊通關的聯邦僱員必須執行的許多附加安全措施之一，但並非每位聯邦僱員都須如此做。[4]

　　在美國國會各選擇委員會投票通過的資金請求和授權中，含糊不清的文件記載了黑預算，其中省略了美元金額，塗黑了段落。它隱藏了各種奇怪的項目，不僅對國內外敵人如此，而且對公眾和民選官員也是如此做。黑預算的細節只向少數選定的國會委員會成員透露，有時甚至不向他們透露。五角大樓的採購預算

以及研究、開發、測試和評估預算中埋藏了幾種不同類型的黑預算，其他則涉及國防情報和研究。

根據標題為「國家工業安全計劃操作手冊」的國防部（DOD）手冊中所載：SAP 有兩類型，它們是已確認和未確認（unacknowledged）。公認的 SAP 是可以公開識別或知道的方案，然而在 SAP 中的信息是機密的。未確認的 SAP（即USAP）或已確認方案的未確認部分將不會讓任何未經授權使用該信息的人知道其存在。USAP 被俗稱為「黑」計劃，例如五角大樓的黑計劃常以高科技玩具目錄偽裝，但它們其實是祕密武器計劃，這些計劃的代碼如「優雅女士」、「拖拉機玫瑰」、「綠色森林」、「老年人」、「島上太陽和黑光」、「白雲和經典嚮導」，這些都是「黑預算」計劃。

除了與 USAPs 有關的嚴格安全要求外，還可以將它們進一步分類成豁免的（Waived）USAPs。據 1997 年參議院的調查：

在黑計劃中，對豁免計劃做進一步區分。這些計劃由於太敏感，它們無須向國會提交標準的報告要求。這些方案的存在只須以口頭方式通知相關國會小組委員會的主席或高階委員，及有時也通知其他委員或職員，因此，實際上國會無法監督豁免USAPs 的經費開銷。本質上，豁免的未經認可的 SAP（深黑）是如此敏感，以至於只有八名國會議員（眾議院和參議院之間劃分的四個國防委員會的主席和等級成員）會被通知了豁免的SAP，但不會得到有關它的任何信息。基本上，美國總統幾乎沒有權力對國防部和情報界的 SAP 行使權力。有效發展的監督系統使總統無法控制對 SAP 擁有真正權力的情報委員會和國防部，雖然從理論上講，這些委員會與國防部是從屬於總統。也就是說由總統直接控制的執行辦公室等分支機構幾乎沒有權力去影

響或監督「深黑計劃」。執行辦公室處理 ET 事務的分支機構已納入國家安全委員會，不受總統的控制。如果未確認的 SAP 是「黑計劃」，則「豁免」的未確認 SAP 是「深黑」。杜爾塞基地（Dulce Base）似乎是目前在美國運行的「深黑」計劃之一的候選者。[5]

為了資助與 ET 的存在直接相關的「深黑計劃」而不招引國會和執行辦公室的監督，嵌入政府軍事和情報部門的祕密組織已經開發出複雜的財務系統，以規避正常撥款程序和監督要求來使用聯邦資金。根據國際人道學會（Humane Society International）成員凱利・奧梅拉（Kelly O'Meara）的說法，國防部使用了一系列會計機制，例如「無支持的分錄」（unsupported entries），「材料控制弱點」（material-control weakness），「調整後的記錄」（adjusted records），「不匹配的支出」（unmatched disbursements），「異常餘額」（abnormal balances）和「未對賬差異」（unreconciled differences）等，國防部有效地「不能解釋」每年高達一萬億美元的差額。巨額的未計入年度款項，遠遠超過國防部的官方預算，這表明聯邦政府部門正被用來偷錢，而美國納稅人，國會和負責任的聯邦當局卻不知道發生了什麼。

許多發展中國家的領導人不再將聯邦資金直接投入到腐敗的美國政客的口袋或瑞士銀行賬戶中，而是將其直接投入到「黑預算」中，然後再為 SAP 正式清單之外的「深黑」計劃提供資金，這些黑預算可以在沒有國會和總統監督的情況下運行。這些「非法」資金被引導到美國軍事和情報兩不同部門的祕密組織，直接為他們的寵物「黑計劃」提供資金，以應對 ET 的存在。這些資金然後用於與美國公司簽訂合同，例如 EG＆G，西屋公司，麥克唐納・道格拉斯，莫里森・克努森（Morrison-

Knudson），Wackenhut 安全系統，波音航空航天公司，Lorimar 航空航天公司，法國航空空間公司（Aerospacial in France），三菱重工（Mitsibishi Industries），騎士卡車（Rider Trucks），貝泰公司（Bechtel），雷神（Raytheon），DynCorp，洛克希德・馬丁，休斯（Hughes），德萊頓（Dryden），南部大西洋建設（Southern Atlantic Construction，簡稱 SAC）和其他為 ET 相關項目提供必要服務的公司。

軍事情報局（DIA）退休情報官員約翰・梅納德（John Maynard）報告了公司與國防部之間關係的性質：

自 1950 年代中期以來，國防部一直在執行一項計劃，該計劃向在情報界工作的美國民用承包商/組織/公司提供合同。這些項目受到非常嚴格的安全保護，並且通常隔離（compartmentalized）得非常嚴密。這意味著您有幾個同心圓：您越靠近內圓，就可以在計劃上找到更多的信息。您越遠離這個內圈，可獲得的信息就越少。所有這些都是在非常嚴格的「需要了解」（need-to-know）的基礎上建立的。在這些圈子中，如果您足夠努力，您可能會找到在計劃的各個部分工作過但實際上不知道整個計劃是什麼的承包商。軍方與主要承包商的互動也發生了這種情況。同樣在這方面，每個軍事部門都有某些計劃屬於隔離安全措施。

公司獲得了由非法「黑預算」資金產生的軍事合同，不受國會或執行辦公室的監督，不必向公眾披露它為軍事雇主開展活動的真實性質及強迫其僱員簽署嚴厲保密協議的事情。鮑勃・拉扎爾表示，他在內華達州 S-4 設施期間的真正雇主是美國海軍，但他必須與 EG＆G 公司簽訂合同，涉及在披露案件中放棄其憲法權利。在他決定退出 S-4 設施的工作後，拉扎爾透露他受到死亡

威脅。如果奧梅拉和施耐德及住房與城市發展部（HUD）部長
凱瑟琳‧菲茨（Catherine Fitts）提供的估算是正確的，那麼「深
黑計劃」的真實預算規模幾乎是國防部年度預算的三倍！[6]

　　同樣，中情局的「黑計劃」是由沒有通過國會撥款的中情局
「黑錢」提供資金，或是從非法毒品販運和金融詐欺中洗錢得到
的資金提供。CIA 控制著 MJ-12，因此也控制了逆向工程的 ET
技術及那些使用這些計劃和合同的公司。

　　位於人口稠密的洛杉磯地區周圍的許多飛機公司收到了這些
SAPs、USAPs 和豁免的 USAPs 合同，他們將其更為祕密的營運
計劃搬遷到加州愛德華茲空軍基地附近離帕姆代爾不遠的沙漠地
區。同樣，外星人的技術和研究也早從美國政府官員可以訪問到
的俄亥俄州代頓的萊特‧帕特森空軍基地轉移到拉斯維加斯東北
方的 51 區，中情局在那裡可以隱藏一切。

　　總共有超過 1,000 個「深黑計劃」由「黑預算」提供資金，
估計每年約為 1.1 萬億美元。鑑於參議院委員會報告稱，總共存
在大約 150 個 SAP，可以進一步得出結論，國會領導人和總統
並未獲悉存在中的真正的深層黑計劃的真實數目，也沒有獲得資
助超過 99％「深黑」計劃的「黑預算」的通知。

　　基於以上所述，可以得出以下結論：合法的「深黑程序」僅
僅是專門針對 ET 出現的非法「深黑程序」的掩蓋。這些掩護計
劃旨在使國會和行政辦公室官員遠離與 ET 相關的「深黑計劃」
的真相，這些「深黑計劃」已經存在，並且消耗了美國經濟的大
量資源。因此，所有深黑計劃中約有 2％是合法的，並具有已知
的監督程序，而大約 98％是非法的，並且具有非常不同的監督
程序。直接監督合法的「深黑計劃」的國防部和情報社區委員
會，如國防部特別進入計劃監督委員會（Special Access Program

Oversight Committee, Department of Defense，簡稱 SAPOC）和受控訪問計劃監督委員會（Controlled Access Program Oversight Committee, 簡稱 CAPOC）可能知道非法的「深黑計劃」，但無法有效地對其進行監督。SAPOC 及 CAPOC 的主要職責可能是確保合法的「深黑計劃」和公認的「黑計劃」（其詳細信息已提供給國會委員會和執行辦公室）是非法資助的深黑計劃的有效掩蓋。對非法深黑計劃的監督最有可能直接由嵌入各種軍事服務、情報部門和負責 ET 事務的國家安全委員會中的祕密組織實施。執行辦公室內的祕密組織，例如國家安全委員會，聯邦緊急事務管理局和國土安全部，形成了「影子政府」（shadow government），負責協調處理 ET 事務的軍事、情報和政府活動。[7]

　　祕密的「影子」政府是與美國正式當選和任命的政府同時運作的大型組織網絡。與官方政府一樣，祕密政府也有職能部門。但是，與官方政府不同，影子政府的非執行部門的目的僅僅是分配各種職能，而不是實現制衡機制，而這原本是應該發生在美國政府的行政，立法和司法部門之間的事。那是因為影子政府是一個強大的精英的產物，他們不必擔心被自己創造的工具所支配。[8]

　　總之，在杜爾塞和美國其他地方建設和運營政府-ET 聯合地下基地的資金來自「黑預算」資金，不受常規國防部和情報界 SAP 的常規監督要求的約束。美國公司所獲得的來自軍事和情報機構的服務合同不受監管，並且他們在對員工實施保密方面非常「成功」，這是獲得未來軍事合同的關鍵因素！這意味著嵌入軍事、情報界和國家安全機構的祕密組織已經找到了規避國會和執行辦公室對非法「深黑計劃」的真實成本和數量的監督與批准的方法。

**外星人傳奇（首部）**
不明飛行物與逆向工程

除國家安全局及中央情報局外，美國另一個最神祕及使用諸多黑預算的情報機構就是成立於 1961 年及在 1992 公開解密的國家偵察局（National Reconnaissance Office，NRO），幾十年來它未敢承認本身的存在及不敢說出自己的機構名稱，而它對其五十餘年來的發現也從不公之於眾。該機構可以隨時隨地「看到」任何事物，即使是在地球的大氣層之外。他們已經檢測到各種類型的空域入侵者，包括不明飛行物的入侵。他們運作的精確度令人震驚，他們的全球覆蓋範圍如此之廣，以至於只能對這個超祕密機構下這個結論：「如果外星飛船進入了地球領域，他們會知道，並且必會拍攝到他們，然而 NRO 拍攝到的 UFO 圖像及其隨附的技術分析則從未公開發布。」

儘管已經活躍了 50 多年，但國家偵察局直到 1992 年才被正式承認。在此之前，如果員工透露其名稱甚至僅僅是其存在，則可能根據《間諜法》被監禁甚至處以死刑。自 1961 年以來，NRO 靜靜地僱用了成千上萬的員工，並花費了數千億美元。NRO 是美國國防部的正式組成部分，其既定任務是設計，製造，運營和維護全球間諜衛星，並控制和收集從這些衛星收集的信息和圖像。它跟蹤並監視進入和離開地球大氣層的所有交通。該機構與美國宇航局祕密合作建造並發射了這些超先進的衛星。NRO 還維護著一個遍布地球的地面站網路，該地面站可以處理和分析信號，照片和膠片圖像。

NRO 總部設在弗吉尼亞州尚蒂伊（Chantilly），該機構無需遵守適用於所有其他聯邦部門和機構的美國政府合同法。這意思是 NRO 不須基於競爭原則挑選承包商和供應商，NRO 使用他們想要的人。直到最近，它才被訴訟強迫將其預算提供給公眾，但僅是該機構預算的「非機密」部分。這意味著 NRO 幾乎所有

活動和部門的財務支出將永遠無法得知。1995 年 9 月的《華盛頓郵報》報導說，NRO 似乎有數十億美元的預算，該機構每年囤積十億美元作為「未動用的資金」，五角大樓和國會從未意識到這一點。NRO 的董事由美國國防部長任命，未經國會確認。而且該機構非常獨立。儘管被授權與其他精選機構和部門合作，但 NRO 經常拒絕與更大的美國國防和情報界分享收集的情報或技術突破。簡而言之，NRO 並不是按照任何其他人的規則，而是按照自己的規則在行事。

　　據信，NRO 的主要承包商是波音、洛克希德・馬丁、諾斯羅普・格魯曼公司和軌道科學公司（Orbital Sciences Corporation）。這些公司從事任何類型的 NRO 項目的工程師都必須獲得最高機密/敏感隔離信息（Top Secret / SCI（Sensitive Compartmented Information））安全通關，此過程通常需要數年時間審查。它們是按常規方式進行，且不另行通知的進行測謊。許多 NRO 員工在嚴厲條件下工作，這通常包括在地下無窗辦公室中工作、定期進行掃描（包括全身和視網膜掃描）以及交出所有手機及個人技術和書寫工具。通常，NRO 員工在辦公室中走動時需要有人護送。他們與個人一起工作，這些人的真實姓名有時不為人所知，並且後者永遠都不會與這些 NRO 員工討論任何與個人或工作相關的事情。幾十年來（直到美國政府在 1992 年末承認 NRO 的存在），NRO 僱用的人們無法確切地說出他們為誰工作或做什麼，甚至連他們的妻子或孩子也不能透露。國稅局的記錄只能反映出他們在「國防部」的工作。NRO 員工永遠成為情報/國防界的「契約」。他們無法提及 NRO 的工作或在那裡取得的經驗。因此，一旦離開了 NRO，他們只能為 NSA 或 CIA 等類似機構或其相關承包商服務。[9]

　　據說，NRO 技術可以始終不間斷地提供有關世界各地的實時（real time）數據，並監視和偵察。據說偵查所得的照片和影片質量非常高，而且成像細節非常精細。新信息表明，該技術甚至可以檢測「簽名」，並通過牆壁和外殼對物體和人物進行成像。NRO 不受《信息自由法》（FOIA）的豁免。但是，現實情況是，該機構通常拒絕各種形式的 FOIA 要求，方法是表明滿足這些要求將洩露機密或敏感的「來源和方法」，從而使國家安全面臨風險。一個不承認預算、承包商或任務細節（甚至幾十年來都不承認自身存在）的組織肯定已經制定了戰略以應對找「麻煩」的 FOIA 要求。[10]

## 10.2 神祕的黑計劃

　　黑計劃的產生與黑預算的使用，其中有部分涉及間諜飛機的製造與祕密太空計劃的營運，另有些部分則涉及深層地下軍事基地（Deep Underground Military Bases，簡稱 DUMBs）/地下穿梭鐵路系統的營建，當然還有許多其他用途，例如用於支付間諜衛星、發展隱形巡航導彈、修補激光雷達以及在改變顏色的飛機和逃避跟蹤系統的直升機上進行實驗等。除此，黑預算也資助其他武器的開發，例如高頻主動極光研究計劃（High Frequency Active Auroral Research Program，簡稱 HAARP），官方公開地宣稱，它旨在了解電離層的科學程序。事實上非官方地，這是一種武器，許多人懷疑美國軍方使用它來產生可引起地震和其他「自然災害」的低頻波。儘管受到 HAARP 計劃官員的否認，但一些研究人員聲稱，該計劃的電磁戰能力旨在實現美國軍方提出

的到 2020 年實現「全光譜優勢」和「擁有 2025 年的天氣」的既定目標。毫無疑問，HAARP 計劃確實存在可以用於戰爭的電磁武器。HAARP 計劃網站承認，它已經進行了一些實驗，這些實驗使用電磁頻率發射脈衝的定向能量束，以「暫時激發電離層 [11] 的有限區域」。一些科學家指出，故意干擾此敏感層可能會造成重大甚至災難性的後果。[12] 該計劃已經運行了幾年，2014 年美國空軍宣布將關閉該計劃。但是，關閉時間推遲至 2015 年。

在愛德華・斯諾登（Edward Snowden）發布的文件中，有證據表明，美國軍方開發了 Flame 和 Stuxnet，這兩個惡意軟件程序已進入數字世界。該計劃由美國和以色列共同資助。此外，黑預算還涵蓋了微波手機塔。手機信號塔在美國遍布，許多人低估了它對人口健康的影響。儘管手機發射塔因輻射而有危險，但有些人認為美軍可能會以更危險的方式使用它們。足立謙（Ken Adachi）教授解釋說這些塔樓可用於跟蹤活動以及控制思想。[13]

以下是與本書主題相關的美國軍方兩項主要黑計劃：

I.深層地下基地的營建

菲利普・施耐德在 1995 年 5 月下旬的 UFO 共同網絡（Mutual UFO Network, 簡稱 MUFON）年會演講中，透露了許多不為人知的深層地下基地的信息。據其自述，他曾參與營建美國的兩個主要地下軍事基地（及幫助挖空了超過 13 個美國深層地下軍事基地），其中一個主要基地是新墨西哥州的杜爾塞基地。1979 年當工程進行中，他意外涉入一場與外星人形生物（humanoids）的戰鬥，他活下來了。他如今將其所知盡行透露，事件中另有兩名倖存者則受到嚴密監控。據他說，在那次交火中，有包括 FBI 和黑色貝雷帽（Black Berets）在內的 66 名特

勤人員喪生。據施耐德，黑預算佔全國 GDP 的 25%，每年消耗
1.25 兆美元，它們被用在那些超越國會權力的黑計劃中，例如那
些與深層地下軍事基地有關的計劃。他說，美國當時有 129 個深
層地下軍事基地，它們是自 1940 年代初以來被建立的，其中有
些還更早。這些基地基本上是地下的大城市，它們彼此間使用時
速高達 2 馬赫的磁懸浮列車聯接。據施耐德，新世界秩序（New
World Order, NWO）[14] 以這些深層地下基地為基礎。這些基地的
平均深度超過一哩，它們的大小都在 2.66-4.25 立方哩。施工人
員擁有激光鑽孔機，每天可以鑽出 7 哩長的隧道。[15]

　　除了施耐德，杜爾塞基地前安全官托馬斯・卡斯特羅是另一
個大膽吐露地下軍事基地內情的人，其下場與施耐德一樣，前者
是不清不楚的死亡，後者則是不清不楚的失蹤，如果一個人失蹤
達七年以上，基本上就可以認定是死亡了，卡斯特羅因此可以被
認定已死亡（或仍繼續逃亡中？）。卡斯特羅清楚地描述了杜爾
塞基地與美國和全球其他基地連接起來的高速地下鐵路系統，這
個全球網路被稱為「次全球系統」（Sub-Global System），每個
國家入口都有檢查點。有一些穿梭巨管使用磁懸浮和真空方法以
驚人的速度「射出」火車，它們以超音速的速度行駛。已在美國
和全球範圍內調查並確定祕密地下基地的理查德・索德
（Richard Sauder）博士 [16] 證實了施耐德和卡斯特羅關於由高速
磁懸浮列車系統連接的龐大地下基礎設施的某些說法。[17] 據索德
的說法，大量的黑預算資源被用到一個龐大地下祕密網絡指揮與
控制基地的發展，表面上的理由是為了發生核戰爭之際世界末日
場景中的人類的生存，及在末日核戰中維持連續性的政府
（Continuity of Government，簡稱 COG）運作。除了這個主流
的解釋，尚有大量報導指出該地下系統的設計是用於測試回收得

到的高級和奇異的不明飛行物的技術，其保密排名高於核彈機密。索德本人認為，圍繞這個全球深層地下網絡活動的大規模保密動機是保護逆向工程 ET 技術的相關資訊免於受外界窺伺。[18]

如果施耐德的描述和估算是正確的，則美國存在一個龐大的祕密地下基礎設施。五角大樓副督察閱讀八頁的 DOD 信託失敗摘要（Summary of DOD fiduciary failures）後承認，必須對五角大樓在 1998、1999 及 2000 財政年度的帳目進行 4.4 兆美元的調整，才能編列出所需的財務報表，而其中的 1.1 兆美元沒有可靠的信息支持。換句話說，在比爾·克林頓政府的最後一個完整年度結束時，國防部的年度預算損失了超過 1 兆美元，沒有人能確定這筆錢何時何地和送給誰。[19] 那些失掉的預算可能用於資助杜爾塞基地之類的計劃，這些計劃似乎屬於「特殊訪問計劃」（SAP）類別。

總結施耐德在 1995 年的演講，他透露的信息可真不少，深層地下軍事基地的開挖只是其中之一，除此還包括 1979 年他參與新墨西哥州杜爾塞基地的擴建，該基地可能是美國最深層的基地，它往地下延伸七個層次，深度超過 2.5 哩。在那個特定的時間，施耐德的工作是打鑽探孔，並檢查岩石樣品，以推薦處理特定岩石的炸藥。他們在沙漠中鑽了四個不同的洞，打算將它們連接在一起，並一次性炸開一大段。想不到炸開後卻意外發現自己一行人（約有 30 人）處在一個巨大的洞穴中，那裡充滿了稱為「大灰人」（7 呎身高）的外星人，戰鬥由此發生。此後又有 40 多人陸續從地表下到大洞支援，他們全數喪生，這部分將留待《外星人傳奇（第二部）》再行詳述。

施耐德並提到，他被錄用以撰寫 911 世界貿易中心爆炸案的報告之往事，過程中當他檢視爆炸後立即拍攝的照片，發現：

「混凝土被攪成泥狀並熔化了，從字面上看，鋼被擠壓的長度比其原始長度加長 6 呎」。他認為只有小型核武器可以做到此點，硝酸鹽炸藥是不可能的。他同時也認為奧克拉荷馬城聯邦大樓的爆炸案也非出於硝酸鹽炸藥。此外，他又說艾滋病（AIDS）是一種基於外星人排泄物的生化武器。

2018 年 5 月 22 日的《宇宙披露》（Cosmic Disclosure）一集中，邁克爾‧薩拉博士對兩位內部人士埃默里‧史密斯（Emery Smith）與科里‧古德（Corey Goode）進行了採訪，後兩人討論了他們對祕密地下基地的直接知識以及在那裡使用的超先進技術。他倆還透露了基地祕密使用的安全協議、政策監督以及旅行和隱身技術。兩人的討論內容約略如下：

美國境內的地下穿梭系統通常處在地下很深層，一旦在那裡，您不再被視為是處在美國領土，唯一的出入口就是通過電車系統。有許多不同類型的磁懸浮和熔岩管（lavatube）設備可以帶您到達那裡。車行速度非常快，每小時超過 500 哩，甚至達 700 哩。利用此懸浮系統，您可能會到達另一個國家，或另一個星球（按：我無法了解這點）。[20] 史密斯和古德並透露，用於冷聚變（cold fusion）過程中的釷（Thorium），可為祕密計劃和航天器提供幾乎無限的電源。[21]

地下軍事基地是 1995 年由菲利普‧施耐德在一系列採訪中首次對外公開，施耐德透露這驚天消息後不久的 1996 年 1 月 17 日，即傳出他在公寓自殺（或謀殺？）消息，被發現時他的脖子上纏繞著一條鋼琴線。[22] 施耐德死後他的友人去整理其公寓，吊詭的是，其父遺留給他的 UFO 照片 [23] 竟全部不翼而飛。美國祕密地下穿梭系統的內情除了由以上這些舉報人曝光外，理查德‧

索德（Richard Sauder）博士在 1995 年的著作也提供了寶貴資訊。[24]

## II. 奇異飛形器的測試

1955 年，中央情報局，美國空軍和國防承包商洛克希德・馬丁公司在拉斯維加斯西北方約 80 哩的內華達州南部莫哈韋沙漠（Mojave Desert）中，選擇了一個超遠程場址，開始試驗和開發當時的世界最先進飛機。幾十年來，內華達州的「測試與訓練場」（通常稱為 51 區）沒有出現在任何公共地圖上，美國政府甚至都不承認它的存在。由於該地點周圍鐵定的安全性，以及在那裡進行測試的「黑飛機」的實驗性質，自 50 年代以來，圍繞51 區的不明飛行物體、被俘虜的外星人和其他神祕活動的謠言就在此區打轉。但是，即使沒有外星人製造的 UFO 在稱為格魯姆湖的鹽灘上空升空，根據 CIA 最近從 Governmentattic.org 獲得的解密後的官方歷史記錄，我們現在也知道在那兒開發並測試了許多高度複雜及高度不尋常的飛機。從冷戰時期的 U-2 間諜飛機到 1990 年代純粹是實驗性的《星際迷航》風格的飛船，以下是第51區最引人入勝的數種飛形器：

### 1. 洛克希德 U-2 高空偵察機

在 1950 年代初期，在冷戰的高峰期，中央情報局開始祕密開發一種偵察機，該偵察機的高度可以達到 70,000 呎，足以避免被蘇聯雷達探測到。洛克希德公司抓住了這個機會，由洛馬公司最有能力的航空與系統工程師，俗稱臭鼬工廠的高級開發計劃部（Advanced Development Projects division）創始人克拉倫斯・「凱利」・約翰遜（Clarence "Kelly" Johnson）設計（SR-71 Blackbird 也是由他設計）及由臭鼬工廠製造。洛克希德僅用了

八個月就在加利福尼亞伯班克的臭鼬工廠總部製造了這架飛機，然後將其送往約翰遜稱為「天堂牧場」（Paradise Ranch）的 51 區進行測試。U-2 龍女（Dragon Lady）由此產生，它是一種單引擎飛機，帶有滑翔機狀機翼，其代碼是 Project Aquatone，機翼巨大（翼展 103 呎），能夠在 70,000 呎的高度飛行，最高航速 500 mph,型號為 CL-282。

在 U-2 準備試飛之前，洛克希德的工程師必須找到一種不會在飛機設計飛行的高空蒸發的燃料。為了應對這一挑戰，殼牌石油公司利用通常在「 Flit」蠅蟲噴霧中使用的石油副產品生產了一種特殊的低揮發性煤油燃料。此外，為使 U-2 飛行員在如此高的海拔高度存活而開發的增壓服背後的技術，後來將在載人航天計劃中發揮關鍵作用。為了減輕重量，約翰遜撤除了部分將在起飛時釋放的起落架，並剝奪了戰鬥能力，這導致美國空軍對該計劃失去了興趣。但是對於訂購第一批飛機的中央情報局來說它是完美的。這架飛機隨後被更名為 U-2，後來它獲得了一種新型發動機，該發動機在高空使用了特殊的燃料，這在當時是聞所未聞的。該計劃是如此祕密，以至於 1955 年 8 月 1 日在格魯姆湖上空進行了首次試飛的原型機從未獲得官方的身分證明。

不到一年之後，U-2 首次飛越蘇聯，立即成為「對蘇聯最重要的情報來源」。而在蘇聯上空的首次飛行有個科學藉口：「U-2 將用於氣象研究」。但這個藉口並沒有騙倒俄羅斯人，他們與預期相反，繼續追蹤該間諜飛機。U-2 的前期試飛並非一帆風順，根據如今已解密的 CIA 報告知道，1956 年，三名中情局飛行員在 U-2 試飛中喪生，其中包括兩名在 51 區的飛行員和一名在德國空軍基地的飛行員。1960 年 5 月，蘇聯在俄羅斯城市斯維爾德洛夫斯克（Sverdlovsk）上空用防空導彈擊落了一架 U-

2，俘虜了飛行員弗朗西斯・加里・鮑爾斯（Francis Gary Powers），並迫使美國承認他是間諜。艾森豪威爾總統雖暫停了在蘇聯上空的所有 U-2 偵察，但已經在計劃製造更小、更快、更隱身的飛機。雖然如此，但直到今天，U-2 的職業生涯尚未結束。[25]

### 2. 洛克希德 A-12 / SR-71 黑鳥（Blackbird）

U-2 在攝影任務中雖表現出色，但對於某些任務來說它的速度太慢了。因此即使成功的 U-2 計劃卻使美國空軍在測試期間改變了主意，促使政府設計了另一種新型間諜飛機，該飛機具有前所未有的遠程、高速和高空監視作戰能力。**奧克斯卡特計劃**（Oxcart）於 1957 年啟動，生產了美國歷史上最快，飛得最高的兩種飛機，單人座的 Archangel-12 和雙人座的 SR-71 黑鳥。A-12 有兩個噴氣發動機，很長的機身和獨特的眼鏡蛇般的外觀。中央情報局於 1958 年接管了該間諜計劃，該計劃以超音速能力為主要訴求。洛克希德公司再次被選為任務執行者，並由臭鼬工廠負責製造，於 1960 年誕生了 A-12，這是一種異常形式和奇特建構的巨大噴氣式飛機。A-12 Oxcart 其實是後來 CIA 的 SR-71 的簡化版。

第一架完整的 A-12 飛機先在伯班克（Burbank）拆解所有零組件，然後在 1962 年 2 月由專門設計的拖車運往內華達州 51 區，價格為近 100,000 美元（今天已超過 830,000 美元）。為了保密 A-12 的存在，中央情報局向聯邦航空管理局（FAA）的負責人作了簡要介紹，他們要後者確保空中交通管制員被告知要提交異常快速、高空飛行的飛機的書面報告，而不要通過收音機提及這種目擊事件。儘管如此，安妮・雅各布森（Annie

Jacobsen）在《51 區：美國最高機密軍事基地的未經審查的歷史》中寫道，有關 51 區附近 UFO 目擊事件的報導將在 60 年代中期達到新的高度，這是在 1962 年 4 月 A-12 首次正式在 51 區上空飛行之後開始的。

然後災難來了。1963 年 5 月 24 日，一架 A-12 失速，造成無法恢復的旋轉，它在猶他州的一次試飛中墜毀。幸運的是，飛行員肯尼斯‧柯林斯（Kenneth Collins）跳出並倖存下來。即使在偏遠的猶他州，也很難隱藏墮機。當地的一名副警官目睹了這一事件，一個度假家庭帶著照相機拍了照。根據《西雅圖時報》2010 年的報導，中央情報局迅速沒收了他們的照片，並且向副警官和度假家庭各支付了 25,000 美元以令其保持閉嘴。美聯社報導了這一事件，並將墜毀的飛機描述為「噴氣教練機」。當天，《拉斯維加斯評論報》（Las Vegas Review-Journal）援引空軍官員的話說，這架飛機是 F-105 雷神（Thunderchief）戰鬥轟炸機。[26]

A-12 的長度約同於一架波音 737 飛機，其外形為三角形，安裝了機翼、機身及其兩個 J58 發動機。黑色機身上有凹槽，可讓面板在高溫下膨脹。為了支撐它們，鈦合金被大量使用，這種材料較難以處理。A-12 的首飛在 1962 年，它能在海拔 90,000 呎處達到 3.2 馬赫（超過 2,200 mph 的時速）的持續速度，1965 年它完全投入使用，並於 1967 年開始在越南和朝鮮執行飛行任務。次年由於繼任者 SR-71 黑鳥的出場它退役。

美國空軍 SR-71A（也稱為「黑鳥」）在加利福尼亞州比爾空軍基地（Beale AFB）的一次試飛中受了考驗。該飛機是洛克希德公司的戰略偵察機，是世界上飛行速度最快和最高的作戰飛機，也是美國空軍第一架隱形飛機，這歸功於其雷達反射設計。

SR-71 比 A-12 更長、更重，由於其圓滑的錐形設計和黑色的可吸收雷達的塗料，使超音速與低雷達信號配對。第一次飛行發生在 1964 年，但直到林登‧約翰遜（Lyndon Johnson）總統宣布推出 YF-12 計劃（飛機的攔截版本）時，公眾才部分意識到該型飛機的存在。1976 年 7 月 28 日，飛行員以創紀錄的 3.3 馬赫（2,193 mph）的速度在超過 82,000 呎（25,000 米）的高空飛行了 SR-71。它的每秒 400 呎的速度，這實際上比快步槍的子彈要快。SR-71 的優點之一是可以攜帶更先進的傳感器，這些傳感器可以傾斜角度記錄信息，從而可以防止飛機飛越目標。甚至連以類似速度飛行的 MiG-25 戰鬥機也無法與從未被擊落的該型美國飛機匹敵。儘管該型飛機的外觀無可挑剔，而且著陸和起飛時嘈雜，美國政府多年來一直否認它的存在，該飛機於 1998 年正式退役。[27]

### 3. 洛克希德——藍色巨人（Have Blue）

如果冷戰初期的目標是要避免地面和空中威脅，那麼 1970 年代初期令美國擔憂的問題就是制導雷達和導彈。發現的解決方案就是去減少或消除所謂的雷達信號和熱量。基於這一原則，DARPA（國防高級研究計劃局）於 1974 年啟動了一項計劃，該計劃將產生第一架隱形戰鬥機。經過多次測試，軍方選擇了諾斯羅普公司和洛克希德公司來證明他們的概念，這些概念本來可以減少橫截面雷達。結果令人震驚，為測試雷達波的反射而創建的模型具有多面機身，這與空氣動力學概念完全相反。為了使它們飛行，將需要安裝先進的能夠連續校正軌跡的電子控制系統，該系統的名稱為 FBW（Fly-By-Wire）。

　　測試顯示，由「凱利」約翰遜製造的洛克希德飛機，其雷達信號較低，該公司已獲得建造兩架稱為「Have Blue」的原型機合同。與 F-117A 相似，但藍色巨人的體積較小，機翼更加翻轉。此外，V 端翹曲角度更銳利。發動機進氣口位於機翼上方，並被接收雷達吸收性材料（以及機身）的屏幕遮蓋。排氣也被在線排氣扇分散，以減少紅外線信號。第一次飛行發生在 1977 年 12 月，測試計劃繼續成功，直到 1978 年 5 月原型 HB1001 在一次事故中丟失。幾個月後，第二台原型機 HB1002 接管了測試，但到第二年也墜毀，從而終止了其開發。但是洛克希德已經收集了將在生產版本中使用的信息。出乎意料的是，即使在 F-117A 的存在被揭露後，藍色巨人仍然保持匿名。[28]

### 4. 洛克希德 F-117A 夜鷹（Nighthawk）

　　1970 年代，51 區見證了美國第一架隱形轟炸機 F-117 夜鷹的研製，該機由洛克希德的臭鼬工廠設計，具有未來派外星飛機的外觀。F-117 具有類似鑽石的刻面，可反射和破壞雷達波束，幾乎可以誤認為是迴旋鏢形不明飛行物（UFOs），該不明飛行物早在 1940 年代就已吸引公眾的想像力。

　　當時五角大樓正在開發的這種飛機獲益於從「藍色巨人」隱身飛機原型中獲得的知識，這項技術被證明是有效的，洛克希德公司獲得了設計飛機的許可。稱為 F-117A 的該飛機的第一架原型機於 1978 年獲得授權，並於 1981 年 6 月首次飛越 51 區，它具有吸收多達 99％雷達波的能力。儘管被歸類為戰鬥機，但「夜鷹」實際上是一種攻擊機，於 1983 年開始服役，並在接下來的五年中一直處於祕密狀態，始終在夜間飛行（因此被稱為「夜鷹」），並由其他飛機陪同伴飛。F-117A 使格魯姆湖空軍

基地（51 區）成為了神祕的觀光地，這使人們更加相信附近有飛碟。但是在 1988 年，當政府以某種令人費解的角度發布了 F-117 的低質量圖像後，這個謎團就結束了。這是隱形戰鬥機白天飛行的關鍵，並於 1990 年在內利斯空軍基地首次公開露面，揭示了這種非常特殊飛機的神祕形式。1991 年初，「夜鷹」在海灣戰爭期間轟炸了巴格達的高價值目標以發起「沙漠風暴」（Operation Desert Storm）行動，它此後在阿富汗和伊拉克再次服役於美軍。這一職業生涯一直持續到 2008 年退役為止，儘管如此，迄今一個未知數目的該型飛機仍在飛行。[29]

5.波音猛禽（YF-118G Bird of Prey）

波音公司和空軍公佈了超級祕密的猛禽原型。在 1990 年代，波音公司在由美國空軍於 51 區管理的一個計劃中開發了自己的絕密飛機「猛禽」。這架從未打算用於生產的研發飛機，像鷹一樣的 YF- 118G 其名字與 1984 年電影《星際迷航》 III：尋找史波克（The Search for Spock）中的克林貢人（Klingons）使用的戰鬥巡洋艦相似，其目的是測試不同的飛機技術和方法，以使它不易被人看見和被雷達探測到。猛禽最早於 1996 年從 51 區飛過，這是它的首飛， 該飛機是由幻影工廠（Phantom Works）高級設計部門在 1992 年至 1999 年之間開發的有人駕駛原型。根據波音公司的說法，猛禽作為先進的建構方法的測試平台，其複合材料具有獨特的碎片，但存在有關主動偽裝技術的理論。在 2002 年，波音公司透露了「猛禽」的存在，它的尺寸適中（機翼長 46 呎，翼展 23 呎），小型演示機的進氣口位於機身上方，而小的「 V」形機翼位於機身後方。該架飛機是無人 X-45A 模型的靈感來源。在該計劃於 1999 年完成之前，它進行了 38 次飛

行。幾年後，該機種被解密，波音公司將該飛機唯一建造的原型
機捐贈給了美國空軍國家博物館，即使如此，該飛機繼續保持了
它最神祕的方面。[30]

# 註解

1.Phil Patton, Exposing the Black Budget, November 1, 1995.

  https://www.wired.com/1995/11/patton/

2. Aleksandar Mishkov, The Black Budget – A Conspiracy Theory Turned Out to be True.

  https://www.documentarytube.com/articles/the-black-budget--a-conspiracy-theory-turned-out-to-be-true

3. Steven Nelson, White House Reporter, Intelligence 'black budget' hits mysterious new high under Trump. October 30, 2018.

  https://www.washingtonexaminer.com/news/white-house/spy-budgets-soared-in-trumps-first-year

4. Blake Stilwell, April 29, 2020

  The Air Force just posted a $4.5 billion black ops project.

  https://www.wearethemighty.com/mighty-trending/air-force-black-ops-project/

5.Michael E. Salla, The Dulce Report: Investigating Alleged Human Rights

  Abuses at a Joint US Government-Extraterrestrial Base at Dulce, New Mexico, September 25, 2003

  https://exopolitics.org/archived/Dulce-Report.htm, Accessed 6/28/19

6. Ibid.

7. Ibid.

8. Richard J. Boylan, Ph.D., The Secret Shadow Government – A Structural Analysis, Summer 2001, https://www.bibliotecapleyades.net/sociopolitica/esp_sociopol_secretgov_1.htm

9. Anthony Bragalia, Secret US Intelligence Agency Holds UFO Answers, originally published March 2011. https://www.ufoexplorations.com/secret-us-agency-holds-ufo-answers

10. Ibid.

11. 電離層是我們大氣的脆弱的上層，它位於地球表面上方約 30 哩（50 公里）到 600 哩 （1,000 公里）之間。

12. HAARP: Weather Control, Is the HAARP Project a Weather Control Weapon? https://www.wanttoknow.info/war/haarp_weather_modification_electromagnetic_warfare_weapons?gclid=Cj0KCQiAlsv_BRDtARIsAHMGVSaJgvi2HsLC-5T5cligggYzf7kTDP1dc393rlEI25z2gq2UZ51Sb8AaAl1jEALw_wcB

13. Aleksandar Mishkov, op. cit.

14. 新世界秩序（NWO）是一個陰謀論，它假設一個祕密出現的極權主義世界政府。其假設論點是：「一個具有全球主義議程的祕密力量精英正在陰謀最終通過一個專制的世界政府統治世界，該政府將取代主權民族國家，並進行無所不包的宣傳；其意識形態讚揚新世界秩序的建立是歷史進步的頂點。因此，據稱許多有影響力的歷史和當代人物都是陰謀集團的一分子，該陰謀集團通過許多前線組織運作，策劃重大的政治和金融事件，從引發系統性危機到在國家和國際層面上推

行有爭議的政策，作為正在進行的爭取世界統治計劃之步驟。

https://en.wikipedia.org/wiki/New_World_Order_
（conspiracy_theory）

擁護新世界秩序的團體有許多名稱：祕密政府，光明會（Illuminati），畢德堡集團（Bilderbergers），默卡比亞人（Merkabians），只是一般人所熟知的一些名稱。他們按照嚴格的等級金字塔組織，其中大多數成員只知道比他們高一級的一些成員，並且完全不知道誰在更高階梯上。他們將其「全面統治世界」的目標稱為「新世界秩序」，他們將權力視為統治人民的能力。

為了實現這一目標，他們設計了一些灌輸恐懼的方案，因此人們將更願意放棄自己的自由，以換取錯誤的保護和安全感。他們有效地選擇了世界上最有影響力的國家的政府。一旦他們做到了這一點，就必須創建新的敵人，因為所有以前的敵人現在都在他們的控制之下。起初，他們曾玩過外星人入侵的想法，但很快就放棄了這個想法，擔心它會有效地給某些外星文明帶來真正的機會和藉口。因此，他們決定應對全球範圍內的恐怖主義威脅。迄今為止，該計劃已被證明是最成功的。

（Secret Government,

http://www.exopaedia.org/Secret+Government）

15. Phil Schneider, 1995: Deep Underground Military Bases and the Black Budget, Posted on November 13, 2012, Author Orbman http://www.subterraneanbases.com/deep-underground-military-bases-and-the-black-budget/

16.從童年開始，理查德‧索德（Richard Sauder）就經歷了多種
超自然現象的第一手接觸，這使他有些困惑。理查德最喜歡
的研究和閱讀興趣包括地下和水下的基地和隧道、電子思維
控制、自由技術、人類史前和遠古時期、昆達利尼能量
（Kundalini energy）和替代思維模式。他的地下和水下基礎
和隧道研究始於 1992 年，一直持續到今天。索德擁有社會學
學士、拉丁美洲研究碩士、林業學碩士和政治學博士等學
位。

他是《地下基地和隧道：政府試圖隱藏什麼？》、《昆達利
尼故事》以及《水下和地下基地》等三本書的作者。此外，
理查德還出現在許多廣播和電視節目中，並在多個會議上發
表演講，他的著作和訪談也出現在許多出版物中。

https://www.coasttocoastam.com/guest/sauder-richard-6212/

17. Michael E. Salla, The Dulce Report, op. cit.

18.Dark Journalist Daniel Liszt interviews Dr. Richard Sauder.

https://myemail.constantcontact.com/Dark-Journalist--Richard-

Sauder---The-Secret-World-of- UFOs-and-Underground-

Bases.html?soid=1108369064136&aid=7-6-dt1GyDQ

19.Ibid.

20. Michael E. Salla, September 25, 2003, op. cit.

21. Michael E. Salla, Ph.D., Insiders Reveal Secrets of Underground
Military & Corporate Bases with Futuristic Technologies. May
24, 2018, posted in FEATURED, SCIENCE AND
TECHNOLOGY, SPACE PROGRAMS.

https://www.exopolitics.org/insiders-reveal-secrets-of-
underground-military-corporate-bases- with-futuristic-
technologies/

22. Phil Schneider, 1995: Deep Underground Military Bases and the
    Black Budget, op. cit.

23. 菲利普・施耐德的父親奧托・奧斯卡・施耐德（Otto Oscar
    Schneider）原本是納粹德國 U 型船的船長，後來被捕並遣送
    到美國。他涉及各種事情，例如原子彈，氫彈和費城實驗。
    他發明了一種高速相機，拍攝了 1946 年 7 月 12 日在比基尼
    島（Bikini Island）進行的首次原子測試的照片。施耐德擁有
    該測試的原始照片，這些照片顯示了 UFO 高速逃離爆炸現
    場。當時 UFOs 出沒在比基尼島上，尤其是在水下，當地人
    的動物則常被肢解。當時麥克阿瑟將軍認為下一場戰爭將與
    來自其他世界的外星人進行。（Ibid.）

24. Richard Sauder, Underground Bases and Tunnels: What is the
    Government trying to hide？Adventures Unlimited Press
    （Kempton, Illinois），copyright 1995, 2014

25. Ricardo Meier, Black projects, the US secret planes, December
    28, 2018.
    https://www.airway1.com/black-projects-the-us-secret-planes/
    Sarah Pruitt, Area 51's Most Outrageous Top Secret Spy Plane
    Projects, original Dec 20, 2019, updated Feb 4, 2020.
    https://www.history.com/news/area-51-top-secret-spy-planes-u2-
    blackbird

26. **WarIs Boring, May 10, 2019**

SR-71: This Secret Air Forces 'Black' Project Was Too Good Not To Leak.
https://nationalinterest.org/blog/buzz/sr-71-secret-air-force-black-project-was-too-good-not-leak-56822

27. Ibid.

28. Ricardo Meier, op. cit.

29. Ricardo Meier, op. cit. and Sarah Pruitt, op. cit.

30. Ibid.

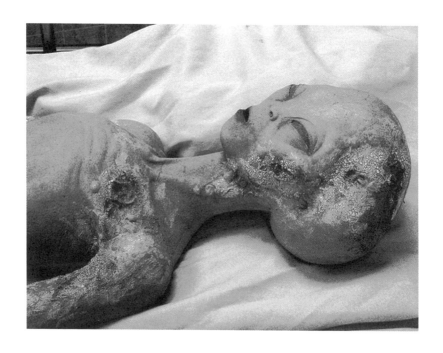

儘管只是一個模擬模型，但美國政府內部人士聲稱，這是 1947
年 7 月羅斯威爾空難後，一個埃本人死亡樣子的精確描述，當時
先在羅斯威爾陸軍機場進行了檢查，然後放進了兒童大小的小型
棺材內，運到萊特‧帕特森空軍基地。

http://www.serpo.org/release36.php

美國政府的許多內部人士稱，這是位於網狀星座中 38.42 光年的
Zeta I 和 II 雙星系統中 SERPO（網狀 IV）行星的埃本人之最好
和最準確的圖像。

http://www.serpo.org/release36.php

維爾協會的靈媒瑪麗亞·奧西奇（Maria Orsitsch）
（以下名字在不同的拼字法中也存在：Ortisch，Orschitsch，Orsic；1895 年 10 月 31 日瑪麗亞出生於唐吉·格拉德（Donji Grad）的薩格勒布（Zagreb）；1945 年以來失蹤）。
https://conspiracy.fandom.com/wiki/Maria_Orsitsch

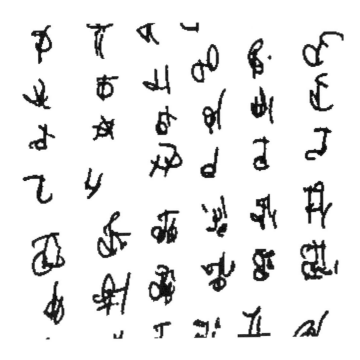

埃本人寫作樣本的放大。資料來源：通過匿名發布的第十六號電
子郵件（2006 年 3 月 9 日）

BR（Bill Ryan）

註：這篇帖子是他在內華達州拉夫林（Laughlin）UFO 大會上收
到的。有兩個部分：一份是埃本人書面語言的示例；另一部分為
示例放大（即上圖）。http://www.serpo.org/release16.php

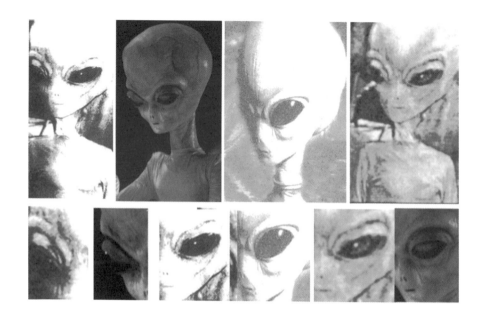

許多目擊者在探索我們星球時對觀察到的生物所提供的埃本人的各種圖像。美國政府人員還提供了圖像，這些人員聲稱對埃本人的外觀有第一手了解，並保證上述各種描述的準確性。

http://www.serpo.org/release36.php

TR-3B 操作圖。該飛艇完全沉默地飛過了格魯姆湖（即 51 區）跑道，並神奇地停在了 S-4 區域上方。它靜靜地徘徊在同一位置約 10 分鐘，然後輕輕地垂直沉降到停機坪上。有時，巨大的 TR-3B 周圍會發出銀藍色的電暈。操作模型跨度為 600 呎。https://www.bibliotecapleyades.net/ciencia/ciencia_extraterrestrialtech07.htm

# 參考書籍

1. Branton（aka Bruce Alan Walton）. The Dulce Wars: Underground Alien Bases & the Battle for Planet Earth. Inner Light / Global Communications, 1999

2. Carey, Thomas J. and Donald R. Schmitt. Inside the Real Area 51: The Secret History of Wright-Patterson, New Page Books （Pompton Plains, N.J.）, 2013

3. Commander X. Incredible Technologies of the New World Order: UFOs-Tesla-Area 51, Abelard Productions, Inc., Special Limited Edition, 1997

4. Corso, Philip J., Col（Ret.）and Birnes, William J., The Day After Roswell. Gallery Books（New York, NY）, 1997

5. Dorsey III, Herbert G. Secret Science and The Secret Space Program. Hebert G. Dorset III Publishing, 2015.

6. Friedman, Stanton T., MSc. Top Secret/MAJIC, Marlowe & Company（New York, NY）, 1997

7. Huyghe, Patrick. The Field Guide to Extraterrestrials – A Complete Overview of Alien Lifeforms Based on Actual Accounts and Sightings, Avon Books（New York, NY）, 1996

8. Kasten, Len. Secret Journey To Planet Serpo: A True Story of Interplanetary Travel, Bear & Company（Rochester, VT）, 2013

9.Kasten, Len. The Secret History of Extraterrestrials: Advanced Technology and the Coming New Race. Bear & Company（Rochester, Vermont）, 2010.

10.Key, E., Compiled and Edited. Presidential Briefing: Ronald Reagan & Extraterrestrial Encounters: Camp David, Maryland Briefing Transcript from Tape Recording. Kindle Edition, 2018.

11.Klass, Philip J., The Real Roswell Crashed-Saucer Coverup. Prometheus Books（Amherst, New York）, 1997.

12.Marcel, Jesse Jr., and Marcel, Linda. The Roswell Legacy: The untold story of the first military officer at the 1947 crash site. Career Press（Pompton Plains, NJ）, 2009.

13.Marrs, Jim. The Rise of the Fourth Reich – The secret societies that threaten to take over America. HarperCollins Publishers（New York, NY）, 2008.

14.Salla, Michael E., Ph.D., The U.S. Navy's Secret Space Program & Nordic Extraterrestrial Alliance. Exopolitics Consultants（Pahoa, HI）, 2017.

15.Salla, Michael E., Ph.D., Insiders Reveal Secret Space Programs & Extraterrestrial Alliances, Exopolitics Institute（Pahoa, HI）, 2015

16.Sauder, Richard, Ph.D. Underground Bases & Tunnels: What is the Government Trying to Hide? Published by Adventures Unlimited Press（Kempton, IL）, copyright 1995, 2014.

17.Spencer, Lawrence R., edited, Alien Interview, Deluxe Study Edition, 2009, lulu.com

18.Tompkins, William Mills, Selected by Extraterrestrials: My life in the top secret world of UFOs, think-tanks and Nordic secretaries. Edited by Dr. Robert M. Wood, CreateSpace Independent Publishing Platform（North Charleston, South Carolina）, December 9, 2015.